电子科技大学"十三五"规划研究生教育精品教材

微波磁性器件基础

钟智勇　编著

科学出版社

北　京

内 容 简 介

微波磁性器件是微波/毫米波电子设备和系统中不可或缺的基础元器件。本书力求从经典的磁化动力学方程——朗道-利夫希茨(Landau-Lifshitz, LL)方程或朗道-利夫希茨-吉尔伯特(Landau-Lifshitz-Gilbert, LLG)方程出发,采用简化的数学推导,介绍微波磁性器件所涉及的基本理论、效应与工作原理,同时尽量反映微波磁性器件当前的新成果和发展方向。全书由磁化动力学方程、一致进动与张量磁导率、非一致进动与自旋波、磁共振与线宽、电磁波与旋磁介质的相互作用、微波旋磁器件的工作原理、旋磁器件的非线性效应、磁振子器件基础、基于自旋流的微波磁电子学基础等内容组成。

本书适用于微波磁性器件领域学习和研究的大学本科高年级学生、研究生、教师、工程师和相关的科研工作者参考使用。

图书在版编目(CIP)数据

微波磁性器件基础/钟智勇编著. —北京:科学出版社,2020.6
(电子科技大学"十三五"规划研究生教育精品教材)
ISBN 978-7-03-065356-7

Ⅰ. ①微… Ⅱ. ①钟… Ⅲ. ①微波装置-磁性器件-研究生-教材
Ⅳ. ①TN12 ②TP211

中国版本图书馆 CIP 数据核字(2020)第 092987 号

责任编辑:潘斯斯 张丽花 霍明亮 / 责任校对:郭瑞芝
责任印制:张 伟 / 封面设计:迷底书装

科 学 出 版 社 出版
北京东黄城根北街 16 号
邮政编码:100717
http://www.sciencep.com

北京华宇信诺印刷有限公司印刷
科学出版社发行 各地新华书店经销
*
2020 年 6 月第 一 版 开本:787×1092 1/16
2023 年 1 月第二次印刷 印张:16 1/2
字数:423 000

定价:98.00 元
(如有印装质量问题,我社负责调换)

前　言

微波一般是指波长为 1mm～1m、频率为 300MHz～300GHz 的电磁波，广义微波可扩展到 100μm～10m，即 30MHz～3THz 的电磁波。微波磁性器件是微波/毫米波电子设备和系统中不可或缺的基础元器件。电磁波在磁场作用下的磁性介质(主要是高电阻率的铁氧体材料)中传播时，由于介质中磁矩的一致进动而产生旋磁、铁磁共振和非线性等效应，目前最为成熟的微波磁性器件是利用这些效应制成各种非互易和互易的微波/毫米波元器件。这类非互易和互易的元器件在微波/毫米波系统的通道中，主要完成信号产生、选频滤波、级间隔离、系统去耦、天线共用、信道切换、相位控制、极化变换、幅度调制、频率变换、功率控制等基本功能。然而，介质中磁矩除了一致进动，还有非一致进动。磁矩的非一致进动会产生自旋波(spin waves)。自旋波是有序磁介质中激发的自旋集体运动，量子化的自旋波又称磁振子(magnon)，或者说自旋波具有波粒二象性。自旋波的波长与同等频率的电磁波波长相比少几个数量级，在设计毫米及微米尺度的微波磁性器件中更具优势。更为重要的是，利用自旋波的波特性，还可进行信息传输、处理和存储，其优点是能量损耗极低，传输速度极高，可实现多频信道数据的并行处理，极大地提高信息处理能力，由此而诞生一个新的学科方向——磁振子学(magnonics)。

随着微波设备/系统向集成、高频化、模块化、多功能化的总体发展，微波磁性器件也需要向高频化、小型化、片式化和与半导体器件集成组件化方向发展。新技术(如磁性薄膜技术、磁性微机械加工(MEMS)技术、低温共烧陶瓷(LTCC)技术等)、新原理和新效应(如自旋转矩效应)不断应用于研发新型集成微波磁性器件。然而国内有关微波磁性器件的教材多成书于 20 世纪 90 年代以前(如《微波与光磁性器件》(陈巧生)，成都电讯工程学院出版社，1988 年；《铁磁学(下册)》(廖绍彬)，科学出版社，1988 年)，已经不适应时代的发展，亟需新教材的出版。本教材在继承老一辈专家编写教材优点的基础上，把最近在微波磁性器件方面的进展，特别是随着微纳技术发展而兴起的新兴学科方向——磁振子学及磁振子器件，以及基于自旋转矩效应的微波自旋电子器件等写入教材，以满足新时代的需要。在教材的编写过程中，作者力求做到：①突出物理图像、强调基本概念，简化数学推导，以适应工科学生的需求；②在分析器件原理时，注重分析方法(如微波磁性器件的纵场分析法和微扰分析法)的介绍；③针对微波磁性器件快速发展的趋势，注重薄膜/集成微波磁性器件相关知识的介绍，尽量反映微波磁性器件当前的新成果和发展方向。

本书共 9 章。第 1 章从原子磁矩的拉莫尔(Larmor)进动方程出发，引出磁介质的磁化动力学方程。第 2 章和第 3 章采用小信号线性近似法求解磁化动力学方程，分别从磁矩的一致进动和非一致进动出发，介绍旋磁理论和自旋波理论。第 4 章主要介绍铁磁共振的微观机理以及磁损耗的来源。第 5 章介绍电磁波与有界/无界旋磁介质的相互作用引起的电磁波传播特点以及相关效应。在此基础上，第 6 章介绍隔离器、环行器、移相器和磁调器件等典型微波旋磁器件的工作原理。第 7 章介绍高功率下旋磁器件的非线性效应。第 8 章是磁振子器件基础，介绍与磁振子功能器件有关的自旋波激励、调控与探测技术。第 9 章是基于自旋流的微波磁电子学基础，在明晰自旋流的基本概念与效应的基础上，介绍自旋转矩纳米振荡器和微波探测器。

第 8 章的图 8.23、图 8.25、图 8.27、图 8.28 可以扫描二维码查看彩色图片。

本书由电子科技大学钟智勇教授编著，在编写过程中，得到了国家自然科学基金项目（编号：61734002）和国家重点研发计划项目（编号：2016YFA0300801）的资助；在出版过程中，得到了电子科技大学研究生院的资助。作者还要感谢夫人刘爽和女儿钟沅桐在成稿过程中的全力支持。

由于作者的学术水平有限，书中难免有不足之处，欢迎广大读者批评指正（zzy@uestc.edu.cn）。

作　者

2020 年 1 月

目　　录

第1章 磁化动力学方程

　　虽然麦克斯韦方程组已经提供了研究电磁场的理论基础，但是并未完全解决铁磁介质的自发磁化以及铁磁介质与电磁场的相互作用等问题。为了解决铁磁介质中磁矩的运动问题，1935 年，苏联物理学家朗道(Landau)和利夫希茨(Lifshitz)提出了著名的郎道-利夫希茨方程(Landau-Lifshitz, LL) 方程，为解释磁矩在磁场中的运动提供了理论基础。1955 年，美国科学家吉尔伯特(Gilbert)进一步改写了 LL 方程，修正了其中的阻尼项，使其能符合阻尼较大时的磁矩运动情况。这个修正过的方程即广泛应用的郎道-利夫希茨方程-吉尔伯特方程(Landau-Lifshitz-Gilbert，LLG) 方程。LL 或 LLG 磁化动力学方程是微波磁性器件的理论基础，本章从经典的原子磁矩拉莫尔进动方程出发，引出磁化动力学方程表达式，进而讨论方程的特点。

1.1　磁化动力学过程概述

　　每个磁系统都具有平衡态和亚稳态。平衡态和亚稳态分别对应于磁系统总能量的全局或局部极小值。在外部磁场、温度或自旋极化电流等因素的影响下，磁系统的磁化状态可从一种状态转变为另一种状态，这种转变过程称为磁化的动态过程，其特征时间与激励的类型、磁系统的材料参数以及尺寸等有关。

　　磁化动力学涉及的时间尺度跨度非常大，从与地质事件(如地磁极的翻转)相关的数十亿年到与自旋间交换作用相关的飞秒范围。磁化动力学的时间尺度由磁介质中自旋磁矩之间的相互作用的强度所决定。磁有序材料的自旋排布主要由三种强度的相互作用所控制[1]：①较弱的相互作用，包括自旋与外部磁场之间相互作用和自旋之间的偶极相互作用；②较强的自旋-轨道相互作用；③最强的自旋-自旋间的交换交互作用。

　　自旋间的相互作用越强，磁化动力学的特征时间就越小。图 1.1 给出了各种动态磁化过程的时间尺度范围[2]。最慢的动力学行为是磁畴壁的位移，这个过程的典型时间尺度是几纳秒(ns)到几百微秒(μs)，其包括畴壁的形核与位移、磁畴的相干旋转和反转以及相关的弛豫过程。磁化进动则发生在几皮秒(ps)到几百皮秒的范围，而与磁化进动过程有关的阻尼发生在亚纳秒到几十纳秒的时间尺度上；在这个时间尺度内，还会发生两种现象，即自旋翻转(几皮秒到几百皮秒)和磁涡旋核的翻转(几十皮秒到几纳秒)。铁磁材料中的自旋波(spin waves)可以在几百皮秒到几十纳秒的时间尺度上传播后消失。自旋轨道耦合(spin-orbit coupling)和自旋转移矩(spin-transfer torque)发生在 10 飞秒(fs)到 1 皮秒时间范围内。最快的磁化动力学过程是交换交互作用下的超快过程，该过程发生在 10 飞秒内，对应于电子系统的弛豫，其后包含几百飞秒内的超快退磁过程，以及紧接超快退磁时间之后发生的时间范围在 1~10 皮秒的快速恢复过程。

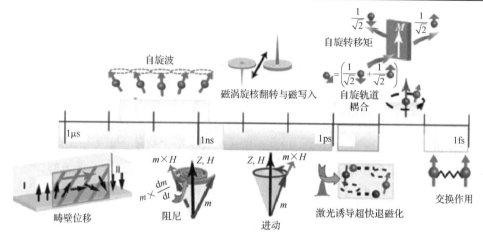

图 1.1   各种动态磁化过程的时间尺度范围

本书讨论的磁化动力学的时间尺度都是长于～1ps 的情形。在这个时间尺度上，饱和磁化强度和有效各向异性等物理量可以被认为是时不变量。磁化动力学方程可以分别从量子力学和经典力学的角度来建立。在量子力学中，假设处于均匀磁场环境的自旋为静态 (static) 粒子，其自旋算符的平均值随时间的变化（即自旋动力学）可以用薛定谔 (Schrödinger) 方程[3]或冯·诺依曼 (von Neumann) 方程[4]得到。在经典力学中，可以假设磁矩的运动为陀螺运动，从变分原理出发，采用拉格朗日公式推导出来[5]1-10；也可以假设磁矩起源于电子的圆周运动 (circular motion)，利用角动量的牛顿 (Newton) 定律，以及磁矩与角动量的关系得到[6]，该方法最早被爱尔兰科学家拉莫尔采用，所以磁化动力学方程又称为拉莫尔进动方程。本章就是采用最后一种方法来引出磁化动力学方程的。

1.2   磁矩与拉莫尔进动

1.2.1   磁矩与角动量

物质的磁性来源于原子磁矩。原子由电子和原子核组成。电子因其轨道运动和自旋运动而具有轨道磁矩和自旋磁矩。原子核具有核磁矩，但由于原子核的质量远大于电子的质量，因此原子核磁矩的值很小，几乎对原子磁矩无贡献。近似地，原子磁矩可看作由电子轨道磁矩和电子自旋磁矩构成。

1.   电子的轨道磁矩和轨道角动量

先以经典轨道模型 (即把定域运动的电子看成在一定轨道上运动的经典粒子) 做一简单的计算[7]。如图 1.2 所示，有效质量为 m_e 的一个电子绕原子核做轨道运动，速度为 v，半径为 r，运动轨道所围面积为 A。因为电子具有电荷 e，电子的圆周轨道运动相当于形成了一个圆环形电流，这个电流的强度为

$$i = -\frac{v}{2\pi r}e = -\frac{e\omega}{2\pi} \tag{1.1}$$

式中，角速度 $\omega = v/r$，负号表示电流的方向与电子运动的方向相反。

依据磁矩定义，由电子轨道运动产生的轨道磁矩的大小为

$$\mu_l = iA = -\frac{e\omega}{2\pi}(\pi r^2) = -\frac{e}{2}\omega r^2 \tag{1.2}$$

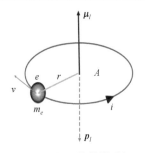

图 1.2　电子的轨道磁矩

轨道磁矩的方向为环形轨道所围面积 A 的法向方向，即电流 i 与轨道磁矩方向满足右手定则。

而电子的轨道运动具有的轨道动量矩为

$$p_l = m_e vr = m_e \omega r^2 \tag{1.3}$$

电子的轨道磁矩与轨道动量矩之间的关系写成矢量形式则有

$$\boldsymbol{\mu}_l = -\frac{e}{2m_e}\boldsymbol{p}_l = -\gamma_l \boldsymbol{p}_l \tag{1.4}$$

式中，$\gamma_l = e/(2m_e)$ 称为轨道磁力比（或轨道旋磁比），表示的是电子轨道磁矩和动量矩的比值。式(1.4)说明，电子绕核做轨道运动，其轨道磁矩与动量矩之间在数值上成正比，而方向相反。

从量子力学的观点来说，原子内的电子运动服从量子规律，式(1.3)的动量应由角动量概念代替，且角动量是量子化的。当电子运动状态的主量子数为 n 时，角动量由角量子数 l 来确定，角动量 p_l 的绝对值为

$$p_l = \sqrt{l(l+1)}\hbar \tag{1.5}$$

式中，l 的可能值为 $l=0, 1, 2, \cdots, n-1$；$\hbar = h/2\pi$，h 为普朗克常量。

在量子化的情况下，式(1.4)的关系仍然成立。对应的角动量磁矩的绝对值是

$$\mu_l = \sqrt{l(l+1)}\frac{e\hbar}{2m_e} = \sqrt{l(l+1)}\mu_B \tag{1.6}$$

式中，$\mu_B = (e/(2m_e))\hbar$，称为玻尔磁子，是原子磁矩的基本单位。

角动量和磁矩在空间都是量子化的，它们在外磁场 H 方向的分量不连续，只能有一组确定的间断值，这些间断值取决于磁量子数 m_l，有

$$\begin{cases} (p_l)_H = m_l\hbar \\ (\mu_l)_H = m_l\mu_B \end{cases} \tag{1.7}$$

由于 l 可取 $l=0, 1, 2, \cdots, n-1$，共 n 个可能值；m_l 可取 $m_l=0, \pm1, \pm2, \cdots, \pm l$，共 $(2l+1)$ 个可能值。所以，p_l 和 μ_l 在空间的取向可以有 $(2l+1)$ 个。

2. 电子的自旋磁矩和自旋角动量

由量子力学可知，电子的自旋角动量取决于自旋量子数 s，自旋角动量的绝对值是

$$p_s = \sqrt{s(s+1)}\hbar \tag{1.8}$$

由于 s 的值只能等于 $1/2$，故 p_s 的本征值为 $(\sqrt{3}/2)\hbar$。自旋角动量在外磁场方向上的

分量取决于自旋磁量子数 m_s，m_s 只可能等于±1/2，因而

$$p_s = m_s \hbar = \pm \frac{1}{2}\hbar \tag{1.9}$$

实验证明，和自旋角动量相联系的自旋磁矩 μ_s，在外磁场方向的投影刚好等于一个玻尔磁子 μ_B，但方向有正、负，即

$$\mu_s = \pm \mu_B \tag{1.10}$$

这表明，自旋磁矩在空间只有两个可能的量子化方向。

根据式(1.9)和式(1.10)并考虑到 μ_s 和 p_s 的方向相反，则有

$$\boldsymbol{\mu}_s = -\frac{e}{m_e}\boldsymbol{p}_s = -\gamma_s \boldsymbol{p}_s \tag{1.11}$$

式中，$\gamma_s = e/m_e$，称为电子的自旋磁力比。对比式(1.4)，可知 γ_s 比 γ_l 大一倍。

3. 原子的总磁矩

引入用于度量电子轨道磁矩和自旋磁矩相对于电子总磁矩的贡献的郎德因子 g，原子的总磁矩可以写成

$$\boldsymbol{\mu} = -g\left(\frac{e}{2m_e}\right)\boldsymbol{p} \tag{1.12}$$

对单电子原子，当磁矩仅由轨道运动引起时 $g=1$，而磁矩仅由自旋引起时 $g=2$，两者同时对磁矩有贡献时 $1<g<2$。

对于原子核外电子多于一个电子的情况，则需要了解原子中电子的排布规律，以及原子中电子的轨道角动量与自旋角动量的耦合方式，才能确定郎德因子 g 的大小，进而确定原子的总磁矩。这方面的内容请读者参阅相关磁性理论的教科书。

1.2.2　原子磁矩的拉莫尔运动方程

令 $\gamma = g\dfrac{e}{2m_e}$，其表征原子的总磁矩与总角动量之比的常数，称为旋磁比，则式(1.12)简化为

$$\boldsymbol{\mu} = -\gamma \boldsymbol{p} \tag{1.13}$$

由电磁学知道，在磁场 $\boldsymbol{B}_0 = B_0\boldsymbol{z}$（其中，$\boldsymbol{z}$ 为方向矢量）中，作用在磁矩 $\boldsymbol{\mu}$ 上的力矩为

$$\boldsymbol{T} = \boldsymbol{\mu} \times \boldsymbol{B}_0 = -\gamma \boldsymbol{p} \times \boldsymbol{B}_0 = -\gamma \mu_0 \boldsymbol{p} \times \boldsymbol{H}_0 \tag{1.14}$$

式中，μ_0 是真空磁导率。力矩的存在将引起角动量的变化，而角动量的变化率等于作用在该系统上的力矩。由式(1.13)和式(1.14)得到

$$\frac{\mathrm{d}\boldsymbol{p}}{\mathrm{d}t} = -\frac{1}{\gamma}\frac{\mathrm{d}\boldsymbol{\mu}}{\mathrm{d}t} = \boldsymbol{T} = \mu_0 \boldsymbol{\mu} \times \boldsymbol{H}_0 \tag{1.15}$$

为了简洁起见，用 $\gamma_0 = g\dfrac{\mu_0 e}{2m_e}$ 代替 $\gamma = g\dfrac{e}{2m_e}$，则式(1.15)写为

$$\frac{\mathrm{d}\boldsymbol{\mu}}{\mathrm{d}t} = -\gamma_0 \boldsymbol{\mu} \times \boldsymbol{H}_0 \tag{1.16}$$

式 (1.16) 为原子磁矩的运动方程。它在直角坐标系中的投影式为[8]

$$\frac{\mathrm{d}\mu_x}{\mathrm{d}t} = -\gamma_0(\mu_y H_z - \mu_z H_y) \tag{1.17a}$$

$$\frac{\mathrm{d}\mu_y}{\mathrm{d}t} = -\gamma_0(\mu_z H_x - \mu_x H_z) \tag{1.17b}$$

$$\frac{\mathrm{d}\mu_z}{\mathrm{d}t} = -\gamma_0(\mu_x H_y - \mu_y H_x) \tag{1.17c}$$

在所选择的坐标系中，已假定外加稳恒磁场 $\boldsymbol{H}_0$ 是在 z 轴方向上的 (图 1.3)，那么 $H_x=H_y=0$，而 $H_z=H_0$。

在此情况下，式 (1.17) 可简化成下列形式：

$$\frac{\mathrm{d}\mu_x}{\mathrm{d}t} = -\gamma_0 H_0 \mu_y \tag{1.18a}$$

$$\frac{\mathrm{d}\mu_y}{\mathrm{d}t} = \gamma_0 H_0 \mu_x \tag{1.18b}$$

$$\frac{\mathrm{d}\mu_z}{\mathrm{d}t} = 0 \tag{1.18c}$$

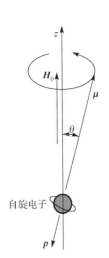

图 1.3　自旋电子的磁矩和自旋角动量的关系

由式 (1.18c) 立即可解得 $\mu_z=$ 常数，它表明 μ 的 z 分量是固定在 z 轴方向上，而且其大小是不变的。

现在将式 (1.18a) 微分一次，然后再将式 (1.18b) 代入，便可得到

$$\frac{\mathrm{d}^2\mu_x}{\mathrm{d}t^2} + (\gamma_0 H_0)^2 \mu_x = 0 \tag{1.19}$$

显而易见，式 (1.19) 是一个典型的波动方程式。令 $\omega_0 = \gamma_0 H_0$，式 (1.19) 的解为

$$\mu_x = \mu_1 \cos \omega_0 t \tag{1.20}$$

将上述 μ_x 代入式 (1.18a) 后可得

$$\mu_y = \mu_1 \sin \omega_0 t \tag{1.21}$$

然后再将 μ_x 和 μ_y 平方相加后可得

$$\mu_x^2 + \mu_y^2 = \mu_1^2 \tag{1.22}$$

很明显，这是圆的方程，它表明 μ_1 分量是在 xOy 平面内做圆周运动的。而上面已证明 μ_z 分量是固定在 z 轴方向上不变的，因此 μ_1 与 μ_z 经矢量合成后的 μ 就在空间以角频率 ω_0 围绕着恒磁场 $\boldsymbol{H}_0$ 做圆周运动，如图 1.3 所示，这种运动称为进动 (precession)，进动的方向

满足右手定则。由于是无阻尼的，所以这种进动常称作自由进动，也称拉莫尔进动(Larmor precession)，其进动频率 $f = \omega_0 / (2\pi)$，相应地可称作自由进动频率或拉莫尔频率。磁矩 $\boldsymbol{\mu}$ 与 z 轴之间的自由进动角 θ 由式(1.23)给出：

$$\sin\theta = \frac{\sqrt{\mu_x^2 + \mu_y^2}}{|\boldsymbol{\mu}|} = \frac{\mu_1}{|\boldsymbol{\mu}|} \tag{1.23}$$

1.3 磁介质的磁化动力学方程

1.3.1 无阻尼时的磁化动力学方程

一块宏观的铁磁介质中含有许多原子，当足够大的稳恒有效磁场 H_{eff} 作用在铁磁介质上时，这些原子的磁矩会彼此平行排布，则铁磁介质的总磁矩为

$$\boldsymbol{M} = n\boldsymbol{\mu} \tag{1.24}$$

式中，n 为单位体积内的原子数。显然，$\boldsymbol{M}$ 就是铁磁介质的宏观磁化强度，即单位体积内的磁矩数。这些原子磁矩将一致地以同一 θ 角(磁矩矢量与有效恒磁场之间的夹角)围绕着稳恒有效磁场而进动，这种现象称作一致进动。将式(1.16)等式两边同乘以 n，则可得到

$$\frac{\mathrm{d}\boldsymbol{M}}{\mathrm{d}t} = -\gamma_0 \boldsymbol{M} \times H_{\mathrm{eff}} \tag{1.25}$$

式(1.25)就是在一致进动情况下理想磁介质的磁化动力学方程，也称磁化强度运动方程。这里要说明的是 H_{eff} 为有效稳恒磁场，包括作用于磁介质的磁矩上的外磁场 H_0 和各种相互作用引起的等效磁场，如交换作用场、磁晶各向异性场、应力场和退磁场等。

将式(1.25)两边标量同时乘 $\boldsymbol{M}$，可得

$$\boldsymbol{M} \cdot \frac{\mathrm{d}\boldsymbol{M}}{\mathrm{d}t} = \frac{1}{2}\frac{\mathrm{d}\boldsymbol{M}^2}{\mathrm{d}t} = -\gamma_0 \boldsymbol{M} \cdot (\boldsymbol{M} \times H_{\mathrm{eff}}) = 0 \tag{1.26}$$

从而有

$$\frac{\mathrm{d}\boldsymbol{M}^2}{\mathrm{d}t} = 0 \tag{1.27}$$

这说明 $|\boldsymbol{M}|$=常数。显然饱和磁化的磁介质或单畴磁介质是满足该条件的。而在通常情况下，铁磁材料由于强交换耦合作用，相邻磁矩平行排列，这样可以产生局域磁化强度 $\boldsymbol{M}$，其幅值为 M_s。当温度恒定(且小于居里温度)时，铁磁介质中磁化强度 $\boldsymbol{M}(\boldsymbol{r},t)$ 满足下列关系：

$$\begin{cases} \boldsymbol{M}(\boldsymbol{r},t) = M_s \boldsymbol{m}(\boldsymbol{r},t) \\ |\boldsymbol{m}(\boldsymbol{r},t)| = 1 \end{cases} \tag{1.28}$$

式中，$\boldsymbol{m}(\boldsymbol{r},t)$ 是单位方向矢量，也是归一化矢量。式(1.28)说明，铁磁介质的磁化强度矢量的幅度保持不变，即 $|\boldsymbol{M}(\boldsymbol{r},t)| = M_s$，磁化强度矢量的方向在空间上是渐变的。在介观尺度，当磁化强度 $\boldsymbol{M}(\boldsymbol{r},t)$ 是空间和时间的连续函数时，也近似满足式(1.27)或式(1.28)的条件，此时 $\boldsymbol{M}(\boldsymbol{r},t) = \sum \boldsymbol{\mu}_i(\boldsymbol{r},t) / \Delta V$，其中 ΔV 是磁介质的微区体积。这种连续性假设就是微磁学

理论的出发点。微磁学是磁学的一个分支，该分支是利用式(1.25)及其衍生理论公式来研究介观尺度下铁磁介质的磁化过程。介观尺度是指该尺度要足够大，大到原子的大小可忽略不计，这样才能保证在该尺度下材料的磁学特性是连续的；然而该尺度又要足够小，小到可以解析像磁畴等微磁结构。

式(1.25)的 $\mathrm{d}\boldsymbol{M}/\mathrm{d}t$ 为磁化强度 $\boldsymbol{M}$ 的变化率，为矢量，其方向既与 $\boldsymbol{M}$ 垂直又与有效磁场 $\boldsymbol{H}_{\mathrm{eff}}$ 垂直。式(1.25)物理意义在于：磁化强度 $\boldsymbol{M}$ 在力矩 $\boldsymbol{T}=\mu_0\boldsymbol{M}\times\boldsymbol{H}_{\mathrm{eff}}$ 的作用下，其运动方向总是与 $\boldsymbol{H}_{\mathrm{eff}}$ 相垂直的，并且不停地绕 $\boldsymbol{H}_{\mathrm{eff}}$ 做轨迹恒定的圆周运动，也就是拉莫尔进动，如图 1.4(a)所示。对式(1.25)两边标量同时乘 $\boldsymbol{H}_{\mathrm{eff}}$ 有

$$\boldsymbol{H}_{\mathrm{eff}}\cdot\frac{\mathrm{d}\boldsymbol{M}}{\mathrm{d}t}=\frac{\mathrm{d}(\boldsymbol{M}\cdot\boldsymbol{H}_{\mathrm{eff}})}{\mathrm{d}t}=-\gamma_0\boldsymbol{H}_{\mathrm{eff}}\cdot(\boldsymbol{M}\times\boldsymbol{H}_{\mathrm{eff}})=0 \tag{1.29}$$

这说明无阻尼时，进动的角度维持不变。

事实上，磁介质中的磁化强度矢量不可能永远地进动下去，也是说在实际磁介质中式(1.25)是不成立的。这是因为铁磁介质内有损耗存在，即磁化强度的进动要受到某种阻力，进动的能量将逐渐减小，$\boldsymbol{M}$ 与 $\boldsymbol{H}_{\mathrm{eff}}$ 的之间的夹角 θ 也逐渐减小，最终 $\boldsymbol{M}$ 就会停留在 $\boldsymbol{H}_{\mathrm{eff}}$ 的方向上而停止进动。

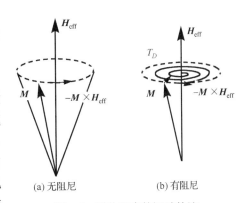

(a) 无阻尼　　　　　(b) 有阻尼

图 1.4　磁化强度的运动轨迹

研究表明，磁化强度矢量在进动时所遇到的阻尼作用是极为复杂的物理过程，有多种微观机制。一般地采用唯象处理方法，引入一个阻碍磁化强度进动的阻尼项 $\boldsymbol{T}_D$ 于运动方程中，即

$$\frac{\mathrm{d}\boldsymbol{M}}{\mathrm{d}t}=-\gamma_0(\boldsymbol{M}\times\boldsymbol{H}_{\mathrm{eff}})+\boldsymbol{T}_D \tag{1.30}$$

考虑阻尼项后，$\boldsymbol{M}$ 实际受到两个力矩的作用，如图 1.4(b)所示：①有效磁场 $\boldsymbol{H}_{\mathrm{eff}}$ 对 $\boldsymbol{M}$ 的作用力矩($=\mu_0\boldsymbol{M}\times\boldsymbol{H}_{\mathrm{eff}}$，方向沿进动的切向)，其作用是 $\boldsymbol{M}$ 绕 $\boldsymbol{H}_{\mathrm{eff}}$ 做右旋的自由进动；②阻尼力矩($=-\mu_0\dfrac{\boldsymbol{T}_D}{\gamma}$，方向指向进动的径向)，其作用是使 $\boldsymbol{M}$ 趋向外磁场 $\boldsymbol{H}_{\mathrm{eff}}$。在这两个力矩的作用下，$\boldsymbol{M}$ 端点运动的轨迹从圆(对应无阻尼情形)变成了螺旋线，进而磁化强度 $\boldsymbol{M}$ 的进动角逐渐减小，最终 $\boldsymbol{M}$ 与 $\boldsymbol{H}_{\mathrm{eff}}$ 平行，使得 $\boldsymbol{M}\times\boldsymbol{H}_{\mathrm{eff}}=0$，这是稳态下磁化强度的分布。

1.3.2　有阻尼时的磁化动力学方程

1. $|\boldsymbol{M}|$ 恒定的情形

1935 年，朗道和利夫希茨首先引入唯象阻尼项

$$\boldsymbol{T}_D=-\frac{\lambda}{M_s^2}[\boldsymbol{M}\times(\boldsymbol{M}\times\boldsymbol{H}_{\mathrm{eff}})] \tag{1.31}$$

式中，λ 是唯象引入的阻尼因子，具有时间倒数的量纲，从而有

$$\frac{\mathrm{d}\boldsymbol{M}}{\mathrm{d}t} = -\gamma_L \boldsymbol{M} \times \boldsymbol{H}_{\mathrm{eff}} - \frac{\lambda}{M_s^2} \boldsymbol{M} \times (\boldsymbol{M} \times \boldsymbol{H}_{\mathrm{eff}}) \tag{1.32}$$

式(1.32)就是著名的朗道-利夫希茨方程，式(1.32)中 γ_L 为旋磁比。从式(1.32)中可以看出，由于阻尼项的引入，当系统处于稳态时，磁化强度的分布处于最小能量状态，即磁化强度的方向与有效磁场的方向平行；同时，在这个过程中使得磁化强度大的大小保持不变。当 λ 较小时，式(1.32)能很好地描述磁动力学的微观物理过程，但是当 $\lambda \to \infty$ 时，则有 $\mathrm{d}\boldsymbol{M}/\mathrm{d}t \to \infty$，显然违背物理事实。

1955 年，吉尔伯特引入阻尼表达式为

$$\boldsymbol{T}_D = \frac{\alpha}{M_s} \boldsymbol{M} \times \frac{\mathrm{d}\boldsymbol{M}}{\mathrm{d}t} \tag{1.33}$$

α 为吉尔伯特阻尼因子，是无量纲的表象常数，其来源于各种散射过程，如磁振子-磁振子散射、磁振子-声子/电子散射等。α 也与材料的掺杂和缺陷以及材料的磁结构等有关。阻尼因子 $\alpha < 1$，完美的钇铁石榴石晶体的阻尼因子可小至 10^{-5} 量级，而金属磁性材料的阻尼因子一般在 10^{-3} 量级。引入吉尔伯特阻尼项后，有

$$\frac{\mathrm{d}\boldsymbol{M}}{\mathrm{d}t} = -\gamma_0 \boldsymbol{M} \times \boldsymbol{H}_{\mathrm{eff}} + \frac{\alpha}{M_s}\left(\boldsymbol{M} \times \frac{\mathrm{d}\boldsymbol{M}}{\mathrm{d}t}\right) \tag{1.34}$$

这就是著名的朗道-利夫希茨-吉尔伯特方程。在 LLG 方程中，阻尼因子 α 是表示磁化强度弛豫到平衡态的参数。当 $\alpha \neq 0$ 时，磁化强度将沿有效磁场方向做指数衰减的进动，如图 1.5 所示，最终磁化强度与有效磁场平行排布。

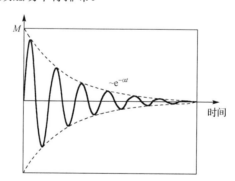

图 1.5　磁化强度进动的指数衰减($\alpha > 0$)

实际上当阻尼因子小时，式(1.32)与式(1.34)在数学上是等效的。证明如下：将 LLG 方程两边同时左叉乘 $\boldsymbol{M}$，得到

$$\boldsymbol{M} \times \frac{\mathrm{d}\boldsymbol{M}}{\mathrm{d}t} = -\gamma_0 \boldsymbol{M} \times (\boldsymbol{M} \times \boldsymbol{H}_{\mathrm{eff}}) + \frac{\alpha}{M_s} \boldsymbol{M} \times \left(\boldsymbol{M} \times \frac{\mathrm{d}\boldsymbol{M}}{\mathrm{d}t}\right) \tag{1.35}$$

利用矢量恒等式 $\boldsymbol{a} \times (\boldsymbol{b} \times \boldsymbol{c}) = (\boldsymbol{a} \cdot \boldsymbol{c})\boldsymbol{b} - (\boldsymbol{a} \cdot \boldsymbol{b})\boldsymbol{c}$ 和 $\boldsymbol{M} \cdot \dfrac{\mathrm{d}\boldsymbol{M}}{\mathrm{d}t} = 0$，式(1.35)化简为

$$\frac{\mathrm{d}\boldsymbol{M}}{\mathrm{d}t} = -\gamma_0 \boldsymbol{M} \times \boldsymbol{H}_{\mathrm{eff}} + \alpha M_s \frac{\mathrm{d}\boldsymbol{M}}{\mathrm{d}t} \tag{1.36}$$

将式(1.36)代入式(1.34)得

$$\frac{\mathrm{d}\boldsymbol{M}}{\mathrm{d}t} = -\gamma_0 \boldsymbol{M} \times \boldsymbol{H}_{\mathrm{eff}} - \frac{\gamma_0 \alpha}{M_s} \boldsymbol{M} \times (\boldsymbol{M} \times \boldsymbol{H}) - \alpha^2 \frac{\mathrm{d}\boldsymbol{M}}{\mathrm{d}t} \tag{1.37}$$

移项整理得

$$\frac{\mathrm{d}\boldsymbol{M}}{\mathrm{d}t} = -\frac{\gamma_0}{1+\alpha^2} \boldsymbol{M} \times \boldsymbol{H}_{\mathrm{eff}} - \frac{\alpha}{1+\alpha^2} \frac{\gamma_0}{M_s} \boldsymbol{M} \times (\boldsymbol{M} \times \boldsymbol{H}) \tag{1.38}$$

式(1.38)中当 $\alpha \ll 1$ 时，有 $\gamma_L = \gamma_0 / (1+\alpha^2) \approx \gamma_0$，令 $\lambda = \gamma_0 M_s \alpha / (1+\alpha^2) \approx \gamma_0 M_s \alpha$，就得到式(1.32)。式(1.38)也是 LLG 方程的另外一种形式，它显式地体现了 d$\boldsymbol{M}$/dt 的变化，在数值求解 LLG 方程时，常用式(1.38)这种形式来求解。

可以证明，式(1.32)和式(1.34)仍然满足式(1.27)，即|$\boldsymbol{M}$|保持不变。在实际应用中，有时为了方便，将式(1.32)和式(1.34)中的磁化强度矢量用归一化矢量 $\boldsymbol{m} = \boldsymbol{M} / M_s$ 表示，则式(1.32)和式(1.34)可以分别写为

$$\frac{\mathrm{d}\boldsymbol{m}}{\mathrm{d}t} = -\gamma_L \boldsymbol{m} \times \boldsymbol{H}_{\mathrm{eff}} - \lambda \boldsymbol{m} \times (\boldsymbol{m} \times \boldsymbol{H}_{\mathrm{eff}}) \tag{1.39}$$

$$\frac{\mathrm{d}\boldsymbol{m}}{\mathrm{d}t} = -\gamma_0 \boldsymbol{m} \times \boldsymbol{H}_{\mathrm{eff}} + \alpha \left(\boldsymbol{m} \times \frac{\mathrm{d}\boldsymbol{m}}{\mathrm{d}t} \right) \tag{1.40}$$

2. |$\boldsymbol{M}$|不恒定的情形

前面已证明 LL 或 LLG 方程都满足磁化强度矢量的幅值恒定的情形。然而在实际磁系统中，还存在磁化强度矢量的幅值随时间变化的情形，如在后面章节中要提到的双磁振子散射(two-magnon scattering)引起的弛豫，此时需要引入布洛赫(Bloch)阻尼项(又称为 Bloch-Bloembergen 阻尼项)来描述这种情形[9]，对应的磁化动力学方程称为 LLB 或者 LLBB 方程。LLB 方程由 Bloch 引入来研究核磁弛豫，然后由 Bloembergen 修正来研究铁磁金属的铁磁弛豫。LLB 方程为

$$\frac{\mathrm{d}\boldsymbol{M}}{\mathrm{d}t} = -\gamma_0 \boldsymbol{M} \times \boldsymbol{H}_{\mathrm{eff}} - \frac{M_x}{T_2} \boldsymbol{e}_x - \frac{M_y}{T_2} \boldsymbol{e}_y - \frac{M_z - M_0}{T_1} \boldsymbol{e}_z \tag{1.41}$$

式中，M_0 是沿 z 轴的平衡态磁化强度；$\boldsymbol{e}_x$、$\boldsymbol{e}_y$ 和 $\boldsymbol{e}_z$ 是沿笛卡儿坐标系 x、y 和 z 轴的单位矢量。在该方程中引入了两个独立的弛豫时间常数来表征两种不同的耗散路径。其中，纵向弛豫时间 T_1 表示的是自旋-晶格弛豫，该弛豫过程对应的能量耗散路径是通过一致进动模式直接将能量耗散到晶格。切向弛豫时间 T_2 表示的是自旋-自旋弛豫时间，它对应的能量耗散路径则是通过非一致进动模式来间接实现能量的耗散。时间 T_1，其阻尼机制源于自旋翻转变化(spin-flip transitions)，影响沿有效磁场方向的 M_z 分量；切向或自旋-自旋弛豫时间 T_2，该阻尼机制起源于不同磁矩间的交互作用，特别地，当它们围绕有效磁场 $\boldsymbol{H}_{\mathrm{eff}}$ 进动时相位退相干引起损耗，从而影响 M_x 和 M_y 分量。

对 $T_2 \ll T_1$，xOy 平面的弛豫与沿 z 轴方向的弛豫互不相关，M 的幅度随时间发生变化，其轨迹沿向内的螺线靠近 $\boldsymbol{H}_{\mathrm{eff}}$，如图 1.6 所示。只有当 $T_1 \leqslant T_2$ 时，磁化强度幅度保持恒定，LL 弛豫发生。

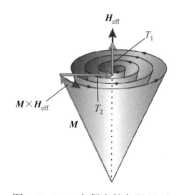

图 1.6　LLB 方程中的各阻尼项
函求得[5]24-43

当 $T_1=T_2=T$ 时，式 (1.41) 可以简化成[10]

$$\frac{\mathrm{d}\boldsymbol{M}}{\mathrm{d}t} = -\gamma_0 \boldsymbol{M} \times \boldsymbol{H}_{\mathrm{eff}} - \frac{1}{T}(\boldsymbol{M} - \chi_0 \boldsymbol{H}_{\mathrm{eff}}) \qquad (1.42)$$

式中，$\chi_0 = \dfrac{M_0}{H_{i0}}$（这里，$H_{i0}$ 为内稳恒磁场）为静磁化率。

式 (1.42) 表明阻尼力矩的数值正比于 $\boldsymbol{M}$ 对 $\chi_0\boldsymbol{H}_{\mathrm{eff}}$ 值的偏离。

本节最后要特别指出，本节中提到的有效磁场是作用于磁化强度（或磁矩）矢量上的所有局域磁场的矢量和，如外加磁场、交换作用场、偶极作用场和磁晶各向异性等效场等，其大小可以通过磁介质的总自由能密度 E_{tot} 对磁化强度的泛函求得

$$\boldsymbol{H}_{\mathrm{eff}} = -\frac{1}{\mu_0 M_s}\frac{\delta E_{\mathrm{tot}}}{\delta \boldsymbol{m}} \qquad (1.43)$$

1.4　磁介质的能量与布朗方程

1.4.1　磁介质的能量

依据磁介质所处的环境与本身的特点，在外磁场作用下磁介质的自由能包括许多项。这里只介绍常见的外磁场能、交换作用能、偶极交互作用与退磁能、磁晶各向异性能，对其他能量项请参见相关文献。

1. 外磁场能

外磁场能又称塞曼（Zeeman）能，是磁化矢量在外加磁场的作用下产生的能量，它可使磁化强度矢量朝着外磁场的方向发生偏转。外磁场能密度可表示为

$$E_{\mathrm{Zee}} = -\mu_0 \boldsymbol{M} \cdot \boldsymbol{H}_0 \qquad (1.44)$$

式中，$\boldsymbol{H}_0$ 是外磁场，当磁化强度与外磁场 $\boldsymbol{H}_0$ 同向时，该项能量最小。值得说明的是，外加磁场也包括交变磁场，且其可以在作用空间上是非均匀的。

2. 交换作用能

交换作用能是磁性材料中相邻原子磁矩方向趋于有序排列时原子间的相互作用能，属于短程相互作用。这种能量起源于由两个电子组成的两粒子系统的库仑能量。根据海森伯交换模型，两个相邻自旋间的交换能密度可以表示如下：

$$E_{ex}^{ij} = -2J_{ij}\boldsymbol{S}_i \cdot \boldsymbol{S}_j \qquad (1.45)$$

式中，$\boldsymbol{S}_i$ 和 $\boldsymbol{S}_j$ 分别是相邻原子位置 i 与 j 上的自旋角动量；J_{ij} 是交换积分常数。交换积分主要源于电子波函数的重叠，且交换积分的大小会随着自旋的间距增加而急剧减小，所以

当计算整个体系的交换能时一般只针对相邻或近邻的原子。当 J_{ij} 大于 0 时，原子磁矩的自旋方向平行，该时刻磁矩间具有最小的交换作用能。而当 J_{ij} 小于 0 时，原子磁矩自旋的方向趋于反平行，磁矩间也具有最小的交换作用能。

对于铁磁材料来说，相邻两原子的自旋 $\boldsymbol{S}_i$ 和 $\boldsymbol{S}_j$ 之间的夹角 φ_{ij} 接近于零，且 $|\boldsymbol{S}_i|=|\boldsymbol{S}_j|=S$，所以

$$\boldsymbol{S}_i \cdot \boldsymbol{S}_j = S^2 \cos\phi_{ij} \approx S^2\left(1 - \frac{1}{2}\phi_{ij}^2\right) \tag{1.46}$$

这样，遍及整个铁磁介质的交换能密度可表达为

$$E_{\text{ex}} = -S^2 \sum J_{ij}\left(1 - \frac{1}{2}\phi_{ij}^2\right) \tag{1.47}$$

令所有原子磁矩平行时的交换能为 0，那么其他状态下的交换能密度就表示为

$$E_{\text{ex}} = S^2 \sum J_{ij}\phi_{ij}^2 \tag{1.48}$$

在小角度近似，φ_{ij} 可以用与原子磁矩相关的单位方向矢量表示为

$$\phi_{ij} = |\boldsymbol{s}_i - \boldsymbol{s}_j| \approx |(\boldsymbol{r}_{ij} \cdot \nabla)\boldsymbol{s}| \tag{1.49}$$

式中，$\boldsymbol{s}_i$ 和 $\boldsymbol{s}_j$ 分别表示原子磁矩 i 和 j 的单位矢量；$\boldsymbol{r}_{ij}$ 表示从 i 原子到 j 原子的位置矢量，所以交换能密度表示为

$$E_{\text{ex}} = S^2 \sum J_{ij}\phi_{ij}^2[(\boldsymbol{r}_{ij} \cdot \nabla)\boldsymbol{s}]^2 \tag{1.50}$$

由于海森伯交换作用是各向同性的，可认为磁介质中所有的相邻交换积分相同，即 $J_{ij}=J$，用磁化强度代替原子磁矩，则可以得到连续近似下，也就是微磁学中磁介质的交换能密度为

$$E_{\text{ex}} = \frac{A}{M_s^2}[(\nabla M_x)^2 + (\nabla M_y)^2 + (\nabla M_z)^2] = \frac{A}{M_s^2}\nabla^2\boldsymbol{M} \tag{1.51}$$

式中，M_x、M_y 和 M_z 分别表示磁化强度矢量在 x、y 和 z 轴的分量；A 为交换常数（单位为 J/m），其值与晶格常数 a 和交换积分 J 有关，表达式为

$$A = \frac{nJS^2}{a}C \tag{1.52}$$

式中，$n=1/a^3$ 为单位体积中磁性离子数。常数 C 取决于材料的晶体结构，对于简单立方，$C=1$；体心立方，$C=2$；面心立方，$C=4$。交换常数的典型数量级为 10^{-12}J/m，如金属钴（Co）为 28.5×10^{-12}J/m，铁（Fe）为 20×10^{-12}J/m，镍（Ni）为 8×10^{-12}J/m，坡莫合金 $Ni_{1-x}Fe_x$（$x=20\sim22$）为 10×10^{-12}J/m。

根据式（1.51）并由 $E_{\text{ex}} = -\mu_0\boldsymbol{M} \cdot \boldsymbol{H}_{\text{ex}}$ 得到交换作用的等效场为

$$\boldsymbol{H}_{\text{ex}} = \frac{2A}{\mu_0 M_s^2}\nabla^2\boldsymbol{M} \tag{1.53}$$

这里要指出，磁性体材（bulk magnetic matertals）中，近邻自旋之间受到的是对称的海森伯交换相互作用，从而使磁矩形成平行或者反平行的共线排列。然而，在缺乏反演对称性的体系，自旋轨道耦合（spin-orbit coupling, SOC）效应和磁性的相互作用会导致

Dzyaloshinskii-Moriya（DMI）相互作用，相邻自旋除了受到海森伯交换相互作用，还可能受到反对称交换作用(antisymmetric exchange interaction)的影响。该交互作用使得相邻两自旋有垂直排布，或倾斜排布的倾向。DMI 作用导致的哈密顿满足以下形式：

$$H = \boldsymbol{D}_{ij} \cdot (\boldsymbol{S}_i \times \boldsymbol{S}_j) \tag{1.54}$$

式中，$\boldsymbol{D}_{ij}$ 是 DMI 矢量；$\boldsymbol{S}_i$ 和 $\boldsymbol{S}_j$ 表示近邻自旋。DMI 是一种手性的相互作用，系统能量的大小取决于 $\boldsymbol{S}_i$ 绕着 $\boldsymbol{D}_{ij}$ 向 $\boldsymbol{S}_j$ 做顺时针或者逆时针旋转。在无序的磁性合金中，强 SOC 的原子可以调控近邻磁性原子之间的相互作用，Dzyaloshinskii-Moriya 矢量垂直于这三个原子构成的平面。在超薄磁性多层膜中，界面处的反演对称性(inverse symmetry)被破坏，这可能导致界面 DMI 的出现。磁性薄膜的界面 DMI 能量密度为[11]

$$E_{\mathrm{DMI}} = \frac{D}{M_s^2}(m_z(\nabla \cdot \boldsymbol{M}) - (\boldsymbol{M} \cdot \nabla)m_z) \tag{1.55}$$

式中，D 是 DMI 常数。

3. 偶极交互作用与退磁能

单个偶极矩 $\boldsymbol{\mu}_i$ 在距离为 $\boldsymbol{r}_i(|\boldsymbol{r}_i| = r_i)$ 处所产生的偶极磁场可表示为[12]

$$\boldsymbol{H}_{\mathrm{dipole}}(\boldsymbol{r}_i) = \frac{1}{4\pi}\frac{3(\boldsymbol{\mu}_i \cdot \boldsymbol{r}_i)\boldsymbol{r}_i - r_i^2\boldsymbol{\mu}_i}{r_i^5} \tag{1.56}$$

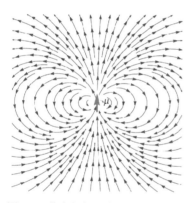

单个偶极矩产生的偶极磁场如图 1.7 所示，可见该场具有各向异性的特点，且满足辐射边界条件，即在无限远处，有 $\boldsymbol{H}_{\mathrm{dipole}}(\boldsymbol{r} \to \infty) \to 0$。在第 3 章我们会看到，正是由于偶极磁场的各向异性，使得以偶极相互作用为主的自旋波的色散特性也呈现各向异性。

偶极相互作用描述的是磁介质中的一个磁偶极矩 $\boldsymbol{\mu}_i$ 必然受到另一个磁偶极矩 $\boldsymbol{\mu}_j$ 产生的磁场 $\boldsymbol{H}_j$ 的相互作用，它属于长程相互作用。在铁磁介质中，交换作用与偶极作用是一种竞争关系，前者使得磁矩相向排列，而

图 1.7　单个偶极矩产生的偶极磁场

后者则使得磁矩沿相反方向排列，从而导致了磁畴结构的产生。

显然，磁介质中任一磁矩感受到的偶极场来源于整个磁介质中其他磁矩产生的偶极场的矢量和，对其进行计算就相当复杂了。对不存在电流的磁介质，偶极场 $\boldsymbol{H}_{\mathrm{dipole}}$ 可以用麦克斯韦方程

$$\begin{cases} \nabla \cdot \boldsymbol{B} = 0 \\ \nabla \times \boldsymbol{H}_{\mathrm{dipole}} = 0 \end{cases} \tag{1.57}$$

和本构关系

$$\boldsymbol{B} = \mu_0(\boldsymbol{H}_{\mathrm{dipole}} + \boldsymbol{M}) \tag{1.58}$$

求解得到。由于偶极场是无旋场，所以存在磁标量势 ϕ，使得 $\boldsymbol{H}_{\mathrm{dipole}} = -\nabla\phi$，这样偶极场

的求解就可以简化为泊松 (Poisson) 方程的求解

$$\nabla^2 \phi = -\nabla \cdot \boldsymbol{M} \tag{1.59}$$

在空间不同区域 (如区域 1 和区域 2) 的界面处，磁标量势满足下列条件

$$\begin{cases} \phi_1 = \phi_2 \\ \dfrac{\partial \phi_1}{\partial \boldsymbol{n}} - \dfrac{\partial \phi_2}{\partial \boldsymbol{n}} = -(\boldsymbol{M}_1 - \boldsymbol{M}_2) \cdot \boldsymbol{n} \end{cases} \tag{1.60}$$

式中，$\boldsymbol{n}$ 是区域 1 指向区域 2 的法向矢量。类似于静电学，用 $\rho_m = \nabla \cdot \boldsymbol{M}$ 表示体磁荷密度，$\sigma_m = -\boldsymbol{M} \cdot \boldsymbol{n}$ 表示面磁荷密度，则可以采用格林函数法求解式 (1.59) 和式 (1.60)，得到磁标量势的表达式为

$$\phi(\boldsymbol{r}) = \int_V G(\boldsymbol{r} - \boldsymbol{r}') \rho_m(\boldsymbol{r}') \mathrm{d}\boldsymbol{r}' + \int_S G(\boldsymbol{r} - \boldsymbol{r}') \sigma_m(\boldsymbol{r}') \mathrm{d}\boldsymbol{r}' \tag{1.61}$$

式中，$G(\boldsymbol{r} - \boldsymbol{r}') = 1/(4\pi |\boldsymbol{r} - \boldsymbol{r}'|)$ 是关联的格林函数。进而得到磁偶极场为

$$\boldsymbol{H}_{\text{dipole}}(\boldsymbol{r}) = \int_V \nabla G(\boldsymbol{r} - \boldsymbol{r}') \rho_m(\boldsymbol{r}') \mathrm{d}\boldsymbol{r}' + \int_S \nabla G(\boldsymbol{r} - \boldsymbol{r}') \sigma_m(\boldsymbol{r}') \mathrm{d}\boldsymbol{r}' \tag{1.62}$$

对于均匀磁化的磁介质，由体磁荷产生偶极场可以忽略，而只考虑面磁荷产生的偶极场。一般地，将散逸于磁介质外部的磁偶极场称为杂散场 $\boldsymbol{H}_{\text{stray}}$，而在磁介质内部的磁偶极场称为退磁场 $\boldsymbol{H}_d$。退磁场的方向与磁化强度的方向相反，由退磁场产生的退磁能密度可表示为

$$E_d = -\frac{1}{2} \mu_0 \boldsymbol{M} \cdot \boldsymbol{H}_d \tag{1.63}$$

通常来说，计算一个任意形状的磁介质的退磁场是非常复杂的过程。然而，对于一个形状规则的均化磁化椭球体，可以将计算简化为

$$\boldsymbol{H}_d = -\bar{N} \boldsymbol{M} \tag{1.64}$$

式中，$\bar{N}$ 是无量纲的退磁矩阵。如果椭球的中心位于坐标系的原点，那么 $\bar{N}$ 可以写成

$$\bar{N} = \begin{pmatrix} N_x & 0 & 0 \\ 0 & N_y & 0 \\ 0 & 0 & N_z \end{pmatrix} \tag{1.65}$$

用退磁因子，椭球体的退磁能密度表示为

$$E_{d\text{-ellipsoid}} = \frac{1}{2} \mu_0 M_s^2 (N_x \cos^2 \alpha_x + N_y \cos^2 \alpha_y + N_z \cos^2 \alpha_z) \tag{1.66}$$

式中，α_x、α_y 和 α_z 分别是磁化强度与椭球主轴之间的夹角；N_x、N_y 和 N_z 分别是 x、y 和 z 方向的退磁因子。由于在国际单位制中，$N_x + N_y + N_z = 1$，对于位于 xOy 平面的磁性薄膜，有 $N_x = N_y = 0$，故对于均匀磁化薄膜的退磁能密度为

$$E_{d\text{-film}} = \frac{1}{2} \mu_0 M_s^2 \cos^2 \alpha_z \tag{1.67}$$

式中，α_z 为磁化方向与薄膜法向之间的夹角。

由以上分析可见，退磁场能与磁介质的形状密切相关，所以它又被称为形状各向异性能。

4. 磁晶各向异性能

磁性晶体的自发磁化强度与晶轴的取向有密切的关系，这种性质称为磁晶各向异性。在同一个单晶体内，由于磁晶各向异性的存在，磁化强度随磁场的变化便因方向不同而有所差别。就是说，在某些方向容易磁化，在另一些方向则不容易磁化。容易磁化的方向称为易磁化方向，或简称易轴（一个易轴包含正反两个方向，下同）；不容易磁化的方向称为难磁化方向，或简称难轴。

对于立方结构的铁磁晶体，磁晶各向异性能密度可表示为

$$E_c = K_{c1}(\cos^2\alpha\cos^2\beta + \cos^2\beta\cos^2\gamma + \cos^2\gamma\cos^2\alpha)$$
$$+ K_{c2}\cos^2\alpha\cos^2\beta\cos^2\gamma + \cdots \tag{1.68}$$

式中，K_{c1} 和 K_{c2} 分别是一阶和二阶立方各向异性常数；α、β 和 γ 分别是磁化强度矢量对[100]、[010]和[001]晶轴的夹角。在多数情形下，$K_{c1} \gg K_{c2}$，k_{c2} 可以忽略不计，此时，当 $K_{c1} > 0$ 时，易轴沿〈100〉晶向簇，难轴为〈111〉晶向簇；当 $K_{c1} < 0$ 时，易轴沿〈111〉晶向簇，难轴为〈100〉晶向簇。

对于钴金属的单晶和钡铁氧体单晶等六角晶体，其易磁化轴就是其六重对称轴，故又称单轴晶体，其磁晶各向异性能密度一般表示为

$$E_u = K_{u1}\sin^2\theta + K_{u2}\sin^4\theta + \cdots \tag{1.69}$$

式中，K_{u1} 和 K_{u2} 是单轴各向异性常数，且一般地 $K_{u1} \gg K_{u2}$，θ 为磁化强度矢量相对于单轴六角晶轴[0001]方向之间的夹角。

由式（1.69）可知，当不考虑 K_{u2} 时，若 $K_{u1} > 0$ 时，则易磁化方向就在六角轴上；若 $K_{u1} < 0$ 时，则易磁化方向就在与六角轴垂直的平面内的任何方向，这种各向异性又称面各向异性。

要说明的是，在磁性薄膜等多晶材料中，常常通过应力感生、生长感生和磁场退火等方式产生单轴各向异性，以满足应用需求。另外，还要补充说明的是，在超薄（厚度一般小于 50 nm）薄膜中，薄膜表面或界面对称性的破缺会产生表面或界面各向异性，该各向异性有使得薄膜的磁化强度垂直于薄膜平面的倾向，该能量密度表示为

$$E_{\text{sur}} = -\frac{K_p}{d}\sin^2\theta \tag{1.70}$$

式中，d 是薄膜的厚度；K_p 是表面各向异性常数；θ 为磁化强度矢量与薄膜法向方向的夹角。这里要特别说明的是，K_p 的单位是 J/m^2，而前面提到的单轴或立方各向异性常数的单位却是 J/m^3。

1.4.2　磁介质的特征长度

以上讨论的各种能量对磁介质中的磁矩分布起的作用是不同的，如海森伯交换作用能使得磁矩平行排布，增大磁介质的磁化强度，而退磁能则是相反的，使得磁介质的磁化强度降低。从磁系统的交换能、退磁能和磁晶各向异性能等内能的相互竞争可得到磁介质的特征长度。

1. 交换长度

用交换作用能和退磁能的竞争来定义(静磁)交换长度，即

$$L_{ex} = \sqrt{\frac{2A}{\mu_0 M_s^2}} \tag{1.71}$$

交换长度这个特征长度表示当磁介质的尺寸超过该长度时，则磁介质将分畴，而小于该长度时，磁介质是单畴。一般地，交换作用长度为～10nm 量级。

2. 布洛赫畴壁长度

在两个磁畴的界面，即畴壁里，磁矩是连续地从一个方向过渡到另一个方向的。交换作用能使得磁畴中的磁矩平滑过渡(增加畴壁宽度)，而磁晶各向异性却使得磁畴中的磁矩突变(减小畴壁宽度)，从而在稳态下，交换能和磁晶各向异性能的竞争定义了磁畴壁的宽度，从而引出布洛赫畴壁长度为

$$\Delta_0 = \sqrt{\frac{A}{K}} \tag{1.72}$$

通常，硬磁材料的布洛赫畴壁长度为～1nm，而软磁材料的布洛赫畴壁长度为几百 nm。

另外，需要指出的是，磁晶各向异性能与退磁能竞争可以用品质因子 Q 来表征磁介质磁性的软硬程度，也称材料的硬度因子。品质因子的表达式为

$$Q = \frac{2K}{\mu_0 M_s^2} = \left(\frac{L_{ex}}{\Delta_0}\right)^2 \tag{1.73}$$

硬磁材料的 $Q > 1$，而软磁材料的 $Q \ll 1$。

表 1.1 给出了常见铁磁材料的特征长度。

表 1.1　常见铁磁材料的特征长度

材料	饱和磁化强度 $M_s/(10^3 \text{A/m})$	交换常数 $A/(10^{-11}\text{J/m})$	磁晶各向异性常数 $K/(10^3\text{J/m}^3)$	交换长度 L_{ex}/nm	布洛赫畴壁长度 Δ_0/nm
Co	1400	1.5～3	500	3.4～4.8	5.5～7.7
$Ni_{20}Fe_{80}$	800	1	1	4.9	100

1.4.3　布朗方程

1.4.2 节讨论的磁化动力学方程，当忽略阻尼时，对于处于稳态的磁介质，有 $\text{d}\boldsymbol{M}/\text{d}t = 0$，从而有 $\boldsymbol{M} \times \boldsymbol{H}_{eff} = 0$，即稳态时，磁介质的磁化强度沿有效磁场方向排布。实际上，布朗(Brown)利用能量最小法也可得到同样的结论[5]24-43。

根据磁学的宏观理论，磁介质的自由能是磁化强度的泛函。自由能有多个局域最小值，每个最小值对应一个可能的磁化稳定状态。根据变分原理，在平衡态，样品内的磁化强度分布要同时满足

$$\begin{cases} \delta E_{\text{tot}}(\boldsymbol{M}) = 0 \\ \delta^2 E_{\text{tot}}(\boldsymbol{M}) > 0 \end{cases} \tag{1.74}$$

式中，$\delta E_{\text{tot}}(\boldsymbol{M}) = E_{\text{tot}}(\boldsymbol{M} + \delta \boldsymbol{M}) - E_{\text{tot}}(\boldsymbol{M})$ 表示的是微小磁化强度变化 $\delta \boldsymbol{M}$ 引起的微小能量变化。由 $H_{\text{eff}} = -\dfrac{1}{\mu_0} \dfrac{\delta E_{\text{tot}}}{\delta \boldsymbol{M}}$，并根据平衡态的能量条件，则可得到

$$\begin{cases} \boldsymbol{M} \times \boldsymbol{H}_{\text{eff}} = 0 \\ \left. \dfrac{\partial \boldsymbol{M}}{\partial \boldsymbol{n}} \right|_S = 0 \end{cases} \tag{1.75}$$

式中，S 和 $\boldsymbol{n}$ 分别表示磁介质的表面以及表面的法向方向。上述关系是布朗推导出来的，所以又称为布朗方程。式(1.75)的第一个方程则表示，平衡态的磁介质中的有效磁场作用在磁矩上的力矩等于零，即磁化强度沿有效磁场方向排布。式(1.75)的第二个方程则表明磁介质表面的磁化强度沿表面分布，定义了非钉扎状态(即磁介质表面的自旋能自由转动)下的磁化强度边界条件，又称为纽曼(Neumann)边界条件。

1.5　随机与高温磁化动力学方程

原则上讲，前面讲的磁化动力学方程只适合 $T=0\text{K}$ 的情形。而在有温度的情形下，需要对它们进行拓展。分为两种情形：一种是有限温度，即 $T>0\text{K}$ 且 $T \ll T_C$（T_C 为居里温度），需要考虑随机热涨落的影响；另一种则是高温情形，即温度 T 在 T_C 附近。

1.5.1　有限温度的随机磁化动力学方程

在零温度条件下，不同磁化状态之间的转变是确定的。但当温度升高时，体系开始出现热涨落现象，因而不同磁化状态之间的变化具有一定的不确定性，这在微小磁介质系统中特别明显。这里引入热涨落等效场 $\boldsymbol{H}_{\text{th}}$ 来描述这种随机性的热涨落。

$$\boldsymbol{H}_{\text{th}} = \sqrt{\dfrac{2\alpha k_{\text{B}} T}{\gamma_0 M_s (1+\alpha^2) V \Delta t}} \boldsymbol{\Gamma} \tag{1.76}$$

式中，$\boldsymbol{\Gamma}$ 为随机高斯噪声矢量；k_{B} 为玻尔兹曼常数；T 为温度；Δt 为计算时的时间步长；V 为热扰动区域的体积。随机热胀落场 $\boldsymbol{H}_{\text{th}}$ 要满足：

$$\begin{cases} \langle \boldsymbol{H}_{\text{th},i}(t) \rangle = 0 \\ \langle \boldsymbol{H}_{\text{th},i}(t), \boldsymbol{H}_{\text{th},j}(t') \rangle = D \delta_{ij} \delta(t - t') \end{cases} \tag{1.77}$$

式中，D 为热涨落系数，可由涨落耗散定理给定[13]

$$D = \dfrac{2\alpha k_{\text{B}} T}{\gamma_0 M_s V} \tag{1.78}$$

另外，$\langle \cdot \rangle$ 表示所有可能的热扰动场在计算时间内的统计平均，下标 i，j 表示遍及笛卡儿坐标系统的 x、y 和 z 轴索引指标，$\langle \cdots \rangle$ 表示不同计算时间之间的相关性，δ 是狄拉克(Dirac delta) 函数。引入热涨落等效场后的随机 (stochastic) 磁化动力学方程为 (以 LLG 方程为例)

$$\frac{\mathrm{d}\boldsymbol{M}}{\mathrm{d}t} = -\gamma \boldsymbol{M} \times (\boldsymbol{H}_{\mathrm{eff}} + \boldsymbol{H}_{\mathrm{th}}) + \frac{\alpha}{M_s}\left(\boldsymbol{M} \times \frac{\mathrm{d}\boldsymbol{M}}{\mathrm{d}t}\right) \tag{1.79}$$

1.5.2　高温情形的 Landau-Lifshitz-Bloch 方程

前面提到 Landau-Lifshitz 方程或 Landau-Lifshitz-Gilbert 方程的磁化强度矢量的幅度是保持恒定的，只有方向改变。所以，它们在低温情况下可以完美地描述磁介质，很好地展现磁介质的磁畴结构和零温 (或低温) 情况下磁矩动态演化过程。然而当磁介质处于高温 (特别是接近材料居里温度) 时，磁化强度矢量的幅度会随温度变化而变化，Landau-Lifshitz 方程或 Landau-Lifshitz-Gilbert 方程不再适用[14]。

原则上讲，高温下磁介质的磁动力学行为，有两种方式可以处理，一是采用原子自旋动力学 (atomistic spin dynamics) 方程，二是 1997 年 Garanin 基于 Fokker-Planck 方程推导出来的改进型 Landau-Lifshitz-Bloch (LLB) 方程[15]，为

$$\frac{\mathrm{d}\boldsymbol{m}}{\mathrm{d}t} = -\gamma_0(\boldsymbol{m} \times \boldsymbol{H}_{\mathrm{eff}}) + \frac{\gamma_0 \alpha_{/\!/}}{m^2}(\boldsymbol{m} \cdot \boldsymbol{H}_{\mathrm{eff}})\boldsymbol{m} - \frac{\gamma_0 \alpha_{\perp}}{m^2}\left[\boldsymbol{m} \times (\boldsymbol{m} \times \boldsymbol{H}_{\mathrm{eff}})\right] \tag{1.80}$$

式中，$\boldsymbol{m} = \boldsymbol{M}/M_s(0)$，$M_s(0)$ 是 $T=0\mathrm{K}$ 时平衡态饱和磁化强度。$\alpha_{/\!/}$ 和 $\alpha_{\perp}$ 分别是纵向弛豫系数和切向弛豫系数，分别为

$$\alpha_{/\!/} = \lambda\frac{2T}{3T_C}, \quad \alpha_{\perp} = \begin{cases} \lambda\left(1 - \dfrac{T}{3T_C}\right), & T \leqslant T_C \\[2mm] \lambda\dfrac{2T}{3T_C}, & T \geqslant T_C \end{cases} \tag{1.81}$$

式中，λ 为自旋与热库 (thermal bath) 之间的耦合参数；T_C 为居里温度。

改进后的 LLB 方程与 LLG 方程相比，增加了纵向项，即允许磁化矢量在纵向方向发生幅度改变。改进后的 LLB 方程描述的磁化动力学行为的示意图如图 1.8 所示，方程的第一项描述的磁矩围绕有效磁场 $\boldsymbol{H}_{\mathrm{eff}}$ 进动 (图 1.8(a))，第二项和第三项分别表示纵向 (图 1.8(b)) 和切向 (图 1.8(c)) 的动力学行为。

改进后的 LLB 方程中的有效磁场为

$$\boldsymbol{H}_{\mathrm{eff}} = \boldsymbol{H}_0 + \boldsymbol{H}_k + \boldsymbol{H}_{\mathrm{ex}} + \begin{cases} (1/2\chi_{/\!/})(1 - m^2/m_e^2)\boldsymbol{m}, & T \leqslant T_C \\ (J_0/\mu)(1 - T/T_C - 3m^2/5)\boldsymbol{m}, & T \geqslant T_C \end{cases} \tag{1.82}$$

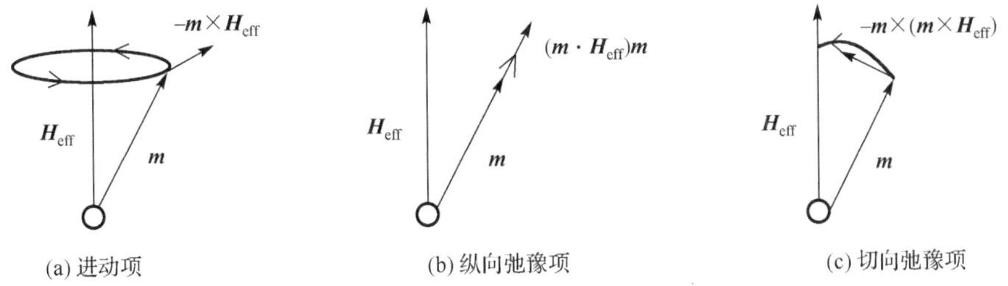

图 1.8　改进后的 LLB 方程的各项运动示意图

式中，m_e 为给定温度下零场磁矩稳定值，可以依据居里-外斯(Curie-Weiss)定理 $m_e = B[(m_e J + \mu H) / k_B T]$ 计算得到，B 为朗之万函数；J_0 为原子近邻耦合系数；μ 为原子磁矩；H_0、H_k 和 H_{ex} 分别为外磁场、各向异性场和交换场。在平均场近似模型情况下，分别为

$$H_k = -(m_x \hat{e}_x + m_y \hat{e}_y) / \chi_\perp \tag{1.83}$$

$$H_{ex} = -\frac{A(T)}{m_e^2} \frac{2}{M_s \Delta^2} \sum_{j \in \text{neigh}(i)} (m_j - m_i) \tag{1.84}$$

式中，$\chi_{//}$ 和 $\chi_\perp$ 为纵向和切向磁化率；M_s 为零温下饱和磁化强度；$A(T)$ 为交换常数。

如果要考虑热骚动的影响，式(1.80)中的有效磁场要加上 $h_{//}$ 和 $h_\perp$ 来描述热效应的随机温度场，它们满足

$$\left\langle h_a^i(0), h_a^i(t) \right\rangle = \frac{2k_B T}{\gamma \alpha_a M_s V_i} \delta_{i,j} \delta(t), \quad \left\langle h_a^i(t) \right\rangle = 0 \tag{1.85}$$

式中，下标 a 指代 // 或 ⊥；i 和 j 指代不同的坐标分量(x,y,z)或者不同的原子；T 为磁矩的瞬时温度。

1.6　微磁学仿真简介

Landau-Lifshitz 磁化动力学方程，在铁磁物质的动态磁化理论中起着极为重要的作用，成为研究的基石。由于该方程具有鲜明的物理背景与深刻的物理意义，所以相当长一段时间以来很多物理学家和数学家都对该方程做了大量的研究工作。从微分方程的角度看，Landau-Lifshitz 方程是一个强退化、强耦合的非线性方程组，只能在某些特定的简化情况下才能得到方程的解析解[16]。在理论解析分析中，常采用的是宏自旋(macro-spin)近似，即假定磁化强度在空间上是均匀一致分布的。在这种情况下，Landau-Lifshitz 方程被简化为两个耦合微分方程。本书后面的理论分析都是基于该近似展开的。

然而，磁系统往往存在磁化不均匀性，局域磁化强度所受到的有效磁场、磁阻尼矩等原则上都是位置的函数。在这种情况下，上述宏自旋近似模型所描述的磁化动力学过程必然与实际情形存在或多或少的偏差。此时需要利用更合理的微磁学模型来研究非均匀体系的磁化动力学。微磁学模型与宏自旋模型的主要不同在于其磁能密度中包含了短程的微磁学交换作用和长程的静磁相互作用。前面提到，微磁学研究的对象是介观尺度下铁磁介质的磁化过程，该尺度足够大，大到原子的大小可忽略不计，因此在该尺度下材料的磁学特性是连续的；然而该尺度又足够小，小到可以看清磁畴的结构。微磁学计算的出发点是连续性假设，假设的含义是在给定温度下(一般低于磁性材料的居里温度)，磁介质中的磁化矢量大小不变，外部激励只是导致其方向发生改变，即 $|M(r,t)|=$ 常数。连续微磁学理论在麦克斯韦电磁场理论和量子理论中架起了一座桥梁。麦克斯韦的电磁学理论从宏观尺度上使用磁化率和磁导率来描述材料的性质，而量子力学则是从原子尺度上来描述前面两个理论都不适合描述某些现象。

微磁学理论与数值计算相结合形成的微磁学仿真是磁学领域的新兴研究方向，它是在

微纳米量级上研究磁性材料与磁性结构的磁化/反磁化过程、磁化动力学过程的重要工具。下面简单介绍与微磁学仿真有关的数值方法、常见软件包及软件包的使用流程。

1.6.1　微磁学的数值计算方法

数值求解磁化动力学方程的过程就是求解非线性偏微分方程。求解时间相关非线性偏微分方程的数值方法包括两部分。

1. 空间离散

将空间导数转换为空间中的离散点之间的代数关系，也就是单元剖分过程，对微磁学数值计算来说，首先要对磁矩连续分布的磁系统进行离散化，离散成一系列的小单元。为了满足微磁学的连续性假设，离散单元选择标准是其尺度要小于等于材料的交换长度和畴壁宽度的最小者。常见的单元剖分方法为有限差分法和有限元法，如图 1.9 所示。

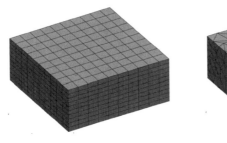

(a) 有限差分法　　　　　　　　　　　(b) 有限元法

图 1.9　微磁学仿真中样品的离散方法

有限差分方法将样品在空间上分割为大小一致的矩形网格。在格点 $(x+i\Delta x,\ y+j\Delta y,\ z+k\Delta z)$ 处采样得到磁化矢量。计算网格是以采样点为中心、大小为 $\Delta x \times \Delta y \times \Delta z$ 的矩形单元格。有限差分方法的优势是便于实现，网格剖分简单，可以通过采用快速傅里叶变换的方法实现对退磁能的高效计算等。主要的不足之处在于处理边界为不规则曲面的样品时，矩形的剖分网格使得在样品界面处产生阶梯状近似，从而在处理退磁场时容易产生较大的计算误差。然而这一误差是可以通过采取一定的边界数值方法进行修正的[17]。

与有限差分法不同的是，有限元法将空间分割成许多小四面体网格单元，然后根据网格离散情况重新构建偏微分方程组。有限元法的基本思想是基于变分原理，即求解一个泛函取极小值的变分问题。它是在变分原理的基础上融合差分思想发展起来的，是变分问题中欧拉法的进一步发展。有限元法结构简单规范，对复杂区域和复杂边界条件问题的求解有优势并且可得到误差较低的数值结果。但是有限元法需要占用较大的内存，并且在计算静磁场时也不能通过傅里叶算法加速。

2. 时间离散化(又称时间积分)

时间离散化就是将时间导数转换为离散时间点之间的代数关系。可以用动态方法获得平衡时的磁化强度分布。LLG 方程是根据指定的初始状态 $M(t=0)=M_0$(包括饱和、完全随机或其他给定状态)进行积分计算平衡态磁化强度分布。在每个时间步($\mathrm{d}t$)后，磁化强度的分布状态得到更新，当总模拟时间达到指定的值时，认为系统的磁化强度处于稳定状态。有显式和隐式两种方法来积分 LLG 方程。显式方法只使用当前时间的磁化强度来计算以后的磁化强度，而隐式方法既需要当前时间的磁化强度，又需要以后时间的磁化强度。显式方法可以达到很高的精度，但是在所有情况下都不能获得稳定的解，除非时间步长足够小。显示方法经常用于交换耦合较弱的系统中。常用的显式方法包括不同阶的龙格-库塔法(Runge-Kutta)。隐式方法更稳定，但相比显示方法也更难实现，并且在小阻尼极限下不能维持磁化强度的振幅不变，违反了微磁模型的基本要求，所以需要采用包括预测校正(predictor-corrector)之类的算法来避免。特别需要指出的是，在动态方法，为了加速求解过程，通常会选择一个大的阻尼常数(常令 $\alpha=1$)，以使进动最小，并且系统迅速收敛到平衡状态。

除动态方法可以确定平衡时磁化强度的分布，还可以用静态法(也称为能量最小法)来获得，特别在当人们只想求能量的局部极小值时，静态方法是很方便的。静态法中，每次迭代求解都会降低系统的能量，使得每个单元的自旋磁矩逐渐朝着有效磁场 H_{eff} 的方向旋转，重复迭代求解过程，直到磁化强度和有效磁场之间的最大角度小于规定的误差(或者力矩 $\tau = m \times H_{\text{eff}}$ 小于规定值)时，认为系统的能量达到最小值，结束求解输出结果。该方法采用的数值方法包括共轭梯度最陡下降法(conjugate gradient steepest descent)和高斯-赛德尔法(Gauss-Seidel)。

如果读者有兴趣进一步了解微磁学的数值计算方法，请参见文献[18]。

1.6.2　微磁学仿真软件包及仿真流程

时至今日，国际上已开发出多套基于 LLG 方程或 LL 方程的优秀微磁学计算软件。表 1.2 列出了常见的一些软件包[19]。需要说明的是，由于 GPU(graphics processing unit)具有如下特点：①提供了多核并行计算的基础结构，且核心数多，可以支撑大量并行计算；②拥有相对 CPU(central processing unit)更高的访存速度；③相对 CPU 更高的浮点运算能力。所以，微磁学软件包纷纷用 GPU 来加速计算。

对微磁学仿真软件包，其使用流程如图 1.10 所示。具体的材料参数(如饱和磁化强度、交换作用常数、旋磁比、阻尼因子等)、仿真参数(偏置磁场、单元尺寸、仿真步长与时间，以及激励信号等)的设置以及对仿真过程的影响，请参见文献[20]。

表 1.2　常见微磁学仿真软件包

软件类型	软件名	单元剖分	有无 GPU 加速	网址
免费软件	OOMMF	有限差分法	有	http://math.nist.gov/oommf
	MuMax3	有限差分法	有	http://mumax.github.io
	magnum.fd	有限差分法	有	http://micromagnetics.org/magnum.fd
	fidimag	有限差分法	无	https://fidimag.readthedocs.io/en/latest
	magpar	有限元法	无	http://www.magpar.net
	Nmag	有限元法	无	http://nmag.soton.ac.uk/nmag
	commics	有限元法	无	https://gitlab.asc.tuwien.ac.at/cpfeiler/commics

续表

软件类型	软件名	单元剖分	有无 GPU 加速	网址
商用软件	LLG micromagnetics simulator	有限差分法	无	http://llgmicro.home.mindspring.com
	micromagus	有限差分法	无	http://www.micromagus.de
	GPMagnet	有限差分法	有	http://www.goparallel.net
	FEMME	有限元法	无	http://suessco.com/en/simulations/solutions/femme-software

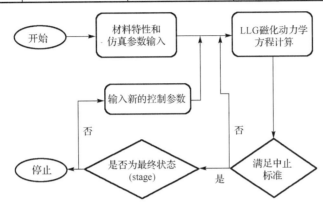

图 1.10　微磁学仿真软件包的使用流程

微磁学仿真可以得到磁介质的静态特性和动态特性。静态特性包括稳定状态下的自旋组态,从中可以得到磁介质的磁滞回线或者获得模拟磁化动力学所需的基态,同时分析各种场(如静态杂散磁场或交换场)的分布。而动态特性则是预测磁化动力学 $M(t,r)$,它是时间和空间的函数,通过不同方式分析数据可以对动态现象(如磁共振、自旋波动力学、畴壁运动等)进行深入理解。动态特性求解步骤如下。

(1)利用能量最小法或者大阻尼因子的动态法得到磁体的平衡态自旋分布。

(2)采用实际的阻尼因子,利用外部激励(如磁脉冲)使磁结构在平衡态扰动,并在一定时间内记录每个单元的磁化强度的三个分量。

(3)仿真完成后,利用数据后处理程序分析仿真结果。利用快速傅里叶变换(FFT)对每个单元磁化强度的某个分量进行变换获得所有单元的频率谱。

上面提到的傅里叶变换所涉及的相关参数与考虑说明如下[21]。①时间步长(dt):微磁仿真软件中的默认值是使用自适应时间步长,以便在计算时间和内存方面更有效地运行模拟,然而,FFT 算法需要一个固定的时间步长。为了解决这个问题,利用固定的时间步长来插值原始模拟输出的磁化强度。②采样频率(f_s):也称为采样速率,其定义为在给定时间段内收集到的数据点的数量,即 $f_s = \dfrac{1}{dt}$。③奈奎斯特(Nyquist)频率(f_N):在给定采样速率下可重建信号的最大频率,其大小等于采样频率的一半,即 $f_N = \dfrac{f_s}{2} = \dfrac{1}{2dt}$。由此可见,在插值期间选择小的 d$t$ 是保证高频的必要条件。④傅里叶点的数量(N_{ft}):傅里叶变换将产生的数据点数,N_{ft} 必须大于或等于(内插)时间序列的点数。由于最大频率由奈奎斯特频率设定,增加 N_{ft} 会在频域内得到更紧密的空间点。

动态特性求解的具体流程见图 1.11。

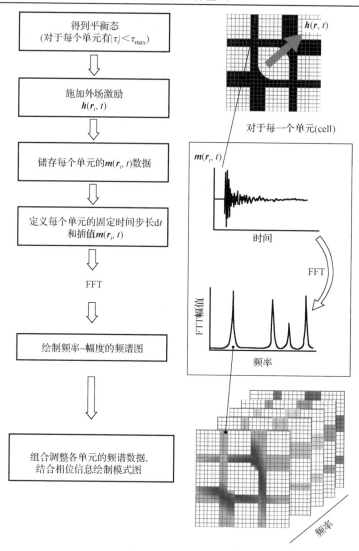

图 1.11　动态特性求解的具体流程图

参 考 文 献

[1]　HELLMAN F, HOFFMANN A, TSERKOVNYAK Y, et al. Interface-induced phenomena in magnetism. Reviews of Modern Physics, 2017: 025006.

[2]　BARMAN A, SINHA J. Spin dynamics and damping in ferromagnetic thin films and nanostructures. Gewerbstrasse : Springer International Publishing AG, 2018.

[3]　HILLEBRANDS B, OUNADJELA K. Spin Dynamics in Confined Magnetic Structure I. Berlin: Springer, 2001: 1-31.

[4]　LEVY L P. Magnetism and Superconductivity. Berlin: Springer, 2000: 166-169.

[5]　BROWN W F. Micromagnetics. New York: Interscience Publisher, 1963: 1-10.

[6]　MORRISH A H. The Physical Principles of Magnetism. New York: John Wiley and Sons, 1965: 27-29.

[7]　宛德福, 马兴隆. 磁性物理学(修订本). 北京: 电子工业出版社, 1999: 47-57.

[8]　陈巧生. 微波与光磁性器件. 成都: 成都电讯工程学院出版社, 1988: 5-6.

[9]　LENZ K, WENDE H, KUCH W, et al. Two-magnon scattering and viscous gilbert damping in ultrathin ferromagnets. Physical Review B, 2006, 73: 144424.

[10]　CODRINGTON R S, OLDS J D, TORREY H. Paramagnetic resonance in organic free radicals at low fields. Physical Review, 1954, 95: 607.

[11]　THIAVILLE A, ROHART S, JUÉ É, et al. Dynamics of Dzyaloshinskii domain walls in ultrathin magnetic films. Europhysics Letter, 2012, 100: 57002.

[12]　BERTOTTI G. Hysteresis in Magnetism. Cambridge: Academic Press, 1998: 78-81.

[13]　BROWN W F. Thermal fluctuations of a single-domain particle. Physical Review, 1963, 130: 1677.

[14]　韩秀峰. 自旋电子学导论. 北京: 科学出版社, 2014: 330-332.

[15]　GARANIN D A. Fokker-Planck and Landau-Lifshitz-Bloch equation for classical ferromagnets. Physical Review B, 1997, 55: 3050.

[16]　AHARONI A. Introduction to the Theory of Ferromagnetism. 2nd ed. Oxford: Oxford University Press, 1996: 215-237.

[17]　GARÌA-CERVERA C J, GIMBUTAS Z, WEINAN E. Accurate numerical methods for micromagnetics simulations with general geometries. Journal of Computational Physics, 2003, 184: 37-52.

[18]　SHEPHERD D. Numerical methods for dynamic micromagnetics. Manchester: University of Manchester, 2015.

[19]　LELIAERT J, MULKERS J. Tomorrow's micromagnetic simulations. Journal of Applied Physics, 2019, 125: 180901.

[20]　KUMAR D, ADEYEYE A O. Techniques in micromagnetic simulation and analysis. Journal of Physics D: Applied Physics, 2017, 50: 343001.

[21]　ASMAT-UCEDA M A. Investigation of the dynamics of magnetic vortices and antivortices using micromagnetic simulations. Fort Collins: Colorado State University, 2017.

第2章 一致进动与张量磁导率

磁介质的磁导率(磁化率)($\mu(\chi)$)在不同形式磁场中表现出不同的特点。对各向同性磁介质，在直流磁场(或称恒定磁场)作用下，$\mu(\chi)$为实数标量，而在受交变磁场作用的各向同性磁介质中，$\mu(\chi)$是复数标量。对受到交变磁场作用下的各向异性磁介质，或者当磁介质同时受到恒定直流磁场与交变磁场作用时，$\mu(\chi)$不仅具有复数形式，而且还从标量变成了张量。

本章将从宏自旋(marco-spin)近似出发，采用解析法求解磁化动力学方程，分析磁介质的张量 $\mu(\chi)$ 的产生机制与特点。

2.1 静态磁导率与复数磁导率

2.1.1 静态磁化过程下的磁导率

任何材料在磁场的作用下都将被磁化，并显示一定特征的磁性。这种磁性可由磁化强度或磁感应强度的大小来表征，更方便的是用磁化强度或磁感应强度随外磁场的变化特征来表征。为此，定义材料在磁场作用下，磁化强度 M 与磁场强度 H 的比值为磁化率 χ，即

$$\chi = \frac{M}{H} \tag{2.1}$$

磁感应强度 B 与磁场 H 的比值为磁导率 μ，即

$$\mu = \frac{B}{H} \tag{2.2}$$

在磁介质中，磁感应强度与磁场强度的关系为

$$B = \mu_0(H + M) \tag{2.3}$$

式中，μ_0 是真空磁导率，由磁化率与磁导率的定义，可得

$$\mu = \mu_0(1+\chi) \tag{2.4}$$

有时，又表示为 $\mu = 1 + \chi$，此时的磁导率称为相对磁导率。相应地，式(2.4)表示的磁导率称为绝对磁导率，绝对磁导率的单位为亨/米(H/m)。

磁介质在恒定磁场的作用下，其磁化状态均不随时间变化，这一过程又称为静态磁化过程，所以 $\mu(\chi)$ 为实数。在不同的磁化条件下，磁导率被分为多种，常见的有以下几种[1]。

(1)起始磁导率 μ_i

$$\mu_i = \frac{1}{\mu_0} \lim_{H \to 0} \frac{B}{H} \tag{2.5}$$

起始磁导率是磁中性状态下磁导率的极限值。弱磁场下使用的磁介质，起始磁导率 μ_i 是一个重要参数。

(2) 最大磁导率 $\mu_{\max}$

$$\mu_{\max} = \frac{1}{\mu_0}\left(\frac{B}{H}\right)_{\max} \tag{2.6}$$

在初始磁化曲线上，各点的磁导率随磁场强度的不同而不同，其最大值称为最大磁导率 $\mu_{\max}$。最大磁导率表征的是单位磁场强度在磁介质中感生出最大磁感应强度的能力。最大磁导率与起始磁导率之比强烈地依赖于磁滞回线的形状。

(3) 振幅磁导率 μ_a

$$\mu_a = \frac{1}{\mu_0}\frac{B_a}{H_a} \tag{2.7}$$

式中，B_a 与 H_a 分别代表磁介质在交变磁场(无稳恒磁场)中由磁中性状态被磁化时，在一定振幅下的磁感应强度和磁场强度值。振幅磁导率 μ_a 是磁场强度与磁感应强度振幅的函数。

(4) 增量磁导率 μ_Δ

$$\mu_\Delta = \frac{1}{\mu_0}\frac{\Delta B}{\Delta H} \tag{2.8}$$

增量磁导率 μ_Δ 表示磁介质在稳恒磁场 H_0 作用下，叠加一个较小的交变磁场的磁导率。式(2.8)中，ΔB 和 ΔH 分别为交变磁感应强度和交变磁场强度的峰-峰值。由于磁滞的原因，即使在同一稳恒磁场 H_0 作用下，若交变磁场的振幅不同，μ_Δ 的值也不相同。

(5) 可逆磁导率 μ_{rev}

$$\mu_{\mathrm{rev}} = \lim_{\Delta H \to 0}\mu_\Delta \tag{2.9}$$

当交变磁场强度趋于零时，增量磁导率的极限值定义为可逆磁导率。

还有下面将要讨论的复数磁导率 $\tilde{\mu}$。

2.1.2　各向同性磁介质在动态磁化过程下的复数磁导率

高频交变磁场作用下磁介质的磁化过程则是动态磁化过程。这里要特别说明的是，本节讨论的磁介质是各向同性磁介质。各向同性磁介质的动态磁化过程有三个显著的特点[2]：①由于磁场在不停地变化，因此磁化强度的变化落后于磁场变化的现象，即磁滞，表现为前者在相位上的滞后；②磁化率不仅是磁场大小的函数，而且还是磁场频率的函数，这种现象称为磁频散；③在动态磁化过程中，不仅存在磁滞损耗，还存在涡流损耗以及由磁后效、畴壁共振、自然共振等所产生的能量损耗。

振幅为 H_m，圆频率为 ω 的交变磁场，写为复数表示形式为

$$\boldsymbol{H} = \boldsymbol{H}_m \mathrm{e}^{\mathrm{j}\omega t} \tag{2.10}$$

将该磁场加在各向同性的磁介质上，由于存在阻碍磁矩运动的各种阻尼作用，磁感应强度 $\boldsymbol{B}$ 将落后于外加磁场 $\boldsymbol{H}$ 某一相位角 δ(称为损耗角)，一般 $\boldsymbol{B}$ 可表示为

$$\boldsymbol{B} = \boldsymbol{B}_m \mathrm{e}^{\mathrm{j}(\omega t - \delta)} \tag{2.11}$$

由式 (2.10) 和式 (2.11) 可得磁介质在交变磁场中的复数磁导率为

$$\tilde{\mu} = \frac{1}{\mu_0}\frac{\boldsymbol{B}}{\boldsymbol{H}} = \frac{B_m}{\mu_0 H_m}\mathrm{e}^{-\mathrm{j}\delta} = \mu' - \mathrm{j}\mu'' \tag{2.12}$$

式中

$$\mu' = \frac{B_m}{\mu_0 H_m}\cos\delta \tag{2.13}$$

$$\mu'' = \frac{B_m}{\mu_0 H_m}\sin\delta \tag{2.14}$$

由此可见，复数磁导率的实部部分 μ' 是与外加磁场 $\boldsymbol{H}$ 同相位的磁感应强度 $\boldsymbol{B}$ 的幅值对 $\boldsymbol{H}$ 幅值的比值，虚部部分 μ'' 是比外加磁场 $\boldsymbol{H}$ 落后 90° 的 $\boldsymbol{B}$ 的幅值对 $\boldsymbol{H}$ 的幅值的比值。磁介质的磁损耗和储能与复数磁导率密切相关，其中，磁损耗功率与复数磁导率的虚部成正比，而储能密度与复数磁导率的实部成正比。

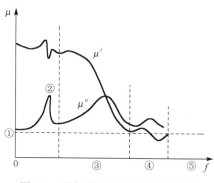

动态磁化情况下的磁化弛豫过程将导致磁频散——磁导率的实部和虚部随频率而变化的现象。当然磁介质在交变磁场中的涡流效应也会产生磁频散。磁介质的典型磁谱的示意图如图 2.1 所示。它大体分为 5 个频率区域。①低频段 ($f<10^4$Hz)，μ' 和 μ'' 的变化很小；②中频段 (10^4Hz$<f<10^6$Hz)，μ' 和 μ'' 的变化很小，但有时 μ'' 出现峰值，这是因为出现了尺寸共振和磁力共振现象；③高频段 (10^6Hz$<f<10^8$Hz)，μ' 急剧下降而 μ'' 迅速增加，主要是因为出现了畴壁的共振或弛豫现象；④超高频段 (10^8Hz$<f<10^{10}$Hz)，可能出现 ($\mu'-1$)<0，主要属于自然共振；⑤极高频段 ($f>10^{10}$Hz)，属于自然交换共振区域。

图 2.1　磁介质的典型磁谱的示意图

2.2　无界磁介质的张量磁导率

2.2.1　理想磁介质的张量磁导率

现在开始讨论磁介质同时处于恒定直流磁场与高频交变磁场的作用，或者各向异性磁介质受到交变磁场作用时，磁介质的磁导率的特点[3]。为了让物理概念更清晰，本书先介绍理想磁介质情形。理想磁性介质是指磁性介质中所有磁矩均沿同一方向(对应饱和磁介质或单畴磁介质等情形)、各向同性且无损耗的无限大磁介质。

对理想磁性介质，如果同时受到恒定直流磁场和交变磁场的作用，此时磁化动力学方程中的有效磁场 $\boldsymbol{H}_{\mathrm{eff}}$ 的直流部分只需考虑加于笛卡儿坐标系 z 轴的恒定直流磁场 $\boldsymbol{H}_0$，如图 2.2 所示。式 (1.25) 中的 $\boldsymbol{H}_{\mathrm{eff}}$ 可写成下列形式：

$$\boldsymbol{H}_{\mathrm{eff}} = H_0\boldsymbol{z} + h_0\mathrm{e}^{\mathrm{j}\omega t} \tag{2.15}$$

式中，$\boldsymbol{z}$ 是 z 轴的方向矢量；$h_0\mathrm{e}^{\mathrm{j}\omega t}$ 则是随时间 t 以角频率 ω 按 $\mathrm{e}^{\mathrm{j}\omega t}$ 规律变化的交变磁场。

假定 $|\boldsymbol{h}_0| \ll |\boldsymbol{H}_0|$，这样式(2.15)中的磁场在理想磁性介质中产生的磁化强度则可以写成

$$\boldsymbol{M} = M_0 \boldsymbol{z} + \boldsymbol{m}_0 \mathrm{e}^{\mathrm{j}\omega t} \qquad (2.16)$$

相应地，式(2.16)中的 $\boldsymbol{M}_0$ 也在 z 轴方向，$\boldsymbol{m}_0$ 则是交变磁化强度，同时存在 $|\boldsymbol{m}_0| \ll |\boldsymbol{M}_0|$。

在图 2.2 的坐标系统中，将上述式(2.15)和式(2.16)中的 $\boldsymbol{H}$ 和 $\boldsymbol{M}$ 代入式(1.25)，得

$$\begin{bmatrix} \dfrac{\mathrm{d}m_x}{\mathrm{d}t} \\[2mm] \dfrac{\mathrm{d}m_y}{\mathrm{d}t} \\[2mm] \dfrac{\mathrm{d}m_z}{\mathrm{d}t} \end{bmatrix} = -\gamma_0 \begin{bmatrix} i & j & k \\ m_x & m_y & M_0 + m_z \\ h_x & h_y & H_0 + h_z \end{bmatrix} \qquad (2.17)$$

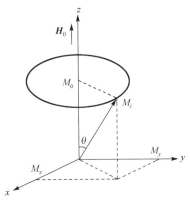

图 2.2 计算的坐标系统

写成分量形式：

$$\frac{\mathrm{d}m_x}{\mathrm{d}t} = -\gamma_0 m_y (H + h_x) + \gamma_0 (M_0 + m_z) h_y \qquad (2.18\mathrm{a})$$

$$\frac{\mathrm{d}m_y}{\mathrm{d}t} = \gamma_0 m_x (H + h_z) - \gamma_0 (M_0 + m_z) h_x \qquad (2.18\mathrm{b})$$

$$\frac{\mathrm{d}m_z}{\mathrm{d}t} = -\gamma_0 m_x h_y + \gamma_0 m_y h_x \qquad (2.18\mathrm{c})$$

由于 $|\boldsymbol{h}_0| \ll |\boldsymbol{H}_0|$，$|\boldsymbol{m}_0| \ll |\boldsymbol{M}_0|$，式(2.18)中的两个高频小量 $\boldsymbol{m}$ 和 $\boldsymbol{h}$ 的矢量积可略去，则有

$$\frac{\mathrm{d}m_x}{\mathrm{d}t} = -\omega_0 m_y + \omega_m h_y \qquad (2.19\mathrm{a})$$

$$\frac{\mathrm{d}m_y}{\mathrm{d}t} = \omega_0 m_x - \omega_m h_x \qquad (2.19\mathrm{b})$$

$$\frac{\mathrm{d}m_z}{\mathrm{d}t} = 0 \qquad (2.19\mathrm{c})$$

式中，$\omega_0 = \gamma_0 H_0$，称为磁化强度的自由进动角频率；$\omega_m = \gamma_0 M_0 \approx \gamma_0 M_s$（因为是小角度进动），$M_s$ 是磁介质的饱和磁化强度。

对式(2.19a)和式(2.19b)两边再次微分，整理得

$$\frac{\mathrm{d}^2 m_x}{\mathrm{d}t^2} + \omega_0^2 m_x = \omega_m \frac{\mathrm{d}h_y}{\mathrm{d}t} + \omega_0 \omega_m h_x \qquad (2.20\mathrm{a})$$

$$\frac{\mathrm{d}^2 m_y}{\mathrm{d}t^2} + \omega_0^2 m_y = -\omega_m \frac{\mathrm{d}h_x}{\mathrm{d}t} + \omega_0 \omega_m h_y \qquad (2.20\mathrm{b})$$

考虑磁场和磁化强度的 $\mathrm{e}^{\mathrm{j}\omega t}$ 的时间谐变关系，式(2.20)可以写为相量方程，即

$$(\omega_0^2 - \omega^2)m_x = \omega_0\omega_m h_x + j\omega\omega_m h_y \tag{2.21a}$$

$$(\omega_0^2 - \omega^2)m_y = -j\omega\omega_m h_x + \omega_0\omega_m h_y \tag{2.21b}$$

式(2.21a)和式(2.21b)可以写成矩阵形式：

$$\boldsymbol{m} = [\bar{\chi}]\boldsymbol{h} = \begin{bmatrix} \chi & j\chi_a & 0 \\ -j\chi_a & \chi & 0 \\ 0 & 0 & 0 \end{bmatrix}\boldsymbol{h} \tag{2.22}$$

式中，张量磁化率$[\bar{\chi}]$的各组元为

$$\chi = \frac{\omega_0\omega_m}{\omega_0^2 - \omega^2} \tag{2.23a}$$

$$\chi_a = \frac{\omega\omega_m}{\omega_0^2 - \omega^2} \tag{2.23b}$$

这表明在小信号近似条件下，$\boldsymbol{m}$和$\boldsymbol{h}$之间有线性关系，且材料的磁矩不受$\boldsymbol{h}$的z分量影响。

磁感应强度$\boldsymbol{b}$、磁化强度$\boldsymbol{m}$和磁场强度$\boldsymbol{h}$之间的关系可用式(2.24)表示：

$$\boldsymbol{b} = \mu_0(\boldsymbol{h} + \boldsymbol{m}) = \mu_0[\bar{\mu}]\boldsymbol{h} \tag{2.24}$$

式中，张量磁导率$[\bar{\mu}]$为

$$[\bar{\mu}] = [I] + [\bar{\chi}] = \begin{bmatrix} \mu & j\mu_a & 0 \\ -j\mu_a & \mu & 0 \\ 0 & 0 & \mu_\parallel \end{bmatrix} \tag{2.25}$$

式中，$[I]$是单位矩阵。$[\bar{\mu}]$中各组元分别为

$$\mu = 1 + \frac{\omega_0\omega_m}{\omega_0^2 - \omega^2} \tag{2.26a}$$

$$\mu_a = \frac{\omega\omega_m}{\omega_0^2 - \omega^2} \tag{2.26b}$$

$$\mu_\parallel = 1 \tag{2.26c}$$

式中，μ是$[\bar{\mu}]$中的对角分量；μ_a是$[\bar{\mu}]$中的非对角分量(也称反对称分量)；$\mu_\parallel$是z方向的分量，只有在磁介质被饱和磁化时$\mu_\parallel$才等于1。这样，式(2.24)在各方向的投影分别为

$$b_x = \mu_0(\mu h_x - j\mu_a h_y) \tag{2.27a}$$

$$b_y = \mu_0(j\mu_a h_x + \mu h_y) \tag{2.27b}$$

$$b_z = \mu_\parallel h_z \tag{2.27c}$$

由式(2.27a)可以看出，磁介质在稳恒直流磁场和微波磁场的同时作用下，由h_x引起的沿x轴方向的磁化强度增量将对y轴方向的磁化强度变化产生影响。即h_x不仅对m_x产生

作用，还将对 m_y 产生作用。第一项是 x 方向上的交变磁场直接在 x 方向上感生的交变磁感应强度，因此分量 μ 和通常的各向同性磁介质的磁导率相同；第二项乃是 y 方向上的交变磁场在 x 方向上感生的交变磁感应强度，即 y 方向上的磁场把 y 方向上的能量耦合到 x 方向上去了，因此该项可看作耦合项，而分量 μ_a 虽然仍是磁导率，但却具有耦合系数的含意，这与一般磁介质的磁导率不同。对 h_y 的作用也有同样的讨论。

人们把具有这种特性的磁化率或磁导率称为张量磁化率或张量磁导率，同时把磁化率或磁导率为张量的磁性介质称作旋磁介质。张量磁导率充分地展示了理想磁介质在高频场作用下呈现的旋磁性。旋磁性是微波磁性器件的工作基础。张量磁导率也称为颇耳德 (Polder) 张量磁导率。

关于旋磁介质的磁化(导)率之所以会变成张量形式，其原因在于：在外加恒定直流磁场 H_0 下，磁化强度 M 将绕外磁场 H_0 做右旋进动(拉莫尔进动或自由进动)，进动角频率为 $\omega_0=\gamma_0 H_0$，这是磁矩的固有运动。当同时受到交变磁场 $h(x,y,z)=h_0 \mathrm{e}^{\mathrm{j}\omega t}$ 作用时，磁化强度将以角频率 ω 做受迫运动，故即使只有某一坐标轴的微波磁场分量，也必然会产生同一坐标轴和其他坐标轴的磁化强度或磁感应强度的分量。

有必要分析理想磁介质的张量磁导率的特点：①张量磁导率的反对角分量具有反对称特性，该特性会导致电磁波在旋磁介质传播具有非互易性；②张量磁导率的各分量具有强烈的频散特性，当电磁波的频率 ω 等于自由进动频率 ω_0 时，μ 和 μ_a 趋于无限大，这种现象称为铁磁共振现象，铁磁共振更深入的内容将在第 4 章中介绍；③张量磁导率各分量的幅度受外磁场调控，这是设计磁控微波磁性器件的基础。图 2.3 给出了理想磁介质的张量磁导率各分量随频率和磁场的变化关系曲线[4]13。从图 2.3 中可以看出 $\chi(\mu)$ 和 $\chi_a(\mu_a)$ 均出现了负值，这是旋磁性的另一个特点。

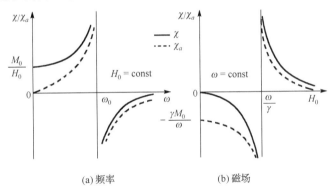

图 2.3　理想磁介质的张量磁导率各分量随频率和磁场的变化关系曲线

2.2.2　有损耗磁介质的张量磁导率

这里，阻尼项采用吉尔伯特形式，求解有阻尼时的磁化动力学方程，即 LLG 方程。本节只讨论均匀、各向同性的无限大样品，仍采用图 2.2 所示的坐标系统。同时仍假定 z 方向的直流恒定磁场 H_0 远比高频场大，并认为磁化强度矢量在 z 方向的大小保持不变，显然有效场 H_{eff} 的形式与 2.2.1 节一致。此时 LLG 方程可以整理为

$$\frac{\mathrm{d}\boldsymbol{M}}{\mathrm{d}t} = -\gamma_0 (\boldsymbol{M} \times \boldsymbol{H}_{\mathrm{eff}}) + \frac{\alpha}{M_0} \boldsymbol{M} \times \frac{\mathrm{d}\boldsymbol{M}}{\mathrm{d}t}$$

$$= -\gamma_0 (\boldsymbol{M} \times \boldsymbol{H}_{\mathrm{eff}}) + \frac{\alpha}{M_0} \boldsymbol{M} \times \mathrm{j}\omega\boldsymbol{m}$$

$$= -\gamma_0 \left[\boldsymbol{M} \times \left(\boldsymbol{H}_{\mathrm{eff}} + \frac{\mathrm{j}\alpha\omega}{M_0\gamma_0} \boldsymbol{m} \right) \right] \tag{2.28}$$

展开式(2.28)得

$$\mathrm{j}\omega\boldsymbol{m} = -\gamma_0 \begin{bmatrix} i & j & k \\ m_x & m_y & M_0 + m_z \\ h_x + \dfrac{\mathrm{j}\alpha\omega}{M_0\gamma_0} m_x & h_y + \dfrac{\mathrm{j}\alpha\omega}{M_0\gamma_0} m_y & H_0 + h_z \end{bmatrix} \tag{2.29}$$

整理并求解式(2.29)，得到有阻尼情形，张量磁化率中各组元的表达式为

$$\begin{cases} \chi = \dfrac{\omega_m(\omega_0 + \mathrm{j}\alpha\omega)}{(\omega_0 + \mathrm{j}\alpha\omega)^2 - \omega^2} \\[3mm] \chi_a = \dfrac{\omega_m\omega}{(\omega_0 + \mathrm{j}\alpha\omega)^2 - \omega^2} \end{cases} \tag{2.30}$$

将各组元的实部和虚部分开，可得到

$$x' = \frac{\omega_0\omega_m(\omega_0^2 - \omega^2) + \omega_0\omega_m\omega^2\alpha^2}{[\omega_0^2 - \omega^2(1 + \alpha^2)]^2 + 4\omega_0^2\omega^2\alpha^2} \tag{2.31a}$$

$$x'' = \frac{\alpha\omega\omega_m[\omega_0^2 + \omega^2(1 + \alpha^2)]}{[\omega_0^2 - \omega^2(1 + \alpha^2)]^2 + 4\omega_0^2\omega^2\alpha^2} \tag{2.31b}$$

$$x'_a = \frac{\omega\omega_m[\omega_0^2 - \omega^2(1 + \alpha^2)]}{[\omega_0^2 - \omega^2(1 + \alpha^2)]^2 + 4\omega_0^2\omega^2\alpha^2} \tag{2.31c}$$

$$x''_a = \frac{2\omega_0\omega_m\omega^2\alpha}{[\omega_0^2 - \omega^2(1 + \alpha^2)]^2 + 4\omega_0^2\omega^2\alpha^2} \tag{2.31d}$$

对于微波磁介质，一般说来 $\alpha \ll 1$，则式(2.31)可简化为

$$x' = \frac{\omega_0\omega_m(\omega_0^2 - \omega^2)}{(\omega_0^2 - \omega^2)^2 + 4\omega_0^2\omega^2\alpha^2} \tag{2.32a}$$

$$x'' = \frac{\alpha\omega\omega_m(\omega_0^2 + \omega^2)}{(\omega_0^2 - \omega^2)^2 + 4\omega_0^2\omega^2\alpha^2} \tag{2.32b}$$

$$x'_a = \frac{\omega\omega_m(\omega_0^2 - \omega^2)}{(\omega_0^2 - \omega^2)^2 + 4\omega_0^2\omega^2\alpha^2} \tag{2.32c}$$

$$x''_a = \frac{2\omega_0\omega_m\omega^2\alpha}{(\omega_0^2 - \omega^2)^2 + 4\omega_0^2\omega^2\alpha^2} \tag{2.32d}$$

图 2.4 给出了张量磁化率各分量随外加磁场的关系变化计算曲线[5]20，计算参数为 M_s=160mT，f=9.4GHz，α=0.025。从图 2.4 中可以看出，相比于理想磁介质，当出现铁磁共振时，磁化率各分量已经从理想介质的无穷大变成了有限值。

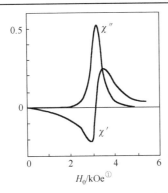
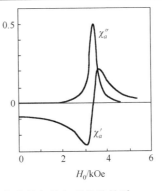

图 2.4　有阻尼时张量磁化率各分量与外加磁场的关系

根据式(2.25),可得张量磁导率的各分量分别为

$$\mu' = 1 + \frac{\omega_0 \omega_m (\omega_0^2 - \omega^2)}{(\omega_0^2 - \omega^2)^2 + 4\omega_0^2 \omega^2 \alpha^2} \tag{2.33a}$$

$$\mu'' = \frac{\alpha \omega \omega_m (\omega_0^2 + \omega^2)}{(\omega_0^2 - \omega^2)^2 + 4\omega_0^2 \omega^2 \alpha^2} \tag{2.33b}$$

$$\mu_a' = \frac{\omega \omega_m (\omega_0^2 - \omega^2)}{(\omega_0^2 - \omega^2)^2 + 4\omega_0^2 \omega^2 \alpha^2} \tag{2.33c}$$

$$\mu_a'' = \frac{2\omega_0 \omega_m \omega^2 \alpha}{(\omega_0^2 - \omega^2)^2 + 4\omega_0^2 \omega^2 \alpha^2} \tag{2.33d}$$

与无耗情形比较可知,在有阻尼情形时,只是将 ω_0 换成了 $(\omega_0 + j\alpha\omega)$。有的文献,引入新定义,即弛豫频率 $\omega_\delta = \alpha\omega$,来表征阻尼运动。这样在自由运动时,磁矩的交变分量以 $m = m_0 e^{j\omega_0 t}$ 方式运动,在有阻尼情况下,则变为 $m = m_0 e^{j\omega_0 t} e^{-\omega_\delta t}$。显然,进动幅度会随时间而衰减。设幅度减小到原来幅度的 $1/e$ 所需的时间为弛豫时间 T_δ,则

$$T_\delta = \frac{1}{\omega_\delta} \tag{2.34}$$

从式(2.34)看出,弛豫时间越长,进动的阻尼越小;反之,弛豫时间越短,则进动阻尼越大,即损耗越大。另外,从弛豫频率的角度来看,若外界电磁波的频率远大于弛豫频率,则阻尼影响不大,旋磁性比较显著;反之,旋磁性大大减弱。因此,要使微波磁介质在极低频率工作,就要求弛豫频率降低,这对磁性材料的要求大大提高。

2.3　圆极化交变场作用于无界旋磁介质时的磁导率

在微波磁介质的参数测量以及在许多微波旋磁器件原理的分析中,经常要用到正、负圆偏振(极化)场 $h_\pm$ 及相应的磁化率和磁导率等参量。实际上,一般线极化场可分解成两个

---

① 1Oe=79.5775A/m。

振幅相等而旋转方向相反的同频率的圆极化场,而椭圆极化场则可分解为振幅或相位不同或两者皆不同的旋转方向相反的两个同频率的圆极化场。因此,本节讨论交变磁场为圆极化时磁导率的特点。

2.3.1　圆极化场的概念

首先介绍圆极化场(波)的概念[5]20。考虑一个振幅为 h_1 的 x 方向的线极化场与振幅为 h_2 的 y 方向的线极化场的叠加,这两个场都沿 z 方向传播,则总的磁场可以写为

$$\boldsymbol{h} = (h_1\boldsymbol{x} + h_2\boldsymbol{y})\mathrm{e}^{-jk_0z} \tag{2.35}$$

式中,$\boldsymbol{k}_0$ 是波矢,x 和 y 是相应的方向矢量。现在产生了多种可能性。如果 $h_1 \neq 0$ 而 $h_2 = 0$,则得到一个极化方向在 x 方向的平面波。类似地,如果 $h_2 \neq 0$ 而 $h_1 = 0$,则得到一个极化方向在 y 方向的平面波。若 h_1 和 h_2 同为实数且非零,则得到的平面波的极化方向角度为

$$\phi = \arctan\frac{h_2}{h_1} \tag{2.36}$$

现在考虑一种特殊情形,当 $h_1 = jh_2 = h_0$,h_0 为实数,则有

$$\boldsymbol{h} = h_0(\boldsymbol{x} - j\boldsymbol{y})\mathrm{e}^{-jk_0z} \tag{2.37}$$

将式(2.37)写为时域形式:

$$\boldsymbol{h}(z,t) = h_0\left[\cos(\omega t - k_0z)\boldsymbol{x} + \cos\left(\omega t - k_0z - \frac{\pi}{2}\right)\boldsymbol{y}\right] \tag{2.38}$$

由此可以看出,磁场矢量随时间或者等效地随沿 z 轴距离变化。现在取固定点,如 $z=0$,则式(2.38)可以简化为

$$\boldsymbol{h}(0,t) = h_0[\cos(\omega t)\boldsymbol{x} + \sin(\omega t)\boldsymbol{y}] \tag{2.39}$$

磁场矢量在时刻 t 与 x 轴的夹角为

$$\phi = \arctan\left(\frac{\sin\omega t}{\cos\omega t}\right) = \omega t \tag{2.40}$$

式(2.40)表明,磁场的极化方向以匀角速度 ω 旋转。按右手定则,当大拇指指向波传播方向时,右手其他手指指向旋转方向,这种类型的波称为右旋圆极化场。类似地,当 $h_1 = -jh_2 = h_0$ 时,有

$$\boldsymbol{h} = h_0(\boldsymbol{x} + j\boldsymbol{y})\mathrm{e}^{-jk_0z} \tag{2.41}$$

此时对应则是左旋圆极化场。

由上面圆极化场的概念讨论得知,在 xOy 平面内右、左圆极化场的磁场分量之间有下列关系:

$$h_x = \pm jh_y \tag{2.42}$$

式中,上面的正号对应于右旋圆极化,而下面的负号则对应于左旋圆极化。有人将右旋圆极化磁场称为正圆极化磁场,相应的左旋圆极化称为负圆极化磁场,请读者注意,后面的章节中这两种说法经常混用。

对比张量磁化(导)率的测量，右旋圆极化场或正圆极化场表示的是磁场的偏振面绕稳恒磁场以右手螺旋方向旋转，它与自由进动的方向一致。而左旋圆极化场或负圆极化场则相反，其偏振面是绕稳恒磁场以左手螺旋方向旋转，它与自由进动的方向相反。后面会发现，由于这种旋转方向的差别，使得两种圆极化磁场作用下的磁导率呈现出巨大的不同，人们正是利用这种不同来设计了很多微波磁性器件。

2.3.2　圆极化场作用下的标量磁导率

由上面可以看出，圆极化场是由空间上相互垂直、时间上相位相差 $\pi/2$、振幅相等的两个同频率的线极化场合成的。此外，一个线极化场能够分解成两个振幅相等而旋转方向相反的同频率的圆极化场。相对 z 轴方向而言的正、负圆极化磁场强度 $h_\pm$ 如下所示。

正圆极化磁场强度

$$h_+ = h_x - jh_x \tag{2.43}$$

负圆极化磁场强度

$$h_- = h_x + jh_x \tag{2.44}$$

根据 $\boldsymbol{m}$ 与 $\boldsymbol{h}$ 的关系，可得

$$m_\pm = \begin{bmatrix} \chi & j\chi_a & 0 \\ -j\chi_a & \chi & 0 \\ 0 & 0 & 0 \end{bmatrix} \begin{pmatrix} h_x \\ \pm jh_x \\ 0 \end{pmatrix} = (\chi \pm \chi_a) \begin{pmatrix} h_x \\ \pm jh_x \\ 0 \end{pmatrix} = (\chi \pm \chi_a)h_\pm \tag{2.45}$$

即

$$m_\pm = \chi_\pm h_\pm \tag{2.46}$$

式中，$m_\pm$ 相应于右、左旋极化场的交流磁化强度。从而得到右、左圆极化磁化率：

$$\chi_\pm = \chi \pm \chi_a \tag{2.47}$$

也就是

$$\chi_\pm = \frac{\omega_m}{(\omega_0 + i\alpha\omega) \mp \omega} \tag{2.48}$$

同理，由

$$b_x = \mu_0\mu_\pm h_x \tag{2.49}$$

得

$$\mu_\pm = \mu \pm \mu_a \tag{2.50}$$

同样得

$$\mu_\pm = 1 + \frac{\omega_m}{(\omega_0 + i\alpha\omega) \mp \omega} \tag{2.51}$$

显而易见，在圆极化情况下的磁化率和磁导率均为标量，而且旋磁介质对右旋波和左旋波显示不同的磁化率和磁导率，这是微波旋磁介质的一个很重要的特性，许多微波磁性器件的作用原理均与它密切相关。当交变磁场为左、右圆极化场时，张量磁导率为什么会

变成标量形式呢? 这是因为当磁化矢量同时受到恒定磁场及左、右圆极化交流场作用时, 磁化矢量的交变部分将以与交变磁场相同的方式绕恒定磁场做左、右圆极化运动。

将式(2.48)和式(2.51)中的实部和虚部分开, 则有

$$\begin{cases} \chi'_{\pm} = \mu'_{\pm} - 1 = \dfrac{\omega_m(\omega_0 \mp \omega)}{(\omega_0 \mp \omega)^2 + \alpha^2\omega^2} \\[4mm] \chi''_{\pm} = \mu''_{\pm} = \dfrac{\omega_m \alpha \omega}{(\omega_0 \mp \omega)^2 + \alpha^2\omega^2} \end{cases} \tag{2.52}$$

2.3.3　正负圆极化场作用下的标量磁导率的特性

图 2.5 给出了左右圆极化时磁导率的实部、虚部与外加磁场的关系曲线[6]314。由图 2.5 可见, 正圆偏振磁导率 μ_+ 具有共振性质, 当外加稳恒磁场达到共振场 H_r 时, μ''_+ 达到极大值。对于正圆偏振磁导率的实部 μ'_+, 当外加稳恒磁场从零增加, 其从 1 变小, 进而变成负值; 当达到共振场 H_r 时, 其急剧地从负值变成正值, 并很快达到极大值, 接着随着恒直流磁场的增加, 其渐变成接近于 1 的值。负圆偏振磁导率的实部则始终是略大于 1 的值。在小于共振场 H_r 的区域内, 始终存在 $\mu'_- > \mu'_+$, 而在大于共振场 H_r 的区域内, 始终存在 $\mu'_- < \mu'_+$; 在任何外场下负圆偏振磁导率的虚部都具有近零的值。正是由于正、负圆偏振磁导率随外磁场变化存在的这些差别, 构成了各类微波磁性器件的工作基础, 图 2.5 同时给出了各种微波磁性器件的工作区域。例如, 右旋波受到强烈的铁磁共振吸收后, 损耗很大; 而左旋波在此区域内的损耗很小, 没有显示出共振现象。在铁磁共振(或谐振)点上, 右旋波和左旋波的损耗有极大的差别这一特性, 是铁磁共振(或谐振)吸收式隔离器赖以制成的物理基础。

为什么会出现这么大的左右圆极化磁化(导)率的色散特性差别? 从前面的讨论可知, 在圆极化场的作用下, 旋磁介质的张量磁导率成为标量, 这就意味着对磁介质的磁化强度与圆极化场同步以角速度 ω 旋转。对于右圆极化场, 其磁化强度在交变场的作用下的强迫进动方向满足右手定则, 而对左圆极化场, 磁化强度在交变场作用下的强迫进动方向满足左手定则。交变场强迫的进动角 θ_H 为

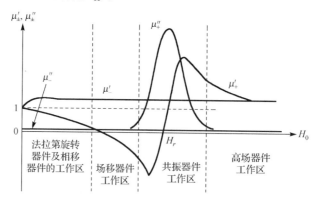

图 2.5　左右圆极化时磁导率与外加磁场的关系

$$\tan\theta_H = \frac{h_{0\pm}}{H_0} \tag{2.53}$$

而磁矩的自由进动角 θ_M 由式 (1.17) 可得

$$\tan\theta_{M\pm} = \frac{\omega_0}{\omega_0 \mp \omega} \cdot \frac{h_{0\pm}}{H_0} \tag{2.54}$$

磁化强度随圆极化场的强迫进动如图 2.6 所示[5]386。比较式 (2.53) 和式 (2.54) 可知，对于右圆极化，当频率满足 $\omega<\omega_0$ 时，有 $\theta_M>\theta_H$，如图 2.6(a) 所示，这时强迫进动与自由进动在同一方向进动。而对于左圆极化，在微波频率下则满足 $\theta_M<\theta_H$，此时强迫进动与自由进动的方向相反，且以强迫进动为主，如图 2.6(b) 所示。由于交变磁场是小信号，显然自由进动的幅度大于强迫进动的幅度。正是由于直流偏置场建立起的自由进动方向与左右圆极化交流场引起的强迫进动方向这种相关特性，导致了电磁波在旋磁介质中传播的非互易性。

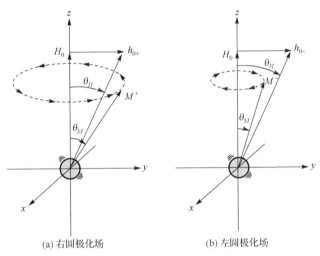

(a) 右圆极化场　　　　　　　　　　　(b) 左圆极化场

图 2.6　磁化强度随圆极化场的强迫进动

2.4　有界旋磁介质的张量磁导率

2.4.1　形状各向异性对铁磁共振频率的影响

以上各节都是针对无界旋磁介质进行讨论的，那种情况下不存在退磁效应，内磁场与外磁场是相同的。但在实际器件中的旋磁介质肯定是有尺寸限制的。对有界旋磁介质，在外磁场的作用下就会在介质的表面上感应起磁偶极子，感生出磁荷。显然，介质表面上的这些磁荷又会产生一个与外磁场相反的磁场分量 H_d，称为退磁场，其作用是将外磁场抵消掉一部分，从而使样品内实际作用的磁场（即内磁场）与外磁场不一样。除了上述的表面退磁，当介质的尺寸大到可以和微波磁场的波长相比拟时，还会引起体退磁，同样会产生一个与外磁场方向相反的退磁场，这种情况更复杂，在本章不讨论。为简单起见，本节仅讨论磁介质尺寸比微波磁场波长小得多的情形，此时退磁场只需考虑表面退磁场。

以均匀磁化小椭球形样品为例分析。均匀的外磁场会在小椭球形样品内产生均匀的内磁场[6]118-122。考虑了表面退磁场的作用后，椭球样品的内磁场 $\boldsymbol{H}_{0i}$ 与外磁场 $\boldsymbol{H}_0$ 之间的关系为

$$\boldsymbol{H}_{0i} = \boldsymbol{H}_0 - [\bar{N}]\boldsymbol{M} \tag{2.55a}$$

$$\boldsymbol{h}_i = \boldsymbol{h}_0 - [\bar{N}]\boldsymbol{m} \tag{2.55b}$$

式中，$\boldsymbol{H}_{0i}$、$\boldsymbol{h}_i$ 分别是样品内的直流和交流磁场；$\boldsymbol{H}_0$、$\boldsymbol{h}_0$ 是作用于样品外部的直流和交流磁场；$[\bar{N}]$ 是退磁张量，它反映了不同样品形状、不同磁化方向有不同的表面磁荷分布，因而有不同的退磁场。

假定外磁场仍固定在 z 轴方向上，并使直角坐标与椭球的三个轴（图2.7）相重合，则 $[\bar{N}]$ 就变成下列形式的对角张量：

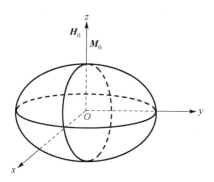

图 2.7 主轴与坐标轴一致的椭球样品

$$[\bar{N}] = \begin{bmatrix} N_{xx} & 0 & 0 \\ 0 & N_{yy} & 0 \\ 0 & 0 & N_{zz} \end{bmatrix} \tag{2.56}$$

式中，N_{xx}、N_{yy} 和 N_{zz} 分别是 x、y、z 轴上的退磁系数，为简单起见，以后就用 N_x、N_y 和 N_z 来表示。这三个分量在国际单位制满足下列关系式：

$$N_x + N_y + N_z = 1 \tag{2.57}$$

这里，我们只讨论一致进动情况，并且首先研究自由进动状况，即 $h_0=0$，于是式（2.55b）简化成

$$\boldsymbol{h}_i = -[\bar{N}]\boldsymbol{m} \tag{2.58}$$

此时，式（1.25）的 $\boldsymbol{M}$ 和有效场 $\boldsymbol{H}_{\mathrm{eff}}$ 分别为

$$\boldsymbol{M} = \begin{bmatrix} m_x \\ m_y \\ M_0 + m_z \end{bmatrix} \approx \begin{bmatrix} m_x \\ m_y \\ M_s + m_z \end{bmatrix} \tag{2.59a}$$

和

$$\boldsymbol{H}_{\mathrm{eff}} = \begin{bmatrix} -N_x m_x \\ -N_y m_y \\ H_0 - N_z(M_0 + m_z) \end{bmatrix} \tag{2.59b}$$

设 $m = m_0 \mathrm{e}^{\mathrm{i}\omega_r t}$，将式（2.59）代入式（1.25），略去二级小项后，并整理得

$$\begin{cases} \mathrm{i}\omega_r m_x + \gamma[H_0 + (N_y - N_z)M_s]m_y = 0 \\ -\gamma[H_0 + (N_x - N_z)M_s]m_x + \mathrm{i}\omega_r m_y = 0 \\ m_z = 0 \end{cases} \tag{2.60}$$

从式（2.60）的第一项、第二项可知，m_x 和 m_y 有非零解的条件是系数行列式等于零，即

$$\begin{vmatrix} \mathrm{i}\omega_r & \gamma_0[H_0 + (N_y - N_z)M_s] \\ -\gamma_0[H_0 + (N_x - N_z)M_s] & \mathrm{i}\omega_r \end{vmatrix} = 0 \tag{2.61}$$

求解式(2.61)得

$$\omega_r = \left\{ [\omega_0 + (N_x - N_z)\omega_m][\omega_0 + (N_y - N_z)\omega_m] \right\}^{1/2} \tag{2.62}$$

这就是著名的基特尔(Kittel)公式。

若令

$$\omega_x = \omega_0 + (N_x - N_z)\omega_m \tag{2.63a}$$

$$\omega_y = \omega_0 + (N_y - N_z)\omega_m \tag{2.63b}$$

则式(2.62)变成

$$\omega_r = \sqrt{\omega_x \omega_y} \tag{2.64}$$

将式(2.62)和无界情况下的共振频率做了比较后就会清楚地看出，在有限尺寸的椭球介质情况下铁磁共振频率发生了偏移。显而易见，当退磁系数 $N_x=N_y=N_z=0$ 时，式(2.62)就演变成 $\omega_r = \omega_0 = \gamma_0 H_0$。

以上结果是针对椭球形样品而论的，下面将考虑椭球样品的几种极限情况——球、圆薄片、细圆柱等的铁磁共振频率[7]21-26。需要说明的是，为了尽量地减少样品对周围电磁场分布的影响，这些小样品的尺寸要比电磁波的波长小得多(一般要小于电磁波长的十分之一)，且表象比(aspect ratio，如圆薄片的直径与厚度之比)足够大，下面所给的表述式才成立，否则需要具体求解退磁因子，由式(2.62)得到实际样品的铁磁共振频率。图 2.8 为各种形状的样品。

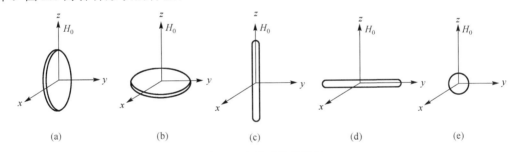

$$(a) \qquad\qquad (b) \qquad\qquad (c) \qquad\qquad (d) \qquad\qquad (e)$$

图 2.8　各种形状的样品

(1)切向磁化圆片(图 2.8(a))。由于 x 和 z 方向上的尺寸远大于 y 方向上的尺寸，因此可近似地认为 $N_x=N_z=0$，由式(2.57)可得 $N_y=1$，再由式(2.62)得

$$\omega_{r\parallel} = \gamma_0 [H_0(H_0 + M_0)]^{\frac{1}{2}} = [\omega_0(\omega_0 + \omega_m)]^{\frac{1}{2}} \tag{2.65}$$

(2)法向磁化圆片(图 2.8(b))。在此情况下近似地有 $N_x=N_y=0$，$N_z=1$，由式(2.62)可得

$$\omega_{r\perp} = \gamma_0(H_0 - M_0) = \omega_0 - \omega_m \tag{2.66}$$

(3)轴向磁化圆柱(图 2.8(c))。此时近似地有 $N_x = N_y = \dfrac{1}{2}$，$N_z = 0$，由式(2.62)可得

$$\omega_{r\parallel} = \gamma_0 \left(H_0 + \frac{1}{2} M_0 \right) = \omega_0 + \frac{1}{2}\omega_m \tag{2.67}$$

(4) 横向磁化圆柱 (图 2.8(d))。此时近似地有 $N_x = N_z = \dfrac{1}{2}$ ， $N_y = 0$ ，由式(2.62)得

$$\omega_{r\perp} = \gamma_0 \left[H_0 \left(H_0 - \frac{1}{2} M_0 \right) \right]^{\frac{1}{2}} = \left[\omega_0 \left(\omega_0 - \frac{1}{2} \omega_m \right) \right]^{\frac{1}{2}} \tag{2.68}$$

(5) 圆球 (图 2.8(e))。由于圆的对称性，故 $N_x = N_y = N_z = \dfrac{1}{3}$ ，由式(2.62)可得

$$\omega_r = \gamma_0 H_0 = \omega_0 \tag{2.69}$$

将式(2.63a)和式(2.63b)代入式(2.60)的第一式(或第二式)，可得到

$$\mathrm{j}\sqrt{\omega_x \omega_y}\, m_x + \omega_y m_y = 0 \tag{2.70}$$

于是

$$\frac{m_x}{m_y} = \mathrm{j}\sqrt{\frac{\omega_y}{\omega_x}} \tag{2.71}$$

由式(2.71)可知，若 $\omega_x \neq \omega_y$ ，磁化强度 $\boldsymbol{M}$ 的自由进动，其末端所画出的轨迹是椭圆而不是圆，属于这种情况的是切向磁化圆片(面内磁化薄膜)和横向磁化圆柱的磁体。

2.4.2　形状各向异性对张量磁导(化)率的影响

采用如图 2.7 所示的坐标，在 $\boldsymbol{h} \neq 0$ 时，$\boldsymbol{M}$ 和有效场 $\boldsymbol{H}_{\mathrm{eff}}$ 分别为

$$\boldsymbol{M} = \begin{bmatrix} m_x \\ m_y \\ M_0 + m_z \end{bmatrix} \tag{2.72a}$$

和

$$\boldsymbol{H}_{\mathrm{eff}} = \begin{bmatrix} h_{0x} - N_x m_x \\ h_{0y} - N_y m_y \\ H_0 + h_{0z} - N_z (M_0 + m_z) \end{bmatrix} \tag{2.72b}$$

将式(2.72)代入有阻尼的 LLG 方程，即式(1.34)有

$$\begin{aligned}
\mathrm{i}\omega(m_x \mathbf{i} + m_y \mathbf{j} + m_z \mathbf{k}) = &-\gamma_0 \begin{bmatrix} \mathbf{i} & \mathbf{j} & \mathbf{k} \\ m_x & m_y & m_z \\ h_{0x} - N_x m_x & h_{0y} - N_y m_y & H_0 + h_{0z} - N_z(M_0 + m_z) \end{bmatrix} \\
&+ \frac{\alpha}{M} \begin{bmatrix} \mathbf{i} & \mathbf{j} & \mathbf{k} \\ m_x & m_y & M_0 + m_z \\ \mathrm{i}\omega m_x & \mathrm{i}\omega m_y & \mathrm{i}\omega m_z \end{bmatrix}
\end{aligned} \tag{2.73}$$

求解式(2.73)的方法仍和过去一样，略去二级小量的情况下写出该式的三个投影式，然后联立求解该投影式，可得

$$\boldsymbol{m} = [\bar{\chi}]\boldsymbol{h} \tag{2.74}$$

$[\bar{\chi}]$ 具有下列形式:

$$[\bar{\chi}] = \begin{bmatrix} \chi_{xx} & j\chi_a & 0 \\ -j\chi_a & \chi_{yy} & 0 \\ 0 & 0 & 0 \end{bmatrix} \tag{2.75}$$

式 (2.75) 中各组元分别为

$$\begin{cases} \chi_{xx} = \dfrac{\omega_m(\omega_y + i\alpha\omega)}{(\omega_x + i\alpha\omega)(\omega_y + i\alpha\omega) - \omega^2} \\[4mm] \chi_{yy} = \dfrac{\omega_m(\omega_x + i\alpha\omega)}{(\omega_x + i\alpha\omega)(\omega_y + i\alpha\omega) - \omega^2} \\[4mm] \chi_a = \dfrac{\omega_m\omega}{(\omega_x + i\alpha\omega)(\omega_y + i\alpha\omega) - \omega^2} \end{cases} \tag{2.76}$$

由式 (2.76) 可见，当样品具有一定形状而存在退磁效应时，张量磁化率的各分量均受到退磁作用的影响，与无界旋磁介质情况下的磁化率相比，两者的主要区别如下。

(1) 无界旋磁介质的张量磁化率的对角分量 χ_{xx} 和 χ_{yy} 彼此相等，而形状各向异性使得张量磁化率的对角分量 χ_{xx} 和 χ_{yy} 一般不相等。

(2) 两者的共振频率不相同。

2.5　磁性薄膜的张量磁导率

随着微波设备/系统向集成化、高频化、模块化与多功能化的总体发展，微波磁性器件也需要向高频化、小型化、片式化和与组件化方向发展。到目前为止，绝大部分使用的微波磁性器件都是使用块状旋磁介质的分立型元件，它们在微波电路中占据着很大的空间。尽管微波磁性器件在小型化方面取得了较大的进步，但是离整机和系统应用的要求相距甚远。要想使这类器件与微波集成电路匹配，与半导体器件和其他器件集成，最好是使用磁性薄膜，所以，必须深入研究电磁波与磁性薄膜的相互作用。本节分面内磁化和垂直磁化两种情形介绍磁性薄膜的张量磁导率。

2.5.1　面内磁化薄膜的张量磁导率

面内磁化就是指磁化强度矢量 M 位于薄膜平面内。为了简单起见，做如下假设[8]。

(1) 无限大的薄膜位于 xOy 平面，这样退磁因子为 $N_x = N_y = 0$，$N_z = 1$。

(2) 磁性薄膜具有面内单轴各向异性，其磁各向异性常数为 K_u，磁各向异性等效场为 H_u，面内单轴各向异性的易磁化轴沿 x 方向，且 $H_u \ll \mu_0 M_s$。

(3) 薄膜的上下表面由于对称性破缺产生的单轴垂直各向异性，其磁各向异性常数为 K_p，但其等效磁场的强度比退磁场小。

(4) 均匀的外加饱和直流磁场 H_0 也沿 x 方向，磁化强度均匀地沿 x 方向一致排布。

(5) 均匀的交变小磁场 h 沿面内的 y 轴方向，即与 H_0 垂直的方向。

在这些假设下，磁化强度可写为

$$M = M_s n \approx M_s x + m_y y + m_z z \tag{2.77}$$

式中，n 是磁化强度的方向矢量；x、y 和 z 分别是笛卡儿坐标系统三个方向的方向矢量。作用于薄膜上的总自由能密度为

$$E_{\text{tot}} = -\mu_0 M \cdot H_0 + \frac{\mu_0}{2}(z \cdot M)^2 - \frac{K_p}{d}(z \cdot n)^2 - K_u(x \cdot n)^2 \tag{2.78}$$

由 $H_{\text{eff}} = -\dfrac{1}{\mu_0 M_s}\dfrac{\delta E_{\text{tot}}}{\delta m}$ 得，包括交变磁场 h 在内的作用于薄膜上的有效场为

$$H_{\text{eff}} = H_0 + h - z(z \cdot M) + \frac{2K_p}{d\mu_0 M_s}z(z \cdot n) + \frac{2K_u}{\mu_0 M_s}x(x \cdot n) \tag{2.79}$$

式中，d 为薄膜厚度，等号右边第一项为外加直流磁场，第二项为微波磁场，第三项为退磁场，第四项为表面引起的单轴垂直各向异性等效场，第五项为面内单轴各向异性等效场。引入 $M_{\text{eff}} = M_s - \dfrac{2K_p}{d\mu_0 M_s}$ 和 $H_u = \dfrac{2K_u}{\mu_0 M_s}$，则式 (2.79) 可进一步写为

$$H_{\text{eff}} = (H_0 + H_u)x + hy - \frac{M_{\text{eff}}}{M_s}m_z z \tag{2.80}$$

将式 (2.77) 和式 (2.80) 代入 LLG 方程，并写成分量形式有

$$0 = -\gamma_0\left(-m_y\frac{M_{\text{eff}}}{M_s}m_z - m_z h\right) + \frac{\alpha}{M_s}\left(m_y\frac{\mathrm{d}m_z}{\mathrm{d}t} - m_z\frac{\mathrm{d}m_y}{\mathrm{d}t}\right) \tag{2.81a}$$

$$\frac{\mathrm{d}m_y}{\mathrm{d}t} = -\gamma_0[m_z(H_0 + H_u) + M_{\text{eff}}m_z] - \alpha\frac{\mathrm{d}m_z}{\mathrm{d}t} \tag{2.81b}$$

$$\frac{\mathrm{d}m_z}{\mathrm{d}t} = -\gamma_0[M_s h - m_y(H_0 + H_u)] + \alpha\frac{\mathrm{d}m_y}{\mathrm{d}t} \tag{2.81c}$$

设 $h, m \propto \mathrm{e}^{\mathrm{i}\omega t}$，并略去二级小量，经整理式 (2.81) 得

$$0 = \mathrm{i}\omega m_y + (\omega_{H\|} + \omega_{\text{eff}} + \mathrm{i}\omega\alpha)m_z \tag{2.82a}$$

$$\omega_M h = (\mathrm{i}\omega\alpha + \omega_{H\|})m_y - \mathrm{i}\omega m_z \tag{2.82b}$$

式中，$\omega_{H\|} = \gamma_0(H_0 + H_u)$；$\omega_M = \gamma_0 M_s$；$\omega_{\text{eff}} = \gamma_0 M_{\text{eff}}$。根据现在讨论的情形，有 $h = (h, 0)$ 和 $m = (m_y, m_z)$，式 (2.82) 写成矩阵形式为

$$\begin{pmatrix} h \\ 0 \end{pmatrix}\omega_M = \begin{bmatrix} \omega_{H\|} + \mathrm{i}\omega\alpha & -\mathrm{i}\omega \\ \mathrm{i}\omega & \omega_{H\|} + \omega_{\text{eff}} + \mathrm{i}\omega\alpha \end{bmatrix}\begin{pmatrix} m_y \\ m_z \end{pmatrix} \tag{2.83}$$

因为

$$\begin{pmatrix} m_y \\ m_z \end{pmatrix} = m = \bar{\chi}h = \begin{bmatrix} \chi_{yy} & \chi_{yz} \\ \chi_{zy} & \chi_{zz} \end{bmatrix}\begin{pmatrix} h \\ 0 \end{pmatrix} \tag{2.84}$$

所以可以根据式(2.83)，并考虑到 $\alpha \ll 1$，$1+\alpha^2 \approx 1$，求得

$$\begin{pmatrix} m_y \\ m_z \end{pmatrix} = \frac{\omega_M}{\omega_{H\parallel}(\omega_{\text{eff}} + \omega_{H\parallel}) - \omega^2 + \mathrm{i}\omega\alpha(2\omega_0 + \omega_{\text{eff}})} \begin{bmatrix} \omega_{H\parallel} + \omega_{\text{eff}} + \mathrm{i}\omega\alpha & \mathrm{i}\omega \\ -\mathrm{i}\omega & \omega_{H\parallel} + \mathrm{i}\omega\alpha \end{bmatrix} \begin{pmatrix} h \\ 0 \end{pmatrix} \quad (2.85)$$

由式(2.85)可以写出张量磁化率的各分量，各部分的实部与虚部分别为

$$\begin{cases} \chi'_{yy} = \dfrac{\omega_M(\omega_{H\parallel} + \omega_{\text{eff}})(\omega_r^2 - \omega^2)}{(\omega_r^2 - \omega^2)^2 + \alpha^2\omega^2(2\omega_{H\parallel} + \omega_{\text{eff}})^2} \\[4mm] \chi''_{yy} = \dfrac{\alpha\omega\omega_M[\omega^2 + (\omega_{H\parallel} + \omega_{\text{eff}})^2]}{(\omega_r^2 - \omega^2)^2 + \alpha^2\omega^2(2\omega_{H\parallel} + \omega_{\text{eff}})^2} \end{cases} \quad (2.86a)$$

$$\begin{cases} \chi'_{yz} = -\chi'_{zy} = \dfrac{\alpha\omega\omega_M(2\omega_{H\parallel} + \omega_{\text{eff}})}{(\omega_r^2 - \omega^2)^2 + \alpha^2\omega^2(2\omega_{H\parallel} + \omega_{\text{eff}})^2} \\[4mm] \chi''_{yz} = -\chi''_{zy} = \dfrac{\omega(\omega_r^2 - \omega^2)}{(\omega_r^2 - \omega^2)^2 + \alpha^2\omega^2(2\omega_{H\parallel} + \omega_{\text{eff}})^2} \end{cases} \quad (2.86b)$$

$$\begin{cases} \chi'_{zz} = \dfrac{\omega_M\omega_{H\parallel}(\omega_r^2 - \omega^2)}{(\omega_r^2 - \omega^2)^2 + \alpha^2\omega^2(2\omega_{H\parallel} + \omega_{\text{eff}})^2} \\[4mm] \chi''_{zz} = \dfrac{\alpha\omega\omega_M(\omega^2 - \omega_{H\parallel}^2)}{(\omega_r^2 - \omega^2)^2 + \alpha^2\omega^2(2\omega_{H\parallel} + \omega_{\text{eff}})^2} \end{cases} \quad (2.86c)$$

式中，ω_r 为面内磁化磁性薄膜的铁磁共振频率，即

$$\omega_r^2 = \frac{\omega_{H\parallel}(\omega_{\text{eff}} + \omega_{H\parallel})^2}{\omega_{\text{eff}} + \omega_{H\parallel} - \alpha^2\omega_{H\parallel}} \quad (2.87)$$

当 $\alpha \ll 1$ 时，式(2.87)简化为

$$\omega_r^2 = \omega_{H\parallel}(\omega_{\text{eff}} + \omega_{H\parallel}) \quad (2.88)$$

2.5.2　垂直磁化薄膜的张量磁导率

垂直磁化情形是指磁化强度矢量位于磁性薄膜的法向。同样地，为了简单起见，需要做如下假设[9]。

(1)无限大的薄膜位于 xOy 平面，则退磁因子分别为 $N_x=N_y=0$，$N_z=1$。

(2)均匀的外加饱和稳恒磁场 H_0 沿薄膜平面的法向，即 z 方向。

(3)磁性薄膜有法向的单轴各向异性，该单轴各向异性来源于体垂直单轴各向异性 K_u 和(或)薄膜上下界面对称破缺产生的垂直各向异性 K_p。

(4)交变磁场位于薄膜面内的 y 方向，其幅度远小于稳恒磁场。

根据以上假设，在垂直磁化情形，磁化强度为

$$\boldsymbol{M} = m_x\boldsymbol{x} + m_y\boldsymbol{y} + M_s\boldsymbol{z} \quad (2.89)$$

作用于磁化强度的有效磁场为

$$\begin{aligned}\boldsymbol{H}_{\text{eff}} &= \boldsymbol{H}_0 + \boldsymbol{h} - \boldsymbol{z}(\boldsymbol{z}\cdot\boldsymbol{M}) + \frac{2K_u}{\mu_0 M_s}\boldsymbol{z}(\boldsymbol{z}\cdot\boldsymbol{n}) + \frac{2K_p}{d\mu_0 M_s}\boldsymbol{z}(\boldsymbol{z}\cdot\boldsymbol{n})\\ &= (H_0 - M_s + H_{\text{keff}})\boldsymbol{z} + h\boldsymbol{y}\end{aligned} \tag{2.90}$$

式中，$\boldsymbol{n}$ 同样是磁化强度的方向矢量；d 为薄膜厚度。式 (2.90) 第一行等号右边第一项为外加直流磁场，第二项为微波磁场，第三项为退磁场，第四项为法向的单轴各向异性等效场，第五项为薄膜表面引起的单轴垂直各向异性等效场。H_{keff} 为包括了体垂直各向异性和界面垂直各向异性的贡献的等效垂直各向异性场，为

$$H_{\text{keff}} = \frac{2K_u}{\mu_0 M_s} + \frac{2K_p}{\mu_0 d M_s} \tag{2.91}$$

令

$$M_{\text{eff}} = M_s - H_{\text{keff}} \tag{2.92}$$

采用与面内磁化情形同样的处理方法，可以得到

$$\chi_{yy} = \frac{\omega_M(\omega_{H\perp} + \mathrm{j}\alpha\omega)}{(\omega_{H\perp} + \mathrm{j}\alpha\omega)^2 - \omega^2} \tag{2.93}$$

式中，$\omega_{H\perp} = \gamma_0(H_0 - M_{\text{eff}})$，其中，$\omega_M = \gamma_0 M_s$。当 $\alpha \ll 1$ 时，该方向磁化率为

$$\chi_{yy} = \frac{\omega_M(\omega_{H\perp} + \mathrm{j}\alpha\omega)}{\omega_{H\perp}^2 - \omega^2 + 2\mathrm{j}\alpha\omega_{H\perp}\omega} \tag{2.94}$$

其实部与虚部可以分别为

$$\begin{cases} \chi'_{yy} = \dfrac{\omega_M\omega_{H\perp}(\omega_{H\perp}^2 - \omega^2)}{(\omega_{H\perp}^2 - \omega^2)^2 + (2\alpha\omega\omega_{H\perp})^2} \\[3mm] \chi''_{yy} = \dfrac{\alpha\omega\omega_{H\perp}(\omega_{H\perp}^2 + \omega^2)}{(\omega_{H\perp}^2 - \omega^2)^2 + (2\alpha\omega\omega_{H\perp})^2} \end{cases} \tag{2.95}$$

当阻尼系数很小时，当

$$\omega = \omega_r = \omega_{H\perp} = \gamma_0(H_0 - M_{\text{eff}}) \tag{2.96}$$

时发生铁磁共振，这里 ω_r 称为垂直磁化薄膜的铁磁共振频率。

2.6　低场损耗与未饱和态磁介质的张量磁导率

前面讨论的均为磁介质处于饱和磁化情况下的旋磁性。然而，在微波领域的许多实际应用中，旋磁介质还可以处于未饱和磁化状态，如图 2.9 所示[10]。未饱和磁化态包括退磁态和部分磁化状态。当磁介质未饱和时，其内部会出现磁畴和磁畴壁等磁结构。实际上，即使在强饱和磁场作用下，多晶旋磁介质内由于微气孔等缺陷的存在也可能会有未饱和磁化的区域。磁畴等磁结构的存在会对张量磁导率产生影响，同时还会带来较高的磁损耗。

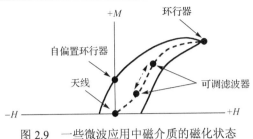

图 2.9　一些微波应用中磁介质的磁化状态

2.6.1　低场共振损耗与 Polder-Smit 效应

现假设磁介质是由最简单的反平行磁畴构成的，如图 2.10 所示[7]26-30。

忽略损耗项，每个磁畴内的磁化强度应满足下列磁动力学方程式：

$$\frac{\mathrm{d}\boldsymbol{M}}{\mathrm{d}t} = -\gamma_0 \boldsymbol{M} \times (H_0 \boldsymbol{z} + \boldsymbol{h}\mathrm{e}^{\mathrm{j}\omega t} + \boldsymbol{H}_A) \qquad (2.97)$$

式中，$\boldsymbol{H}_A$ 是磁介质的磁晶各向异性等效场，它可近似地用式(2.98)来决定：

$$\boldsymbol{H}_A = \frac{2K_1}{\mu_0 M_s^2} M_{z0} \boldsymbol{z} \qquad (2.98)$$

式中，$M_{z0}=M_s$ 是矢量 $\boldsymbol{M}_s$ 在 z 轴上的投影。而 $\boldsymbol{M}$ 为

$$\boldsymbol{M} = M_{z0} \boldsymbol{z} + \boldsymbol{m}\mathrm{e}^{\mathrm{j}\omega t} \qquad (2.99)$$

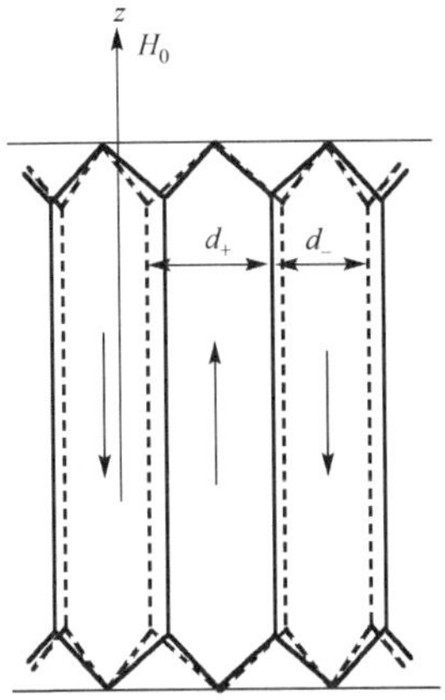

图 2.10　最简单的反平行磁畴情况

将式(2.97)写成投影式，在略去二级小量后可解得

$$m_x = \chi h_x - \mathrm{j}\chi_a h_y \qquad (2.100\mathrm{a})$$

$$m_y = \mathrm{j}\chi_a h_x + \chi h_y \qquad (2.100\mathrm{b})$$

$$m_z = 0 \qquad (2.100\mathrm{c})$$

式中

$$\chi = \frac{\gamma_0^2 M_{z0}\left(H_0 + \dfrac{2K_1}{M_s^2}M_{z0}\right)}{\omega_0^2 - \omega^2} \qquad (2.101\mathrm{a})$$

$$\chi_a = \frac{\omega\gamma_0 M_{z0}}{\omega_0^2 - \omega^2} \qquad (2.101\mathrm{b})$$

而

$$\omega_0 = \gamma_0\left(H_0 + \frac{2K_1 M_{z0}}{M_s^2}\right) \qquad (2.102)$$

式中，K_1 是磁晶各向异性的第一阶各向异性常数，而 $M_{z0} = \pm M_s$（正号是指磁畴的方向与磁场方向一致，负号则指磁畴的方向与磁场方向相反，见图 2.10）。由此看来，对于这两

类取向相反的磁畴来说，其 χ、χ_a 及共振角频率 ω_0 值都是不同的。在此情况下，张量磁化率的分量应当取下列形式的平均值：

$$\overline{\chi} = \chi_+ d_+ + \chi_- d_- \tag{2.103a}$$

$$\overline{\chi}_a = \chi_{a+} d + \chi_{a-} d_- \tag{2.103b}$$

这里的下标+和–分别表示与磁场相同方向和与磁场相反方向磁化的磁畴，d_+ 和 d_- 代表这些磁畴的大小(图 2.10)。

如果磁场为零，则不存在畴壁位移，这时 $d_+ = d_-$(图 2.10)及 $\omega_{0+} = \omega_{0-} = \gamma_0 \dfrac{2K_1}{M_s}$。在此情况下所取的平均值 $\dfrac{1}{2}(\chi_{a+} + \chi_{a-})$ 和 $\dfrac{1}{2}(\chi_+ + \chi_-)$ 可分别得 $\overline{\chi}_a = 0$，而

$$\overline{\chi} = \frac{2\gamma_0^2 K_1}{\left(\dfrac{2\gamma_0 K_1}{M_s}\right)^2 - \omega^2} \tag{2.104}$$

这样，当外磁场为零时，反对称分量为零而张量磁化率只有对角张量，退化为标量化率。

由式(2.104)可见，当外磁场为零后，磁晶各向异性场就要发生作用，即这时磁矩会围绕着磁晶各向异性磁场而进动。当 $\omega = \dfrac{2\gamma_0 K_1}{M_s} = \gamma_0 H_A$ 时产生共振现象，这时的共振通常称为自然共振，是在零磁场下出现的一种共振现象。相应地，由该共振引起的磁损耗称为零场损耗，它是当外加稳恒磁场等于零时，由磁各向异性等效场和微波磁场共同作用下产生自然共振而引起的损耗。

理论上，要建立起具有磁畴结构的多晶磁介质的严格铁磁共振理论将会遇到很大的困难，下面利用有关磁畴的有效退磁系数的近似概念，来估计一下当有磁畴存在时多晶体内部退磁场的影响。作为一个简单的例子，现在来研究易磁化轴沿着一个主轴(z 轴)的椭圆柱样品，它由 180°的畴壁分成若干个外斯(Weiss)磁畴，如图 2.11 所示。在微波频率下，由于角频率 ω 远远超过畴壁的位移共振频率，故畴壁通常是不动的。

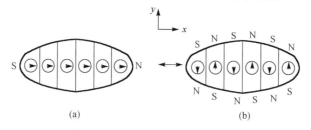

图 2.11　交变磁场垂直于磁畴壁

先讨论微波场垂直于畴壁的情形。由图 2.11 可见，相邻磁畴的磁矩取向相反，当没有外磁场时，邻近磁畴的磁矩就在相反方向上围绕着各向异性等效场而进动，各向异性等效场是沿 z 轴取向的。如果微波磁场 h 是加在垂直于畴壁的 x 方向上的，那么在某一瞬时磁矩分量若是沿正 x 取向，经过 1/4 周期后，邻近磁畴中的磁矩分量就按图 2.11(b)所示的那样取向，这些分量是反平行的，于是在椭圆表面出现了交变磁荷(图中用北极 N 和南极 S

标明)，所以在 y 方向上无退磁作用，即 $N_y=0$。如果假定椭圆体在 z 方向上的尺寸是无限的，那么在 z 方向上也没有退磁作用，即 $N_z=0$。

现在再回到图 2.11(a)。由图 2.11(a)可见，各磁畴的磁化强度的 x 分量均按同一方向取向，故只在椭圆 x 方向的表面上出现北极和南极，并且 x 方向上的有效退磁系数就是椭圆 x 方向上的静态退磁系数 N_x。综上所述，当微波磁场加在 x 方向上时，$N_y=N_z=0$，由式 (2.62) 可求得这种情况下的共振角频率为

$$\omega_r = \gamma_0[(H_A + N_x M_s)H_A]^{\frac{1}{2}} \tag{2.105}$$

在多晶旋磁介质中，晶粒的退磁系数可从 0 变到 1，所以上述共振角频率的变化范围是从 $\gamma_0 H_A$ 变至 $\gamma_0[(H_A + M_s)H_A]^{\frac{1}{2}}$ 的。

再讨论微波场平行于畴壁的情况。当微波磁场作用于 y 方向时，那么在某一瞬时的磁矩分量也处于正 y 方向，如图 2.12(a) 所示。

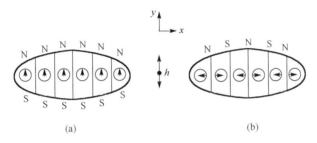

图 2.12　交变场平行于磁畴壁

由图 2.12 可见，在椭圆的上表面和下表面分别出现了北极和南极，在此情况下，y 方向上的有效退磁系数可用 y 方向上椭圆旋磁介质的静态退磁系数 N_y 来代表。当磁矩矢量围绕着磁各向异性等效场进动 1/4 圈后，各磁畴内的磁矩的分量将按图 2.12(b) 所示的那样取向，这时椭圆体在 x 方向处于完全退磁状态，即退磁系数 $N_x=1$。此时，两个相邻磁畴中的磁矩反平行，则会在两磁畴的界面上诱生磁极叠加，从而增大磁畴中的退磁场，使得磁畴中的退磁场加倍，这就是 Polder-Smith 效应[11]。由式 (2.62) 可得

$$\omega_r = \gamma_0[(H_A + M_s)(H_A + N_y M_s)]^{\frac{1}{2}} \tag{2.106}$$

式 (2.106) 中的 N_y 值同样可以从 0 变到 1，因此共振角频率的变化范围是从 $\gamma_0[H_A(H_A + M_s)]^{\frac{1}{2}}$ 变到 $\gamma_0(H_A + M_s)$ 的。

综上所述，自然共振是出现在最小自然共振角频率 γH_A 和最大自然共振角频率 $\gamma(H_A+M_s)$ 之间的范围内的，即在下列角频率范围内

$$\gamma_0 H_A < \omega < \gamma_0(H_A + M_s) \tag{2.107}$$

另外，许多微波旋磁器件工作于低场区，即工作在外加稳恒磁场比较小的区域，此时多晶磁介质的各晶粒仍然是分畴的。但与上述不加稳恒磁场的情况稍有不同，那就是取向与外加稳恒磁场方向一致或成锐角的磁畴扩大了，甚至变成了单畴。与外加稳恒磁场方向

成钝角或相反的磁畴缩小，甚至消失，于是产生共振的晶粒数较少，从而使得低场损耗与零场损耗相比有所降低，如图 2.13 所示。

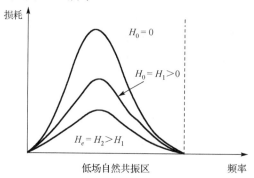

图 2.13　低场工作旋磁介质的损耗与外加磁场的关系

实用上，为避开低场损耗的影响，在微波段运用时要求 $\dfrac{\omega}{\gamma_0} > H_A + M_s$ 如果 $H_A \ll M_s$，则取 $\omega > \gamma_0 M_s = \omega_m$，也就是 $(\omega_m / \omega) < 1$，工程上一般取 $(\omega_m / \omega) = 0.6 \sim 0.8$。

低场共振损耗和前述铁磁共振损耗组成的总损耗曲线如图 2.14 所示。具体地说，实用上，为避开由自然共振引起的低场损耗的影响，应当根据器件的工作频率，正确地选择旋磁介质的 M_s 和 H_A 值，使出现低场损耗的频率范围移出器件的工作频率范围。一般说来，对于工作在低微波频率下的器件，以选用 M_s 和 H_A 值都较小的旋磁介质为宜；对于毫米波器件，由于频率很高，即使选用 H_A 或 M_s 较高的或两者都高的旋磁介质，也不必担心低场损耗的影响。通常，在毫米波段工作的器件都要求有高的外加静态偏磁场，为此几乎都要求选用高饱和磁化强度的旋磁介质，以便减少外偏磁场。有些器件，例如，毫米波谐振式隔离器，要求的外偏磁场更强；为此常使用高 H_A 的材料，以便用高的 H_A 来部分或全部取代外加静偏磁场而不会带来零场损耗的影响。

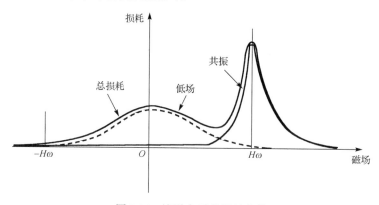

图 2.14　旋磁介质总损耗曲线

2.6.2　未饱和态磁介质的张量磁导率

求未饱和态磁介质的张量磁导率是非常困难的，原因在于磁畴的组态(磁矩取向、形状、大小等)非常复杂,很难确定每个磁畴中的内场,以及磁畴间的相互作用。本节介绍在简单磁结构计算的基础上并结合实验建立的经验模型,以及通用模型的处理思路。

1. 经验模型

在前面的讨论知道,对于沿笛卡儿坐标 z 轴饱和的磁介质,其(相对)张量磁导率的形式为

$$[\overline{\mu}]=\begin{bmatrix} \mu & j\mu_a & 0 \\ -j\mu_a & \mu & 0 \\ 0 & 0 & 1 \end{bmatrix} \tag{2.108}$$

当沿 z 轴的外加磁场小于饱和磁场时,由于退磁场的作用,磁介质处于部分磁化状态。依据外加磁场的大小和磁介质的形状, z 方向的磁化强度 M 大小在 $0\sim M_s$ (饱和磁化强度)变化,从而使得张量磁导率分量 $\mu_z\neq 1$,从而对非饱和磁介质,其张量磁导率的形式变为

$$[\overline{\mu}]=\begin{bmatrix} \mu & j\mu_a & 0 \\ -j\mu_a & \mu & 0 \\ 0 & 0 & \mu_z \end{bmatrix} \tag{2.109}$$

Rado[12]研究了非饱和态磁介质的张量磁导率,他在没有考虑相邻磁畴直接的交互作用情况下,对所有磁畴对微波磁场的响应进行空间平均得到的张量磁导率的对角分量和反对角分量分别为

$$\mu=\mu_z=1 \tag{2.110a}$$

$$\mu_a=\frac{\omega_m}{\omega}\frac{M}{M_s} \tag{2.110b}$$

式中, $\omega_m=\gamma_0 M_s$ 。需要说明的是式(2.110a)并不准确,而式(2.110b)只有在工作频率需远大于共振频率,即 $\omega\gg\omega_0$ 时,才成立。

紧接着,Schlömann[13]采用静磁近似,讨论最简单的柱状磁结构(仅由磁矩向上和磁矩向下的磁畴平行或反平行构成),在考虑了磁矩方向相反磁畴间的交互作用之后,得到了完全退磁状态的磁介质的张量磁导率,其对角分量完全相同,而反对角分量为零,即

$$\mu=\mu_z=\frac{1}{3}+\frac{2}{3}\left[\frac{(H_A+M_s)^2-(\omega/\gamma_0)^2}{H_A^2-(\omega/\gamma_0)^2}\right]^{1/2} \tag{2.111}$$

式中, H_A 为材料的各向异性等效场。显然,此时,张量磁导率在退磁态下退化为标量磁导率。

Green 等[14]在前人的研究基础上,基于实验数据的拟合建立了张量磁导率各分量的经验模型:

$$\mu=\mu_0'+(1-\mu_0')\left(\frac{M}{M_s}\right)^{1.5} \tag{2.112a}$$

$$\mu_a=\frac{\omega_m}{\omega}\frac{M}{M_s} \tag{2.112b}$$

$$\mu_z = \mu_0'(1 - (M/M_s)^{2.5}) \tag{2.112c}$$

式中

$$\mu_0' = \frac{1}{3} + \frac{2}{3}\left[1 - \left(\frac{\omega_m}{\omega}\right)^2\right]^{1/2} \tag{2.113}$$

这是当不考虑磁晶各向异性等效场 H_A 时，处于退磁态时的 Schlömann 磁导率。该经验模型也只有在工作频率远大于共振频率时才有效。

2. 通用模型

Gelin 等[15-17]建立了可以描述饱和、部分磁化和退磁态的张量磁导率的通用模型。下面介绍其处理思路。

多晶旋磁介质由许多单晶晶粒组成,在未饱和态下每个晶粒中会有多个磁畴。如图 2.15 所示，设晶粒的易磁化轴用角度(θ,φ)表示。

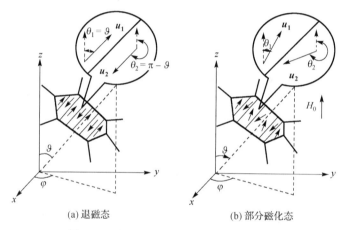

(a) 退磁态　　　　　　　　　　(b) 部分磁化态

图 2.15　多晶旋磁介质的晶粒中磁矩方向

在退磁态下(图 2.15(a))，晶粒中磁畴的磁矩方向沿易磁化轴方向，与易磁化轴呈平行(u_1)或反平行(u_2)交替排列。方向单位矢量 $u_1(u_2)$ 表示的是磁畴 1(2)中磁化矢量 $M_1(M_2)$ 的平衡方向。在退磁态下，作用于磁畴上的局域有效直流磁场就是磁晶各向异性场 H_k，且有效磁场的方向与磁化矢量的方向一致，即 $H_1 = H_k u_1(H_2 = H_k u_2)$。

在部分磁化态下(图 2.15(b))，$u_1(u_2)$ 方向和作用于磁畴上的局域有效直流场 $H_1 = H_k u_1$ 和 $H_2 = H_k u_2$ 取决于磁化态，而磁化态不但受磁化历史，而且还受各向异性场 H_k、外加磁场 H_0 以及样品的形状(退磁场)等的影响。

当有交变磁场 $h(t)$ 作用时，磁畴中 $i(i=1, 2)$ 的磁化运动方程可按 LLG 方程写为

$$\frac{\mathrm{d}M_i(t)}{\mathrm{d}t} = -\gamma_0 M_i \times (H_i + h_i(t)) + \frac{\alpha}{M_s} M_i(t) \times \frac{\mathrm{d}M_i(t)}{\mathrm{d}t} \tag{2.114}$$

式中，$M_i = M_s u_i + m_i(t)$，$m_i(t)$ 表示动态磁化分量；$H_i = H_i u_i$；$h_i(t)$ 作用于磁畴上的局域动态磁场。

　　欲求式(2.114)，需先确定作用于磁畴 i 上的局域有效直流和动态磁场。求解式(2.114)能得到 $\boldsymbol{m}_i = \bar{\chi}_i \boldsymbol{h}$ ($\bar{\chi}_i$ 是磁畴 i 上的局域磁化率张量)。如果对磁介质中所有方向的局域动态磁化矢量 $\boldsymbol{m}_i$ 进行统计平均，则可得到材料的有效张量磁导率。

　　1) 作用于磁畴的局域动态磁场

　　动态磁场包括外加交变磁场 h、相邻磁畴之间由于 Polder-Smith 效应形成的动态退磁场 (h_d) 和与晶粒形状 (h_g) 有关的动态退磁场。

　　以退磁态来说明相邻磁畴间由于微波磁场与磁畴交互作用产生的动态退磁场(h_d)。如图 2.15 所示，在退磁态下，磁化矢量 M 交替平行和反平行排布(图 2.16(a))，当沿易轴的垂直方向施加交变磁场 h 作用于磁畴时，相邻磁畴中的磁化动态分量 m 处于相反的方向。设在时间 t(图 2.16(b))，相邻磁畴的动态磁化分量处于相反方向，则强的磁偶极将出现在分割磁畴的表面上，从而使得每个磁畴上的退磁场强度加倍。在时间 $t=t+T/4$(T 为交变磁畴的周期)，所有的动态磁化矢量平行，动态退磁场消失(图 2.16(c))。相邻磁畴间的动态退磁场为

$$\boldsymbol{h}_d = -n_d(\boldsymbol{m}_1 - \boldsymbol{m}_2) \tag{2.115}$$

式中，n_d 是与磁畴形状有关的动态退磁因子。式(2.115)表示的是作用于磁畴 1 上的退磁场，显而易见，作用于磁畴上的退磁场可以写为 $\boldsymbol{h}_d = -n_d(\boldsymbol{m}_2 - \boldsymbol{m}_1)$。

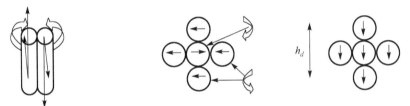

(a) 在交变h作用下，相邻磁畴中磁矩的转动　　(b) t时刻的动态磁化分量　　(c) $t+T/4$时刻的动态磁化分量

图 2.16　处于退磁态磁畴间的动态交互作用

　　现在考虑晶粒形状对磁畴中磁化矢量的运动影响。在图 2.17 中显示了一个晶粒中的动态磁化分量在 t 和 $t+T/4$ 时刻的动态磁化矢量分布图。在时刻 t，相邻磁畴中的动态磁化分量 m_1 和 m_2 处于相反方向，动态磁感应完全限制在晶粒中(图 2.16(a))，结果没有由于晶粒形状而产生的退磁场。在时刻 $t+T/4$，磁感应就不再局限于晶粒内部了(图 2.16(c))，这样在晶粒的表面出现磁极，从而产生退磁场。

　　可以写出晶粒形状引起的动态退磁场的半经验公式[16]：

$$\boldsymbol{h}_g = -n_g\left(\frac{\boldsymbol{m}_1 + \boldsymbol{m}_2}{2} - \frac{M}{M_s}\langle \boldsymbol{m}\rangle\right) \tag{2.116}$$

式中，M 是非饱和态下的磁化强度；$\langle \boldsymbol{m}\rangle$ 表示的是对磁介质中所有晶粒的动态磁矩平均值；n_g 是晶粒形状有关的退磁因子。

　　2) 作用于磁畴的局域有效直流磁场

　　如图 2.18 所示的是磁畴 i 在外磁场 H_0 作用下处于平衡态的磁矩方向示意图。

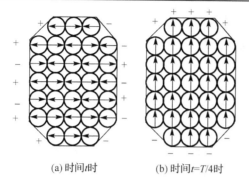

(a) 时间 t 时　　　　(b) 时间 $t=T/4$ 时

图 2.17　晶粒中动态磁化矢量的分布　　　　图 2.18　磁畴 i 处于平衡态的磁矩方向

多晶单轴各向异性晶粒，其方向夹角 ξ 和有效直流磁场的大小可以采用 Stoner-Wohlfarth 模型近似求解。对磁畴 i 的总能量一次微分，可以得到求解 ξ 的公式为

$$K_1 \sin 2(\theta - \xi) = M_s(H_0 - NM) \tag{2.117}$$

对磁畴 i 的总能量二次微分得到作用于磁畴 i 的局域有效直流磁场为

$$H_i(\theta, H_0) = H_k \cos(2\theta - 2\xi) + (H_0 - NM) \tag{2.118}$$

式(2.117)和式(2.118)中，N 是沿外磁场 H_0 方向的直流退磁因子。

3) 未饱和态磁介质的有效张量磁导率求解

确定作用于磁畴 i 上的局域有效直流和动态磁场后，对两相邻的磁畴，式(2.114)可以写为耦合的差分方程：

$$\begin{cases} \dfrac{\mathrm{d}\boldsymbol{M}_1(t)}{\mathrm{d}t} = -\gamma \boldsymbol{M}_1 \times (\boldsymbol{H}_1 + \boldsymbol{h} + \boldsymbol{h}_d + \boldsymbol{h}_g) + \dfrac{\alpha}{M_s} \boldsymbol{M}_1(t) \times \dfrac{\mathrm{d}\boldsymbol{M}_1(t)}{\mathrm{d}t} \\[3mm] \dfrac{\mathrm{d}\boldsymbol{M}_2(t)}{\mathrm{d}t} = -\gamma \boldsymbol{M}_2 \times (\boldsymbol{H}_2 + \boldsymbol{h} - \boldsymbol{h}_d + \boldsymbol{h}_g) + \dfrac{\alpha}{M_s} \boldsymbol{M}_2(t) \times \dfrac{\mathrm{d}\boldsymbol{M}_2(t)}{\mathrm{d}t} \end{cases} \tag{2.119}$$

通过求解式(2.119)，可以得到每个磁畴上的动态磁化强度 $m_i(h, H_0)$，具体求解过程可参见文献[15]。

对整个磁介质中的磁畴与晶粒积分，可得到磁介质的平均动态磁化强度为

$$\langle \boldsymbol{m}(h, H_0) \rangle = \iint_{\varphi\ \theta} \iint_{n_g\ n_d} P_1 \cdot P_2 \cdot P_3 \cdot \boldsymbol{m}_i \mathrm{d}n_d \mathrm{d}n_g \mathrm{d}\theta \mathrm{d}\varphi \tag{2.120}$$

式中，$P_1 = P_1(\theta, \varphi)$，$P_2 = P_2(n_g)$，$P_3 = P_3(n_d)$，均是分布函数，它们分别与易轴方向、晶粒与磁畴形状有关。

对易轴随机分布的各向同性材料，P_1 分布函数为

$$P_1(\theta, \varphi)\mathrm{d}\theta \mathrm{d}\varphi = \frac{1}{4\pi} \sin \theta \mathrm{d}\theta \tag{2.121}$$

式(2.121)可以写成更一般的形式

$$P_1(\theta, \varphi)\mathrm{d}\theta \mathrm{d}\varphi = \frac{(2\beta + 1)}{4\pi} (\cos^2 \eta)^\beta \sin \theta \mathrm{d}\theta \tag{2.122}$$

式中，η 是 Stoner-Wohlfarth 粒子 (即磁畴 i) 中的易轴与块材易轴择优取向方向之间的夹角，β 的值由下列关系给出

$$\frac{M_r}{M_s} = \frac{\beta + 0.5}{\beta + 1} \tag{2.123}$$

式中，$\beta \in [0, \infty]$，$\beta = 0$，对应多晶各向同性材料，$\beta = \infty$ 对应长条带的单晶薄膜材料。

考虑到形状的等概率特性，由磁畴与晶粒形状对应的分布函数可以统一写为

$$P(n) = 2(1 - n) \tag{2.124}$$

式中，$n = n_d$ 或 n_g。

在材料中完成了动态磁化量的统计平均后，利用以下关系，可以获得材料的有效张量磁导率 $\overline{\mu}_{\text{eff}}$。

$$\boldsymbol{b} = \mu_0(\boldsymbol{h} + \langle \boldsymbol{m}(\boldsymbol{h}, H_0) \rangle) = \mu_0 \overline{\mu}_{\text{eff}} \boldsymbol{h} \tag{2.125}$$

2.7　张量磁导率的归一化表示

以上各节所提到的张量磁导率分量大都是用频率量纲来表示的。例如，工作频率 ω、自由进动频率 ω_0、铁磁共振频率 ω_r、频率化的饱和磁化强度 ω_m。这种表示法的优点是物理概念清晰，但在工程应用中不方便。

在工程应用中，为了掌控 μ、μ_a 的变化规律，常采用归一化的表示[18]。方法是归一化的饱和磁化强度用 p 表示，即

$$p = \frac{\gamma_0 M_s}{\omega} = \frac{\omega_m}{\omega} \tag{2.126}$$

归一化的磁化场用 σ 表示

$$\sigma = \frac{\gamma_0 H_0}{\omega} = \frac{\omega_0}{\omega} \tag{2.127}$$

要说明的是，这里的 H_0 是作用于磁矩上的内稳恒有效磁场。采用频率 ω 归一化后，μ、μ_a 随磁化场曲线具有通用性，不受工作频率高低的制约，这时无界磁介质的张量磁导率的分量 μ、μ_a 可写成下列形式。

无耗时

$$\begin{cases} \mu = 1 + \dfrac{\sigma p}{\sigma^2 - 1} \\[2mm] \mu_a = \dfrac{p}{\sigma^2 - 1} \end{cases} \tag{2.128}$$

有耗时

$$\begin{cases} \mu = 1 + \dfrac{p(\sigma + \mathrm{j}\alpha)}{\sigma^2 - 1} \\[2mm] \mu_a = \dfrac{p}{(\sigma + \mathrm{j}\alpha)^2 - 1} \end{cases} \tag{2.129}$$

同样地，正负圆极化磁导率的归一化表示如下所示。

无耗时

$$\mu_{\pm} = 1 + \frac{p}{\sigma \pm 1} \tag{2.130}$$

有耗时

$$\mu_{\pm} = 1 + \frac{p}{(\sigma + \mathrm{j}\alpha) \pm 1} \tag{2.131}$$

张量磁导率分量 μ、μ_a 的相互组合，能导出两个重要的组合形式 $\mu_{\perp} = \frac{\mu^2 - \mu_a^2}{\mu}$ 和 $\frac{\mu_a}{\mu}$，在第 5 章和第 6 章会看到这两个导出量在旋磁介质中传播微波时起到至关重要的作用，有效磁导率 $\mu_{\perp}$ 影响了器件尺寸大小和工作频率高低；而 μ_a/μ 为张量元 μ_a 与 μ 的比值，是表示旋磁效应大小的量，它和器件的工作带宽、相移大小和非互易性有关。无耗时，这两个导出量的归一化表示式分别为

$$\mu_{\perp} = \frac{\mu^2 - \mu_a^2}{\mu} = \frac{(\sigma^2 - 1 + \sigma p)^2 - p^2}{(\sigma^2 + p\sigma - 1)(\sigma^2 - 1)} \tag{2.132}$$

和

$$\frac{\mu_a}{\mu} = \frac{p}{\sigma(p + \sigma) - 1} \tag{2.133}$$

图 2.19 和图 2.20 分别给出了有界磁介质在无损耗情况下，有效磁导率和 μ_a/μ 与归一化内稳恒磁场 σ 的关系曲线。

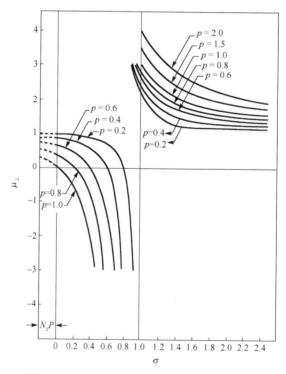

图 2.19　有效磁导率和归一化内场的关系曲线

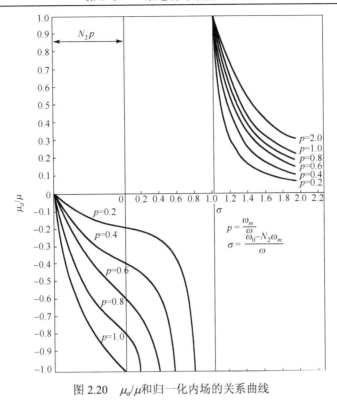

图 2.20　μ_a/μ 和归一化内场的关系曲线

参 考 文 献

[1]　KAZIMIERCZUK M K. 高频磁性器件. 钟智勇, 唐晓莉, 张怀武, 译. 北京: 电子工业出版社, 2012: 47.

[2]　姜寿亭, 李卫. 凝聚态磁性物理量. 北京: 科学出版社, 2003: 378.

[3]　廖绍彬. 铁磁学(下册). 北京: 科学出版社, 1998: 98-106.

[4]　GUREVICH A G, MELKOV G A. Magnetization Oscillations and Waves. Florida: CRC Press Inc, 1996.

[5]　POZAR D M. 微波工程. 3 版. 张肇仪, 周乐柱, 吴德明, 译. 北京: 电子工业出版社, 2009.

[6]　廖绍彬. 铁磁学(下册). 北京: 科学出版社, 1998.

[7]　陈巧生. 微波与光磁性器件. 成都: 成都电讯工程学院出版社, 1988.

[8]　BILZER C. Microwave susceptibility of thin ferromagnetic films: Metrology and insight into magnetization dynamics. Paris: Université Paris Sud-Paris XI, 2007.

[9]　Maria Patricia Rouelli Garcia Sabino. Ferromagnetic resonance studies of low damping multilayer films with perpendicular magnetic anisotropy for memory applications. Singapore: National University of Singapore, 2014.

[10]　LEZACA J E, QUÉFFÉLEC P, CHEVALIER A. Generalized measurement method for the determination of the dynamic behavior of magnetic materials in any magnetization state. IEEE Transactions on Magnetics, 2010, 46(6): 1687-1690.

[11]　POLDER D, SMIT J. Resonance phenomena in ferrites. Review Modern Physics, 1953, 25: 89-90.

[12] RADO G T. Theory of the microwave permeability tensor and faraday effect in nonsaturated ferromagnetic materials. Physical Review, 1953, 89: 529.

[13] SCHLÖMANN E. Microwave behavior of partially magnetized ferrites. Journal of Applied Physics, 1970, 41(1): 204-214.

[14] GREEN J J, SANDY F. Microwave characterization of partially magnetized ferrites. IEEE Transactions on Microwave Theory and Technology, 1974, 22(6): 641-645.

[15] GELIN P, BERTHOU-PICHAVANT K. New consistent model for ferrite permeability tensor with arbitrary magnetization state. IEEE Transactions on Microwave Theory and Techniques, 1997, 45(8): 1185-1192.

[16] GELIN P, QUÉFFÉLEC P, LE PENNEC F. Effect of domain and grain shapes on the dynamical behavior of polycrystalline ferrites: Application to the initial permeability. Journal Applied Physics, 2005, 98: 053906.

[17] GELIN P, QUÉFFÉLEC P. Generalized permeability tensor model: Application to barium hexaferrite in a remnant state for self-biased circulator. IEEE Transactions on Magnetics, 2008, 44(1): 24-31.

[18] 魏克珠, 蒋仁培, 李士根. 微波铁氧体新技术与应用. 北京: 国防工业出版社, 2013.

第3章 非一致进动与自旋波

第2章主要讨论了磁介质中所有磁矩一致进动的相关理论。一致进动就是磁介质中磁矩进动的相位和幅度都相同，如图 3.1(a)所示，此时磁介质等效为一个宏磁矩在进动。实际上，一致进动仅仅是磁介质的磁矩运动的一种形式。磁介质中相邻磁矩进动的相位、振幅不相等也不恒定的非一致进动也是存在的，如图 3.1(b)所示。它是一种比一致进动更复杂的运动方式，将会产生自旋波。从自旋波的角度来说，一致进动是一种特殊的自旋波，其波数 $k=0$，而非一致进动对应的波数 $k \neq 0$。

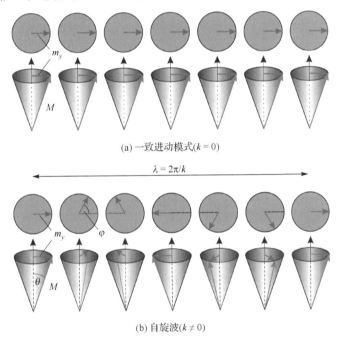

(a) 一致进动模式$(k = 0)$

(b) 自旋波$(k \neq 0)$

图 3.1　一致进动和非一致进动

一般说来，基于一致进动原理的微波旋磁器件设计时要力求避免自旋波的产生，原因是自旋波往往会恶化器件的性能。但是自旋波本身具有许多独特的特性，如其传播波长和速度等均可在很大的范围受外部环境调控，自旋波波长比同等频率的电磁波波长小 1～2 个数量级等。利用这些独特的特性，人们已研发了自旋波功能器件。同时，随着纳米科学的发展，微纳米尺度磁介质中自旋波的研究逐步成为了热点，催生了一门新学科——磁振子学的诞生[1]。

本章将讲述自旋波的相关理论。

3.1 自旋波的概念

3.1.1 自旋波与磁振子

在固体物理学中已经阐明，由于交换作用，磁系统的基态是磁性离子的自旋排列有序状态。最常见的简单磁有序状态包括铁磁序、反铁磁序和亚铁磁序，分别如图 3.2(a)～(c) 所示。铁磁序为各格点上自旋取向一致的状态。反铁磁序和亚铁磁序描述的则是近邻格点上的自旋取向相反的情况。反铁磁与亚铁磁的区别在于：反铁磁的近邻格点的自旋方向相反且大小相等，而亚铁磁的近邻格点上的自旋方向相反但大小则不相等。

(a) 简单铁磁序　　　　(b) 简单反铁磁序　　　　(c) 简单亚铁磁序

图 3.2　磁有序系统

现在以简单铁磁序为例说明，当有序系统受到微扰后，低能量激发态将以何种形式出现[2]。在简单铁磁介质的基态中，如图 3.3(a) 所示，全部自旋是平行的。考虑 N 个自旋，每个自旋的大小为 S，排列成一条线，最近邻自旋之间由于有海森伯交换耦合作用，则有

$$E = -2J \sum_{i=1}^{N} \boldsymbol{S}_i \cdot \boldsymbol{S}_{i+1} \tag{3.1}$$

式中，J 是交换积分，$\hbar \boldsymbol{S}_i$ 是 i 位置上的自旋角动量。若把 $\boldsymbol{S}_i$ 当作经典矢量处理，则在基态有 $\boldsymbol{S}_i \cdot \boldsymbol{S}_{i+1} = S^2$，系统的交换能就是 $E_0 = -2NJS^2$。

假设由于某种扰动(如热激发)使得基态系统中的任一自旋发生反转，如图 3.3(b) 所示。由式(3.1)可知，这种状态使得系统的能量增加 $8JS^2$，因此 $E_1 = E_0 + 8JS^2$。然而如果让所有自旋分担这一方向，如图 3.3(c) 所示，就可以构成一个能量低得多的激发态。自旋系统的这种元激发具有与波相似的形式，它们与晶格振动波类似，这种波称为自旋波。自旋波是晶格中自旋的相对取向的振动，晶格振动是晶格原子的相对位置的振动。自旋波实质是磁有序体系中自旋的集体运动模式，是自旋磁矩的非一致进动，如图 3.4 所示。

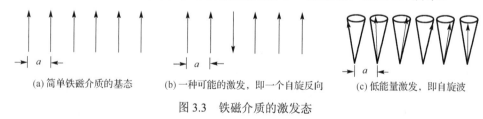

(a) 简单铁磁介质的基态　　　(b) 一种可能的激发，即一个自旋反向　　　(c) 低能量激发，即自旋波

图 3.3　铁磁介质的激发态

由上可见，自旋波是固体中一种重要的元激发，它是由局域自旋之间存在交换作用而引起的，其特征在于：设铁磁介质中某一格点上的自旋 $\boldsymbol{S}_i$ 因扰动偏离其量子化轴方向，①自旋 $\boldsymbol{S}_i$ 将带动近邻格点上的自旋，而这些自旋又将使它们的近邻取向改变，于是扰动以

自旋集体运动的形式传播；②近邻自旋对自旋 $\boldsymbol{S}_i$ 的作用要使它恢复原来的取向以保持有序状态，这时在自旋晶格中将形成格点自旋相对取向的振荡。

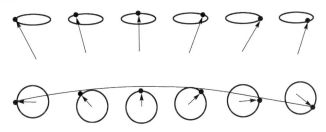

图 3.4　线性自旋晶格系统中的自旋波

自旋波的概念最初是布洛赫(Bloch)从理论上推出的，又称为布洛赫自旋波理论，从该理论出发可以计算出在低温下自发磁化强度随温度变化的 $T^{3/2}$ 定律。如同电磁波中的光子和晶格振动中的声子，自旋磁矩进动的能量也是量子化的，这种能量量子称为磁振子(magnon)，所以磁振子就是量子化的自旋波，或者说自旋波具有波粒二象性。自旋波的量子化的步骤与光子和声子完全一样，频率为 ω_k 的模含有 n_k 个磁振子时，它的能量由以下公式给出：

$$\varepsilon_k = \left(n_k + \frac{1}{2} \right) \hbar \omega_k \tag{3.2}$$

激发一个磁振子，相当于一个 1/2 自旋的反转。磁振子为玻色子，服从玻色统计分布规律。

设平面自旋波的振幅为 m_k^0，圆频率为 ω_k，波矢为 $\boldsymbol{k}\left(\text{波长}\lambda_k = \dfrac{2\pi}{|\boldsymbol{k}|}\right)$，其数学表示式为

$$\boldsymbol{m}_k = m_k^0 \mathrm{e}^{\mathrm{i}(\omega_k t - \boldsymbol{k} \cdot \boldsymbol{r})} \tag{3.3}$$

若铁磁介质的磁化强度是空间和时间的函数，即 $\boldsymbol{M} = \boldsymbol{M}(\boldsymbol{r}, t)$，应当包含静态磁化矢量强度 $\boldsymbol{M}_0(\boldsymbol{r})$ 和动态磁化矢量强度 $\boldsymbol{m}_k(\boldsymbol{r}, t)$ 两部分，若磁介质被均匀磁化，且磁矩在平衡态附近线性进动，则磁化强度用平面波展开为

$$\boldsymbol{M}(\boldsymbol{r}, t) = \boldsymbol{M}_0(\boldsymbol{r}) + \sum_k \boldsymbol{m}_k^0 \mathrm{e}^{\mathrm{j}(\omega_k t - \boldsymbol{k} \cdot \boldsymbol{r})} \tag{3.4}$$

由此可见，$\boldsymbol{M}(\boldsymbol{r}, t)$ 是由各种振幅、圆频率和波矢的自旋波的叠加造成的。这就是说，铁磁介质内磁化强度的运动状态可以用自旋波来描述。

3.1.2　自旋波的分类

自旋波有多种分类方法。可按磁矩间的交互作用、自旋波的传播特性和自旋波的波矢与磁化强度矢量的相对取向来分类。

1. 按磁矩间的交互作用分

引起自旋波产生的交互作用包括交换交互作用和偶极交互作用。依据波矢的波数大小，这两种交互作用，只有一种起主要作用。当自旋波特性主要由磁介质的偶极相互作用决定时，这类自旋波的波数有较宽范围的分布($k < 10^5 \mathrm{cm}^{-1}$)，常称为偶极模式自旋波，偶极

自旋波的长波长部分又称为静磁自旋波。由于偶极相互作用具有各向异性特性，因此偶极自旋波的色散关系往往依赖于磁介质的微磁结构以及波矢量的方向。而当自旋波的波数非常大时($k>10^6\text{cm}^{-1}$)，磁介质的交换相互作用对自旋波起主要作用，这类自旋称为交换模式自旋波。当波数处于两者之间时，偶极交互作用与交换交互作用都起作用，这时称为偶极-交换模式自旋波。各种模式自旋波对应的波数范围如表 3.1 所示[3]。

表 3.1　不同交互作用对应的自旋波波数范围

区间	波数范围
交换作用	$k>10^6\text{cm}^{-1}$
偶极-交换作用	$10^5\text{cm}^{-1}<k<10^6\text{cm}^{-1}$
偶极作用	$30\text{cm}^{-1}<k<10^5\text{cm}^{-1}$

2. 按自旋波的传播特性分

一般地，自旋波在介质中以确定的群速度 $v_g=\dfrac{\partial\omega}{\partial k}$ 传播，但当自旋波传播途经介质中缺陷或磁特性变化之处，以及传播到介质的边界上时，自旋波将被反射，反射的自旋波会与入射自旋波叠加，从而形成驻波型式的自旋波(也称钉扎自旋波)。从这个角度来说，自旋波有自旋行波和自旋驻波之分。自旋行波的特点是各格点的自旋进动的振幅相同而相位不同，而自旋驻波的特点则是各格点的自旋进动的振幅不同而相位相同。当然，在磁介质中也存在振幅和相位皆不相同的自旋波。图 3.5 分别是自旋波行波与驻波的示意图[4]173-174。

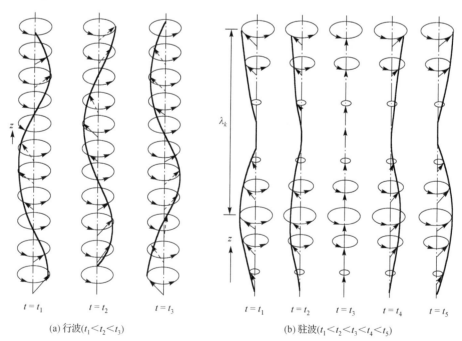

图 3.5　自旋波的行波与驻波的示意图

3. 按自旋波的波矢与磁化强度矢量的相对取向分

这种分类方法, 特别适合于自旋波在薄膜中传播
的情形, 如图 3.6 所示[5]。当自旋波在薄膜面内传播时,
可分为三类: 面内传播的自旋波波矢与面内磁化薄膜
的磁化强度矢量一致时, 即 $\boldsymbol{k}_\parallel \parallel \boldsymbol{M}_\parallel$, 称背向体模式①自
旋波; 面内传播的自旋波波矢与面内磁化薄膜的磁化
强度矢量垂直时, 即 $\boldsymbol{k}_\parallel \perp \boldsymbol{M}_\parallel$, 称表面波模式, 也称达
蒙-埃希巴赫模式②自旋波; 面内传播的自旋波波矢与
沿法向磁化薄膜的磁化强度矢量垂直时, 即 $\boldsymbol{k}_\parallel \perp \boldsymbol{M}_\perp$,
称前向体自旋波模式③。另外, 还有当自旋波沿薄膜法
向传播时, 即 $\boldsymbol{k}_\perp \perp \boldsymbol{M}_\parallel$ 和 $\boldsymbol{k}_\perp \parallel \boldsymbol{M}_\perp$, 此时称为垂直驻自
旋波模式。这里的 "$\parallel$" 和 "$\perp$" 分别表示波矢与磁化
强度矢量在薄膜的面内方向与法向方向。

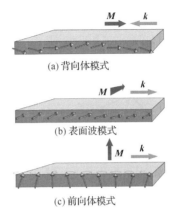

(a) 背向体模式

(b) 表面波模式

(c) 前向体模式

图 3.6　按波矢与磁化强度矢量的
相对取向的自旋波分类

3.2　磁性薄膜中的静磁自旋波

当自旋波波矢 $|\boldsymbol{k}| \ll \sim 1/l$ (l 为磁介质尺度) 时, 需要考虑交变磁矩所引起的面退磁场作
用, 这是偶极作用自旋波, 属于自旋波的长波部分, 称为静磁自旋波或静磁模式自旋波,
简称为静磁波。通过对静磁自旋波的研究, 一方面加深了对磁介质内磁矩运动形式的了解;
另一方面又促进了静磁模器件的研制。

由于磁性薄膜中静磁自旋波的色散关系推导过程较繁杂, 所以本节先给出磁性薄膜中
的色散关系的表达式并概述它们的特征, 然后再给出详细的色散关系推导过程。

3.2.1　静磁自旋波的色散特性概述

静磁自旋波有三种模式, 它们的色散关系如图 3.7 所示[6], 图 3.7 中的横坐标为波数 k
与厚度 d 的乘积 kd。三种模式分别为静磁表面波 (magnetostatic surface spin wave, MSSW)、
静磁前向体自旋波 (magnetostatic forward volume spin wave, MSFVW) 和静磁背向体自旋
波 (magnetostatic backward volume spin wave, MSBVW)。下面给出 MSFVW 和
MSBVW 的最低阶模式 (即自旋进动的幅度沿厚度方向为均匀的模式) 以及 MSSW 的色
散关系表达式。

MSFVW

$$\omega^2 = \omega_0 \left[\omega_0 + \omega_m \left(1 - \frac{1 - \mathrm{e}^{-kd}}{kd} \right) \right] \tag{3.5}$$

---

① 背向体模式 (backward-volume mode), 以下简称 BV 模式。

② 表面波模式, 也称达蒙-埃希巴赫模式 (Damon-Eshbach mode), 以下简称 DE 模式。

③ 前向体自旋波模式 (forward-volume spin wave mode), 以下简称 FV 模式。

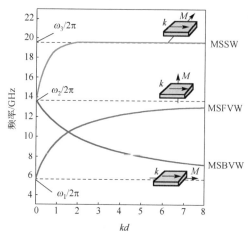

图 3.7　静磁自旋波的色散特性总结示意图

MSSW

$$\omega^2 = \omega_0(\omega_0 + \omega_m) + \frac{\omega_m^2}{4}(1 - e^{-2kd}) \qquad (3.6)$$

MSBVW

$$\omega^2 = \omega_0 \left[\omega_0 + \omega_m \left(\frac{1 - e^{-kd}}{kd} \right) \right] \qquad (3.7)$$

式(3.5)~式(3.7)中，d 是磁性薄膜的厚度，k 是自旋波的波数，$\omega_0 = \gamma_0 H_{0i}$（$H_{0i}$ 是作用于磁性薄膜的有效内稳恒场），$\omega_m = \gamma_0 M_s$。需要说明的是，上述色散关系式中，为简单和美观起见，用了同样的符号 ω_0 和 ω_m 来表示，但针对不同的模式这些符号的含义并不相同。对 MSBVW 和 MSSW，$\omega_0 = \gamma_0 H_{0i} = \gamma_0 H_0$，$H_0$ 是外加稳恒磁场；而对 MSFVW，$\omega_0 = \gamma_0 H_{0i}$，当垂直于薄膜平面时，考虑到退磁场的作用用 $H_{0i} = H_0 - M_s$。进一步地，如果磁性薄膜是超薄薄膜，$\omega_m = \gamma_0 M_s$ 要修正为 $\omega_m = \gamma_0 M_{\text{eff}}$，而 M_{eff} 在外加磁场垂直于薄膜平面和平行于薄膜平面两种情况下是不同的，具体细节请参见第 2 章的相关章节。

图 3.7 给出的是某磁性薄膜最低阶色散关系绘在一起的示意图，现将这几种模式的静磁自旋波的主要特征总结如下。

（1）MSFVW。当 $k \to 0$，自旋波的频率 $\omega \to \omega_1 = \omega_0$，随着 k 增大，自旋波的频率 $\omega \to \omega_2 = \sqrt{\omega_0(\omega_0 + \omega_m)}$。MSFVW 的重要和显著的特点是其色散特性与薄膜平面上的传播方向无关，即色散特性在薄膜平面上是各向同性的。

（2）MSBVW。当 $k \to 0$，自旋波的频率 $\omega \to \omega_2 = \sqrt{\omega_0(\omega_0 + \omega_m)}$，随着 k 增大，自旋波的频率 $\omega \to \omega_1 = \omega_0$，MSBVW 的最重要特征就是色散曲线的斜率为负，这就意味着其群速度 $v_g = \partial \omega / \partial k$ 为负。

（3）MSSW。当 $k \to 0$，自旋波的频率 $\omega \to \omega_2 = \sqrt{\omega_0(\omega_0 + \omega_m)}$，随着 k 增大，自旋波的频率 $\omega \to \omega_3 = (\omega_0 + \omega_m / 2)$。MSSW 的最重要特征是其仅在薄膜的某一表面传播，传播具有非互易性，即自旋波传播的表面与外加直流偏置磁场的方向以及传播方向有关。

MSSW 和 MSBVW 都是面内磁化的自旋波模式，为什么会出现这么大的色散特性差异呢？下面用图 3.8 来说明。图 3.8 中 M^* 表示静态和动态磁化强度之和，M 和 m 分别表示的静态和动态磁化强度，z 方向的磁化强度 m 产生的动态杂散场 h_{stary} 用点线表示。对 MSBVW，波矢 k 与静态磁化强度 M 共线，随着 M 的进动，会产生垂直于薄膜的动态磁化强度 m，相距 $\lambda/2$ 的 m 平行反向排布，这样随着 k 的增加，自旋波的波长减小，这些平行反向排布的 m 靠得更近，使得它们产生杂散场相互抵消，从而使得该模式的能量（频率）随着波矢的增加而减小，因而该模式具有负的色散特性，如图 3.8(a)所示。对 MSSW，尽管 m 面外的分量会导致自旋波的能量如同 MSBVW 一样随波矢 k 的增加而减小，但是这不是这种模式的主要能量。如图 3.8(b)所示，对 MSSW，相距相隔 $\lambda/2$ 的 m 还存在面内分量平行相向排布，这样随着 k 增加，这些相向排布的磁矩靠得更近,所以它们之间的耦合场大大增加了这种模式自旋波的能量,从而出现正向的色散关系。

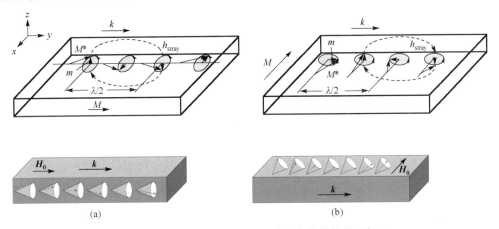

图 3.8　两种面内磁化静磁自旋波的色散特性微观机理

下面从沃克(Walker)方程出发来具体推导磁性薄膜中的这几种模式静磁自旋波的色散关系表达式。

3.2.2　沃克方程

旋磁介质中自旋波的波长远小于电磁波在其中传播的波长,故可略去麦克斯韦方程组中的推迟作用项($\partial \boldsymbol{D} / \partial t$)($\partial \boldsymbol{D} / \partial t$ 也代表传播因素,静磁近似就是忽略该项),于是有

$$\nabla \times \boldsymbol{h} = 0 \tag{3.8}$$

$$\nabla \cdot \boldsymbol{b} = 0 \tag{3.9}$$

在这种情况下,$\boldsymbol{h}$ 可以表示成磁介质内静磁势函数(标量)ψ 的梯度,即

$$\boldsymbol{h} = \nabla \psi \tag{3.10}$$

将式(3.10)代入式(3.9),并由本构关系 $\boldsymbol{b} = \mu_0 (1 + \overline{\chi}) \boldsymbol{h} = \mu_0 \overline{\mu} \boldsymbol{h}$,得到

$$\nabla (\overline{\mu} \cdot \nabla \psi) = 0 \tag{3.11}$$

式(3.11)可以展开为

$$(1 + \chi)\left(\frac{\partial^2 \psi}{\partial x^2} + \frac{\partial^2 \psi}{\partial y^2} \right) + \frac{\partial^2 \psi}{\partial z^2} = 0 \tag{3.12}$$

式中,χ 为张量磁化率的对角分量。式(3.12)称为沃克方程,可以作为静磁近似下处理均匀磁介质中各种自旋波的基本方程。

现在考虑不导电、均匀、各向同性、无损耗的椭球状铁磁介质,且设椭球磁介质的尺度 l 范围为 10^{-7} m $< l \leqslant \lambda$(自旋波的波长)。做这样假设的原因是① $l \leqslant \lambda$,保证样品足够小,不考虑电磁波的传播因素,能利用静磁近似;② $l > 10^{-7}$ m 则是要求样品足够大,不用考虑磁矩间交换交互作用。关于第②点,下面进一步以一维自旋链来说明这个尺度的选择依据[7]。设原子磁矩数为 N,相邻原子的距离为 a,则有 $l = Na$,根据交换能的定义,每一个

原子磁矩由于方向不一致而产生的交换能增量为

$$\Delta E_{\text{ex}} = JS^2 \left(\frac{2\pi}{N} \right)^2 \tag{3.13}$$

式中，J 是交换积分。由式(3.13)计算的交换作用等效场为

$$H_{\text{ex}} = \frac{JS^2(2\pi)^2}{2S\mu_B(l/a)^2} \approx \frac{10^{-21} \times 10^{-19}}{10^{-29} l^2} = \frac{10^{-11}}{l^2} \text{(A/m)} \tag{3.14}$$

由式(3.14)可知当 $l > 10^{-7}$m 时，交换场小于 10^4(A/m)，这个数字比实际的稳恒直流磁场弱得多，因此交换场可以略去不计。

沃克在做了上述考虑后，当自旋波的波矢满足 $|\frac{1}{k}| \leqslant l$ 时，作用在有界磁介质上的偶极场就只需考虑面退磁场，而不用考虑附加交换作用等效场。假设椭球状磁介质沿笛卡儿坐标系统的 z 轴方向饱和磁化，则由第 2 章的知识可得

$$\overline{\mu} = 1 + \overline{\chi} = 1 + \begin{pmatrix} \chi & \text{j}\chi_a & 0 \\ -\text{j}\chi_a & \chi & 0 \\ 0 & 0 & 0 \end{pmatrix} \tag{3.15}$$

张量磁化率中各分量为

$$\begin{cases} \chi = \dfrac{\omega_{0i}\omega_m}{\omega_{0i}^2 - \omega^2} \\ \chi_a = \dfrac{\omega\omega_m}{\omega_{0i}^2 - \omega^2} \end{cases} \tag{3.16}$$

式中，$\omega_{0i} = \gamma_0 H_{0i} = \gamma_0 (H_0 - N_z M_s)$ 和 $\omega_m = \gamma_0 M_s$。

设椭球体内的静磁势函数用 $\psi_{\text{内}}$ 表示，则由式(3.12)得

$$\mu \left(\frac{\partial^2 \psi_{\text{内}}}{\partial x^2} + \frac{\partial^2 \psi_{\text{内}}}{\partial y^2} \right) + \frac{\partial^2 \psi_{\text{内}}}{\partial z^2} = 0 \tag{3.17}$$

式中，μ 为张量磁导率的对角分量。

同理，在椭球磁介质外，张量磁导率的对角分量 $\mu = 1$，则得到

$$\frac{\partial^2 \psi_{\text{外}}}{\partial x^2} + \frac{\partial^2 \psi_{\text{外}}}{\partial y^2} + \frac{\partial^2 \psi_{\text{外}}}{\partial z^2} = 0 \tag{3.18}$$

在椭球体的边界面上，由于磁场强度的切线分量连续，因而静磁势函数也是连续的；同时磁感应强度的法线分量也是连续的。于是有如下的边值关系式：

$$\psi_{\text{内}} = \psi_{\text{外}} \tag{3.19}$$

$$\boldsymbol{n} \cdot (\overline{\mu} \cdot \nabla \psi_{\text{内}}) = \frac{\partial \psi_{\text{外}}}{\partial n} \tag{3.20}$$

式中，$\boldsymbol{n}$ 为椭球表面法线方向的单位矢量。

　　求解满足边值关系(式(3.19)、式(3.20))的方程(3.17)及方程(3.18)，得到 $\psi_{内}$、$\psi_{外}$，再由式(3.10)可求出 $\boldsymbol{h}$，然后由 $\boldsymbol{m} = \bar{\bar{\chi}} \cdot \boldsymbol{h}$ 求出 $\boldsymbol{m}$，就可确定静磁模式自旋波了。

　　利用沃克方程就可以求解任何磁介质中的静磁自旋波模式，对球形样品中的静磁自旋波模式，请读者参阅文献[4]，下面讨论磁性薄膜中静磁自旋波的具体求解[8]。

3.2.3　磁性薄膜中的静磁自旋波色散关系的求解

1. 垂直磁化薄膜：静磁前向体自旋波

　　假设图 3.9(a)中能激发非零 k 的静磁平面波，在旋磁介质中激发的自旋波波矢为

$$\boldsymbol{k} = \boldsymbol{k}_t + k_z \boldsymbol{z} \tag{3.21}$$

式中

$$\boldsymbol{k}_t = k_x \boldsymbol{x} + k_y \boldsymbol{y} \tag{3.22}$$

　　当自旋波传播到薄膜的上边界(图 3.9(b))时将会发生发射，反射回来自旋波的波矢为

$$\boldsymbol{k} = \boldsymbol{k}_t - k_z \boldsymbol{z} \tag{3.23}$$

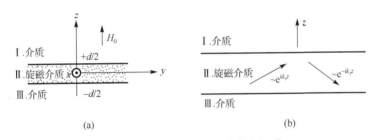

图 3.9　静磁前向体自旋波的坐标系

　　从薄膜上边界反射回来的自旋波接下来会在薄膜下边界再次反射，同时改变 z 方向波矢分量的符号。最终，会形成包括这两种成分自旋波的稳定场分布。为了求出旋磁介质中(图 3.9 中的 II)的静磁势，假设试探势函数具有以下形式

$$\psi_{\mathrm{II}} = \psi_0 \mathrm{e}^{\mathrm{i}\boldsymbol{k}_t \cdot \boldsymbol{r}} \frac{\mathrm{e}^{\mathrm{i}k_z z} + \mathrm{e}^{-\mathrm{i}k_z z}}{2} = \psi_0 \cos(k_z z) \mathrm{e}^{\mathrm{i}\boldsymbol{k}_t \cdot \boldsymbol{r}} \tag{3.24}$$

式中，ψ_0 为任意常数，表示所求模式的幅度。

　　在介质层，因为 $\chi = 0$，所以沃克方程可简化为拉普拉斯方程，则有

$$k_{t,d}^2 + k_{z,d}^2 = 0 \Rightarrow k_{z,d} = \pm \mathrm{i}k_{t,d} \tag{3.25}$$

式中，下标 d 表示介质层。从而可得介质层中的势函数为

$$\psi_d(\boldsymbol{r}) = C\mathrm{e}^{\mathrm{i}\boldsymbol{k}_{t,d} \cdot \boldsymbol{r} \pm k_{t,d} z} \tag{3.26}$$

　　为了保证所求模式位于薄膜中，选择指数项符号的原则是当 $z \to \pm\infty$ 时势函数消失，这样就有

$$\psi_{\mathrm{I}}(\boldsymbol{r}) = C\mathrm{e}^{\mathrm{i}\boldsymbol{k}_{t,d} \cdot \boldsymbol{r} - k_{t,d} z} \tag{3.27}$$

$$\psi_{\mathrm{III}}(\boldsymbol{r}) = D\mathrm{e}^{\mathrm{i}\boldsymbol{k}_{t,d}\cdot\boldsymbol{r}+k_{t,d}\hat{z}} \tag{3.28}$$

对交变场有两个边界条件：①不存在面电流密度时，h 的切向分量连续，这在高电阻率的旋磁介质(如铁氧体旋磁材料)中是满足的；②b 的法向分量连续。

在静磁近似中，h 的切向分量为

$$\begin{aligned}\boldsymbol{h}_t &= -\nabla_t\psi\\&= -\frac{\partial\psi}{\partial x}\hat{x} - \frac{\partial\psi}{\partial y}\hat{y}\end{aligned} \tag{3.29}$$

在 $z = \pm d/2$ 要满足 $\boldsymbol{h}_t$ 连续，则有

$$\begin{cases}-\mathrm{i}\boldsymbol{k}_{t,d}\psi_{\mathrm{I}}\left(z=\dfrac{d}{2}\right) = -\mathrm{i}\boldsymbol{k}_t\psi_{\mathrm{II}}\left(z=\dfrac{d}{2}\right)\\-\mathrm{i}\boldsymbol{k}_{t,d}\psi_{\mathrm{III}}\left(z=-\dfrac{d}{2}\right) = -\mathrm{i}\boldsymbol{k}_t\psi_{\mathrm{II}}\left(z=-\dfrac{d}{2}\right)\end{cases} \tag{3.30}$$

从考虑到势函数的表达式，要使式(3.30)成立，则有 $\boldsymbol{k}_{t,d} = \boldsymbol{k}_t$ ，从而 h 的切向分量连续的边界条件等效于势函数在边界上连续，这样就有

$$\begin{cases}C\mathrm{e}^{-k_t\frac{d}{2}} = \psi_0\cos\left(k_z\dfrac{d}{2}\right)\\D\mathrm{e}^{-k_t\frac{d}{2}} = \psi_0\cos\left(k_z\dfrac{d}{2}\right)\end{cases} \tag{3.31}$$

由式(3.31)可得 $C=D$。

现在考虑 b 的法向分量在 $z = \pm d/2$ 的连续。对静磁前向体自旋波模式，由于偏置场与波矢方向一致，均沿 z 轴，所以由 b 与 h 的本构关系得 $b_z = \mu_0 h_z$ ，从而有

$$\begin{cases}k_t C\mathrm{e}^{-k_t\frac{d}{2}} = \psi_0 k_z\sin\left(k_z\dfrac{d}{2}\right)\\-k_t D\mathrm{e}^{-k_t\frac{d}{2}} = -\psi_0 k_z\sin\left(k_z\dfrac{d}{2}\right)\end{cases} \tag{3.32}$$

由式(3.31)和式(3.32)得

$$\psi_0 k_t\cos\left(k_z\frac{d}{2}\right) = \psi_0 k_z\sin\left(k_z\frac{d}{2}\right) \tag{3.33}$$

从而有

$$\tan\left(k_z\frac{d}{2}\right) = \frac{k_t}{k_z} \tag{3.34}$$

而由式(3.12)有

$$\frac{k_t}{k_z} = \frac{1}{\sqrt{-(1+\chi)}} \tag{3.35}$$

将式(3.35)代入式(3.34)消去 k_z 后得到

$$\tan\left[\frac{k_t d}{2}\sqrt{-(1+\chi)}\right] = \frac{1}{\sqrt{-(1+\chi)}} \tag{3.36}$$

式(3.36)就是采用对称势函数时求得的静磁自旋波的色散关系(其频率隐含在 χ 中)，从式(3.36)中能求解出偶数阶模式的色散关系。如果假设试探势函数为下列形式，则可求出奇数阶模式的色散关系，该试探势函数为

$$\psi_{\mathrm{II}} = \psi_0 \sin(k_z z)\mathrm{e}^{\mathrm{i}\boldsymbol{k}_t \cdot \boldsymbol{r}} \tag{3.37}$$

重复以上分析过程，可以得到奇数阶模式的色散关系为

$$-\cot\left[\frac{k_t d}{2}\sqrt{-(1+\chi)}\right] = \frac{1}{\sqrt{-(1+\chi)}} \tag{3.38}$$

利用等式 $\tan\left(\theta - \dfrac{\pi}{2}\right) = -\cot\theta$ ，可将式(3.36)和式(3.38)表示的色散关系合并为

$$\tan\left[\frac{k_t d}{2}\sqrt{-(1+\chi)} - \frac{n\pi}{2}\right] = \frac{1}{\sqrt{-(1+\chi)}} \tag{3.39}$$

求解式(3.39)，可以显式地得出色散关系。对最低阶 $(n=0)$ 模式，其色散关系为

$$\omega^2 = \omega_0\left[\omega_0 + \omega_m\left(1 - \frac{1 - \mathrm{e}^{-k_t d}}{k_t d}\right)\right] \tag{3.40}$$

根据式(3.39)可以绘制出静磁前向体自旋波的色散关系示意图,如图3.10所示。图3.10所示的静磁自旋波簇的最底端曲线对应的是 $k_t=0$ 时的极限情形,此时波矢 k_t 没有平面分量,那么静磁平面波就只有沿 z 方向来回的分量。

由式(3.39)还可以求出静磁自旋波的群速

$$\frac{1}{v_g} = \frac{\partial k}{\partial \omega} = \frac{\chi\chi_a}{(1+\chi)\omega_m d}\left(\frac{2}{\chi} - k_t d\right) \tag{3.41}$$

当 $n=0$ 时，$k_t d \ll 1$，则有

$$\left.\frac{1}{v_g}\right|_{kd\to 0} = \frac{4}{\omega_m d} \tag{3.42}$$

从式(3.42)可以看出，静磁前向体自旋波的初始群速度与频率以及外加偏置场无关，只与旋磁介质的材料参数和形状有关。由式(3.41)绘出群速的色散关系，如图3.11所示。

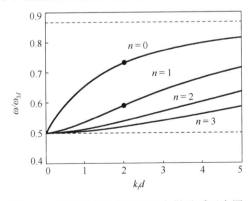

图 3.10　静磁前向体自旋波的色散关系示意图

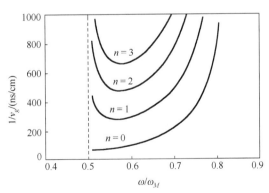

图 3.11　群速的色散关系

最低阶的静磁前向体自旋波的奇、偶模式的势函数如图 3.12 所示(计算参数：$\omega_0 / \omega_M = 0.5$，$k_t d = 2$，$d = 20\mu m$)。

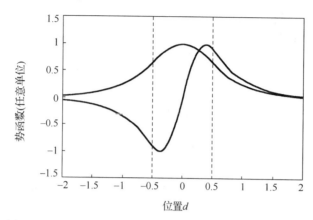

图 3.12 最低阶的静磁前向体自旋波的奇、偶模式的势函数

总结起来，静磁前向体自旋波的特点如下。

(1)在无磁晶各向异性的薄膜中，其色散特性只与 k_t 的大小有关而与方向无关，也就是说静磁前向体自旋波是各向同性传播的。

(2)静磁前向体自旋波的相速与群速同向。

(3)静磁前向体自旋波在薄膜体内呈正弦分布。

2. 切向磁化薄膜：静磁背向体自旋波

图 3.13 是本节讨论用的坐标系统。在静磁背向体自旋波中，波矢 $\boldsymbol{k}$ 与外加偏置场 H_0 的方向一致，即平行于图 3.13 的 z 轴。由于静磁背向体自旋波可以沿 $\pm z$ 方向传播，所以认为势函数正比于 $\exp(i\delta k_z z)$，这里，$\delta = \pm$ 表示波可以沿正反两个方向传播。设每个区域的试探势函数分别为

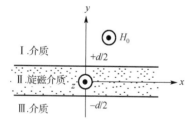

图 3.13 切向磁化时的坐标系

$$\begin{cases} \psi_{\mathrm{I}}(\boldsymbol{r}) = C e^{-k_z y + i\delta k_z z} \\ \psi_{\mathrm{II}}(\boldsymbol{r}) = \psi_0 \sin(k_y y) e^{i\delta k_z z} \\ \psi_{\mathrm{III}}(\boldsymbol{r}) = D e^{k_z y + i\delta k_z z} \end{cases} \quad (3.43)$$

在上面静磁前向体自旋波的分析中，已经得到两点共识。第一，在介质层区域，为了满足沃克方程退化为拉普拉斯方程，有 $k_{y,d} = \pm k_{z,d}$；第二，每个区域边界上的波矢切向分量相同，即 $k_{z,d} = k_z$。需要说明的是，这里与在讨论静磁前向体自旋波时选择试探势函数的顺序恰恰相反，先选的试探势函数是奇函数。

在旋磁介质介质中，由沃克方程有

$$(1+\chi)k_y^2 + k_z^2 = 0 \quad (3.44)$$

在边界 $y = \pm d/2$，首先势函数 ψ (这里等效于 h 的切向分量)连续，则有

$$\begin{cases} Ce^{-k_z\frac{d}{2}} = \psi_0 \sin\left(k_y\frac{d}{2}\right) \\ De^{-k_z\frac{d}{2}} = -\psi_0 \sin\left(k_y\frac{d}{2}\right) \end{cases} \tag{3.45}$$

从式 (3.45) 中可以得 $C=-D$，满足试探势函数是奇函数的要求。

在图 3.13 讨论的坐标系中，从 b 与 h 的本构关系得到

$$b_y = \mathrm{i}\mu_0\chi_a h_x + \mu_0(1+\chi)h_y \tag{3.46}$$

式 (3.46) 中，由于势函数与 x 无关，所以去掉第 1 项。由边界条件：b 的法向分量在 $y = \pm d/2$ 点连续，得

$$\begin{cases} -k_z C e^{-k_z\frac{d}{2}} = k_y(1+\chi)\psi_0 \cos\left(k_y\frac{d}{2}\right) \\ k_z D e^{-k_z\frac{d}{2}} = k_y(1+\chi)\psi_0 \cos\left(k_y\frac{d}{2}\right) \end{cases} \tag{3.47}$$

联立求解式 (3.45) 和式 (3.47) 得

$$\tan\left(k_y\frac{d}{2}\right) = -\frac{(1+\chi)k_y}{k_z} \tag{3.48}$$

再利用沃克方程 $(1+\chi)(k_x^2+k_y^2)+k_z^2 = 0$（对静磁背向体自旋波 $k_x = 0$）消去 k_y 得

$$\tan\left[\frac{k_z d}{2\sqrt{-(1+\chi)}}\right] = \sqrt{-(1+\chi)} \tag{3.49}$$

式 (3.49) 就是静磁背向体自旋波在奇势函数的色散关系。选用试探函数为偶势函数，并采用类似的推导可得静磁背向体自旋波在偶势函数时的色散关系为

$$-\cot\left[\frac{k_z d}{2\sqrt{-(1+\chi)}}\right] = \sqrt{-(1+\chi)} \tag{3.50}$$

合并式 (3.45) 和式 (3.46) 得到静磁背向体自旋波的色散关系为

$$\tan\left[\frac{k_z d}{2\sqrt{-(1+\chi)}} - \frac{(n-1)\pi}{2}\right] = \sqrt{-(1+\chi)}, \quad n = 1,2,3,\cdots \tag{3.51}$$

同样，可以得到最低阶 ($n=1$) 模式的色散关系

$$\omega^2 = \omega_0\left[\omega_0 + \omega_m\left(\frac{1-e^{-k_z d}}{k_z d}\right)\right] \tag{3.52}$$

将式 (3.47) 绘于笛卡儿坐标中，可得静磁背向体自旋波的色散关系，如图 3.14 所示。对静磁背向体自旋波可以分解为沿薄膜上下表面来回反弹的平面波和沿 z 方向传播的波。当 $k_z=0$ 时，平面波垂直于偏置场传播，此时

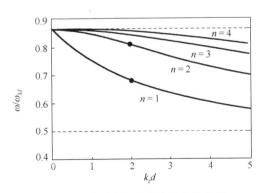

图 3.14 静磁背向体自旋波色散关系

频率在波簇的最高点。当 k_z 增加时，总波矢 k 与平面波的夹角减小。在极限情况下，k_z 很大，这时平面波的传播方向平行于外加磁场，此时频率就靠近波簇的低端。

对色散关系微分，得到静磁背向体自旋波的群速

$$\frac{1}{v_g} = \frac{\chi\chi_a}{\omega_m d}\left(\frac{2}{\chi} + \frac{k_z d}{1+\chi}\right) \tag{3.53}$$

模式 $n=1\sim4$ 的群速如图 3.15 所示，计算参数为 $M_s=140\text{kA/m}$，$H_0=70\text{A/m}$，$d=20\mu\text{m}$。当 $n=1$，$k_z d \ll 1$ 时，则有

$$\frac{1}{v_g}\Big|_{kd\to0} = -\frac{4}{\omega_m d}\frac{\sqrt{\omega_0(\omega_0+\omega_m)}}{\omega_0} \tag{3.54}$$

由此可以看出，静磁背向体自旋波的初始群速度与外加磁场、旋磁介质的材料参数以及形状有关。最低阶的静磁背向体自旋波的奇、偶势函数如图 3.16 所示。

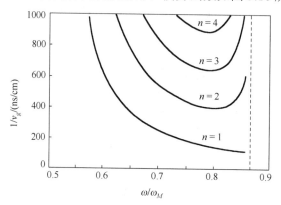

图 3.15　静磁背向体自旋波的群速

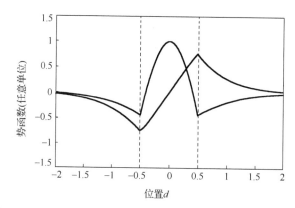

图 3.16　最低阶的静磁背向体自磁波的奇、偶体波的势函数

总结起来，静磁背向体自旋波的特点如下。

(1) 色散特性与传播方向无关，说明其静磁背向体自旋波的传播具有互易性。

(2) 相速与群速的方向相反。

(3) 与静磁前向体自旋波一样，静磁背向体自旋波也是分布在整个薄膜体内的。

3. 切向磁化薄膜：静磁表面自旋波

现在讨论切向磁化薄膜时的另外一种情形，波矢垂直于偏置场，即沿图 3.13 的 $\pm x$ 方向。假设其有与体波类似的势函数

$$\begin{cases} \psi_{\mathrm{I}}(\boldsymbol{r}) = C\mathrm{e}^{-k_x y + \mathrm{i}\delta k_z z} \\ \psi_{\mathrm{II}}(\boldsymbol{r}) = \psi_0 \cos(k_y y)\mathrm{e}^{\mathrm{i}\delta k_z z} \\ \psi_{\mathrm{III}}(\boldsymbol{r}) = D\mathrm{e}^{k_x y + \mathrm{i}\delta k_z z} \end{cases} \tag{3.55}$$

在旋磁介质区域，沃克方程简化为

$$(1+\chi)(k_x^2 + k_y^2) = 0 \tag{3.56}$$

对式 (3.56)，一个可能解是 $1+\chi = 0$，这只能在一个特定频率点取得，显然不是需要的解。另一个解就是 $k_y^2 = -k_x^2$，从该解可以看出，如果要求传播波的 k_x 是实数，则 k_y 必然是虚数。这样，在旋磁介质区域，势函数就不再是假设的那样振荡了，必须考虑其指数增加或衰减的特性，这样式 (3.55) 中的磁介质区域的势函数就应该改为

$$\psi_{\mathrm{II}}(\boldsymbol{r}) = \left[\psi_{0+}\mathrm{e}^{ky} + \psi_{0-}\mathrm{e}^{-ky}\right]\mathrm{e}^{\mathrm{i}\delta kx} \tag{3.57}$$

注意在式 (3.57) 省掉了下标，原因是由 $|k_y| = k_x = k$。

在边界 $y = \pm d/2$，势函数 ψ 连续，则有

$$\begin{cases} C\mathrm{e}^{-k\frac{d}{2}} = \psi_{0+}\mathrm{e}^{k\frac{d}{2}} + \psi_{0-}\mathrm{e}^{-k\frac{d}{2}} \\ D\mathrm{e}^{-k\frac{d}{2}} = \psi_{0+}\mathrm{e}^{-k\frac{d}{2}} + \psi_{0-}\mathrm{e}^{k\frac{d}{2}} \end{cases} \tag{3.58}$$

b 的法向分量在 $y = \pm d/2$ 点连续，利用式 (3.50)，类似于体波的处理，得到

$$\begin{cases} C\mathrm{e}^{-k\frac{d}{2}} = \delta\chi_a[\psi_{0+}\mathrm{e}^{k\frac{d}{2}} + \psi_{0-}\mathrm{e}^{-k\frac{d}{2}}] - (1+\chi)[\psi_{0+}\mathrm{e}^{k\frac{d}{2}} - \psi_{0-}\mathrm{e}^{-k\frac{d}{2}}] \\ D\mathrm{e}^{-k\frac{d}{2}} = -\delta\chi_a[\psi_{0+}\mathrm{e}^{-k\frac{d}{2}} + \psi_{0-}\mathrm{e}^{k\frac{d}{2}}] + (1+\chi)[\psi_{0+}\mathrm{e}^{-k\frac{d}{2}} - \psi_{0-}\mathrm{e}^{k\frac{d}{2}}] \end{cases} \tag{3.59}$$

将式 (3.58) 代入式 (3.59) 整理得

$$\begin{bmatrix} (\chi+2-\delta\chi_a)\mathrm{e}^{k\frac{d}{2}} & -(\chi+\delta\chi_a)\mathrm{e}^{-k\frac{d}{2}} \\ -(\chi-\delta\chi_a)\mathrm{e}^{-k\frac{d}{2}} & (\chi+2+\delta\chi_a)\mathrm{e}^{k\frac{d}{2}} \end{bmatrix} \begin{bmatrix} \psi_{0+} \\ \psi_{0-} \end{bmatrix} = 0 \tag{3.60}$$

式 (3.60) 具有非零解的前提是系数行列式等于零，由此可以得到静磁表面自旋波的色散关系

$$\mathrm{e}^{-2kd} = \frac{(\chi+2)^2 - \chi_a^2}{\chi^2 - \chi_a^2} \tag{3.61}$$

在式 (3.61) 中，δ 消失了，意味着静磁表面自旋波的传播方向改变不会影响其色散关系。将张量磁化率各分量代入式 (3.61) 得到另外一种色散关系的表达式，即

$$\omega^2 = \omega_0(\omega_0 + \omega_m) + \frac{\omega_m^2}{4}(1 - \mathrm{e}^{-2kd}) \tag{3.62}$$

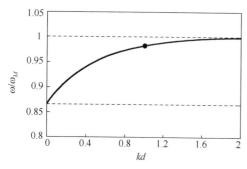

图 3.17　静磁表面自旋波色散关系

取 $\omega_0/\omega_m=0.5$，绘出的色散关系如图 3.17 所示。

静磁表面自旋波的群速为

$$\frac{1}{v_g}=\frac{4\omega}{\omega_m^2 d}e^{2kd} \tag{3.63}$$

当 $kd\to0$ 时，群速为

$$\frac{1}{v_g}\Big|_{kd\to0}=\frac{4}{\omega_m d}\frac{\sqrt{\omega_0(\omega_0+\omega_m)}}{\omega_m} \tag{3.64}$$

由此可以看出，静磁表面自旋波的初始群速度与外加磁场、旋磁介质的材料参数以及形状有关。取 M_s=140kA/m，H_0=70kA/m，d=20μm 绘出静磁表面自旋波的群速的倒数关系图如图 3.18 所示。

由于在静磁表面自旋波模式中其势函数沿薄膜厚度方向不是周期变化的，其变化关系如图 3.19 所示。当静磁表面自旋波的传播方向反向时，表面波的能量从一个表面移向另一个表面，这种现象称为场移非互易性。

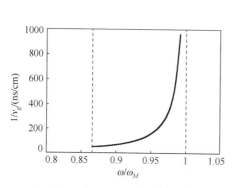

图 3.18　静磁表面自旋波的群速

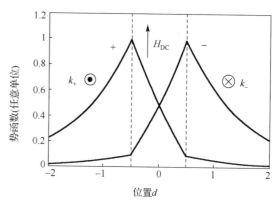

图 3.19　静磁表面自旋波的势函数分布

静磁表面自旋波的特点总结如下。

（1）静磁表面自旋波不会呈现多厚度模式（multiple thickness modes），只有单一的一种传播模式。

（2）静磁表面自旋波的传播具有非互易性。

（3）静磁表面自旋波的幅度从薄膜表面向中心方向是按指数衰减的。

3.3　体磁介质中的偶极-交换作用自旋波

3.3.1　无界磁介质中偶极-交换作用自旋波的求解思路

当波矢 $|k|\geq\dfrac{1}{l}$（l 为磁介质的线度）时，相邻自旋不再平行，故必须考虑自旋之间的相互作用，这种相互作用来源包括：①交换能的增加而引入的等效交换场；②自旋随空间分

布的散度会引起体退磁场,这是一种局域磁场。把这两种磁场考虑到磁化强度进度方程中去,就能获得自旋波的色散关系。

在这里,采用经典的唯象方法,从磁矩的进动方程出发去求解本征自旋波,这一方法是 Herring 和 Kittel[9]首先提出的。该方法的基本思路[4]174-183是将磁矩 M 绕恒定磁场进动的非一致进动成分以平面自旋波的形式表示,考虑到磁矩在进动中受到的各种相互作用(如交换相互作用、偶极-偶极相互作用等),求出各种相互作用等效场,然后求解磁矩进动方程,便可得到本征自旋波和自旋波谱。需要特别说明的是,该法仅限于自旋波的波矢还有满足 $k^2a^2 \ll 1(a$ 为原子间距),即近邻原子磁矩方向的改变不太剧烈的情况。

为简单起见,设外加稳恒磁场 H_0 的方向与 z 轴方向相同,波矢 k 与 z 轴的夹角为 θ_k,如图 3.20 所示。

其中

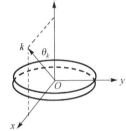

图 3.20 无界介质自旋波的计算坐标系统

$$\sin^2 \theta_k = \frac{k_x^2 + k_y^2}{k^2} \tag{3.65}$$

设

$$M = M(r,t) = M_0 + m_k(r,t) = M_0 + m_k^0(t)\mathrm{e}^{-\mathrm{i}k\cdot r} = M_0 + m_k^0\mathrm{e}^{\mathrm{i}(\omega_k t - k\cdot r)} \tag{3.66}$$

m_{kx}^0、m_{ky}^0 和 m_{kz}^0 都远小于 M_0,而 $M_0 \approx M_s$,并且有

$$H_{\mathrm{eff}} = H_0 + h_{\mathrm{ex}} + h_{\mathrm{dip}} \tag{3.67}$$

式中,h_{ex} 是交换作用等效场;h_{dip} 是偶极相互作用等效场。

交换作用等效磁场是由于相邻自旋不平行即磁化强度矢量 M 在空间中有变化所产生的附加交换作用等效场。可以证明[11]

$$h_{\mathrm{ex}} = \lambda_{\mathrm{ex}} \nabla^2 m_k \tag{3.68}$$

对于立方点阵的晶体,交换作用场因子 λ_{ex} 为

$$\lambda_{\mathrm{ex}} = \frac{2NJa^2 s^2}{\mu_0 M_s^2} \tag{3.69}$$

式中,N 为单位体积的磁性离子数;J 为磁性离子间的交换积分常数(单位为焦耳);a 为晶格常数;s 为磁性离子的自旋量子数;M_s 为饱和磁化强度。式(3.68)展开为

$$h_{\mathrm{ex}} = -\lambda_{\mathrm{ex}} k^2 m_k^0 \mathrm{e}^{\mathrm{i}(\omega_k t - k\cdot r)} \tag{3.70}$$

偶极作用等效场 h_{dip} 是一种磁介质内的局域体退磁场,是因为磁矩在空间分布不均匀而引起的,即使在无界介质中,不考虑边界磁荷的情况下,它仍然是存在的,所以这项退磁场必须区别于边界所引起的面退磁场。偶极作用等效场 h_{dip} 可由麦克斯韦方程式求得。可以证明,h_{dip} 为

$$h_{\mathrm{dip}} = -\frac{k}{k^2}(k \cdot m_k(r,t)) \tag{3.71}$$

式中，$\boldsymbol{k}$ 为自旋波波矢。

将式(3.66)和式(3.67)代入无耗磁化动力学方程，略去二级和二级以上的项，便可得到

$$\mathrm{i}\omega_k \boldsymbol{m}_k = -\gamma_0 \left[\boldsymbol{m}_k \times \boldsymbol{H}_0 - \lambda_{\mathrm{ex}} k^2 \boldsymbol{M}_0 \times \boldsymbol{m}_k - \frac{1}{k^2}(\boldsymbol{m}_k \cdot \boldsymbol{k}) \boldsymbol{M}_0 \times \boldsymbol{k} \right] \tag{3.72}$$

写成分量为

$$\mathrm{i}\omega_k m_{kx} = \gamma_0 \left[\frac{1}{k^2} k_x k_y M_0 m_{kx} + \left(H_0 + \lambda_{\mathrm{ex}} k^2 M_0 + \frac{1}{k^2} k_y^2 M_0 \right) m_{ky} \right] \tag{3.73a}$$

$$\mathrm{i}\omega_k m_{ky} = -\gamma_0 \left[\frac{1}{k^2} k_x k_y M_0 m_{ky} + \left(H_0 + \lambda_{\mathrm{ex}} k^2 M_0 + \frac{1}{k^2} k_x^2 M_0 \right) m_{kx} \right] \tag{3.73b}$$

$$m_{kz} = 0 \tag{3.73c}$$

由式(3.73c)可知，在一级近似下 $m_{kz} = 0$，式(3.73a)和式(3.73b)可以整理为

$$\begin{cases} \left(\mathrm{i}\omega_k - \omega_m \dfrac{k_x k_y}{k^2} \right) m_{kx} - \left(\omega_0 + \lambda_{\mathrm{ex}} k^2 \omega_m + \omega_m \dfrac{k_y^2}{k^2} \right) m_{ky} = 0 \\[3mm] \left(\omega_0 + \lambda_{\mathrm{ex}} k^2 \omega_m + \omega_m \dfrac{k_x^2}{k^2} \right) m_{kx} + \left(\mathrm{i}\omega_k + \omega_m \dfrac{k_x k_y}{k^2} \right) m_{ky} = 0 \end{cases} \tag{3.74}$$

由式(3.74)具有非零解的条件可得无界磁介质的自旋波本征频率为

$$\omega_k = \sqrt{(\omega_0 + \omega_m \lambda_{\mathrm{ex}} k^2)(\omega_0 + \omega_m(\lambda_{\mathrm{ex}} k^2 + \sin^2 \theta_k))} \tag{3.75}$$

ω_k 为波矢 $\boldsymbol{k}$ 的自旋波的本征圆频率，在无界磁介质中，色散关系不仅依赖于外加稳恒磁场和饱和磁化强度，而且还依赖于自旋波的传播方向和波长。由式(3.75)可以看出，当 $\theta_k=0$，$k=0$ 时，这里的本征频率就是理想旋磁介质的一致进动频率。

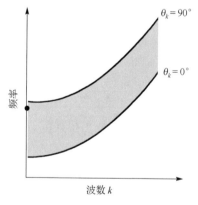

图 3.21　自旋波波谱图

图 3.21 显示了各向同性体样品的自旋波色散曲线示意图。上下曲线对应于自旋波极限传播角 θ_k 分别为 0°和 90°的自旋波色散曲线。在两条曲线之间，是其他角度的自旋波色散曲线。这两条色散曲线之间的区域，称为自旋波能带(spin wave band)，或称为自旋波波簇(spin wave manifold)。由此可见，同一频率对应一系列不同方向和不同 k 值的自旋波，所以自旋波是简并波。显然，自旋波也是色散波，即波的相速度 $v_p = \dfrac{\omega}{k}$ 是 k 的函数，而不是一个恒定值。

图 3.21 频率轴上显示的圆黑点对应于均匀模式(即一致进动模式)的共振频率 ω_r。ω_r 在带内的相对位置取决于偏置磁场的方向和样品的几何形状。对于面内磁化的各向同性薄膜样品，ω_r 位于波簇的顶部。对于面外磁化的薄膜，ω_r 位于波簇的底部，对于各向同性球形样品 ω_r 通常位于波簇的上下分支之间。共振频率 ω_r 在自旋波波簇中的相对位置，将决定均匀模式散射为自旋波的过程。

图 3.21 所示的自旋波波簇的基本特征可以从能量角度定性地解释。无界磁介质的

净能量由静磁场产生的静态塞曼能、偶极-偶极相互作用能和磁矩间的局域交换作用能组成。

静态塞曼能 $E_{\text{zeeman}} \sim \boldsymbol{M} \cdot \boldsymbol{H}_0$，使整个波簇的相对频率位置依赖于施加的静磁场。增加的静磁场使整个自旋波波簇的频率向上移动。

偶极-偶极相互作用能 $E_{\text{dipole}} \sim \sin^2(\theta_k)$ 是自旋波能量的来源，使得自旋波传播具有各向异性。平行于有效静磁场传播的自旋波没有净偶极极场，因此能量较低，而垂直于有效静磁场传播的自旋波经历最大的自偶极场，能量最高。

交换作用能 $E_{\text{exchange}} \sim k^2$ 使自旋波的频率随波数变化。交换能量与相邻自旋之间的夹角的余弦有关。利用小角度近似 $\cos \delta \approx 1 - \dfrac{1}{2}\delta^2$，并结合相邻自旋的夹角与自旋波的波长成反比的事实，会导致自旋波频率与波数的平方呈正比的关系。

3.3.2　有界磁介质中偶极-交换作用自旋波的特性

如果是将讨论的无界磁介质变成有界的旋转椭球体，且椭球体的线度比自旋波波长大得多，则磁场 $\boldsymbol{H}_0$ 要用有效内场 $\boldsymbol{H}_{0i} = \boldsymbol{H}_0 - N_z \boldsymbol{M}_0$ 代替，式 (3.75) 中的 ω_0 就应当用 $\omega_0 - N_z \omega_m$ 取代，所以椭球体的自旋波本征频率为

$$\omega_k = \sqrt{(\omega_0 - N_z \omega_m + \omega_m \lambda_{\text{ex}} k^2)(\omega_0 - N_z \omega_m + \omega_m(\lambda_{\text{ex}} k^2 + \sin^2 \theta_k))} \tag{3.76}$$

故根据式 (3.76) 可以画出旋转椭球体的在恒定偏置场下 $\omega_k \sim k$（即自旋波频谱图或色散图）和在固定频率下的 $H_0 \sim k$ 关系，分别如图 3.22 (a) 和 (b) 所示[10]。

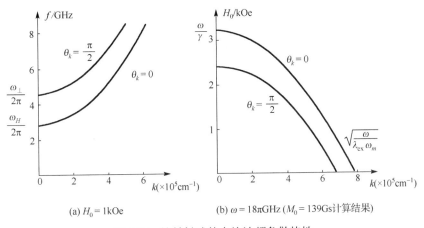

(a) $H_0 = 1\text{kOe}$　　　　　　　(b) $\omega = 18\pi\text{GHz}$（$M_0 = 139\text{Gs}$计算结果）

图 3.22　旋转椭球的自旋波频色散特性

需要说明的是对应于 θ_k 在 $0 \to \dfrac{\pi}{2}$ 之间的值，可画出在图 3.22 (a) 和 (b) 的两曲线间的一系列自旋波谱曲线簇。

图 3.22 (a) 中

$$\omega_H = \omega_0 - N_z \omega_m \tag{3.77}$$

$$\omega_\perp = [(\omega_0 - N_z \omega_m)(\omega_0 - N_z \omega_m + \omega_m)]^{1/2} \tag{3.78}$$

从图 3.22 和式 (3.76) 中很容易得到，当外场 H_0 增加时，整个自旋波频谱曲线簇将升高；当外场 H_0 减小时，整个自旋波频谱曲线簇将下降。

通过比较 h_{ex} 和 h_{dip} 的相对大小，可看出它们对自旋波的影响。显然当 k 较大时，将有 $h_{ex} > h_{dip}$，这时候交换作用起主要作用；当 k 较小 (但 $1/k$ 仍很小于样品线度) 时，将有 $h_{ex} < h_{dip}$，则偶极作用起主要作用；当 k 很小时，式 (3.76) 就不再成立了，这是因为式 (3.76) 是在假定 $1/k$ 小于样品线度的情况下求出来的。由此，可以把自旋波频谱极其粗略地分为三个区域[4]174-183。

(1) $|k| > \sim 10/l$ (l 为样品线度) 的区域，在这个区域中，交换作用起主要作用，成为交换区。当 k 值很大时，则有 $\omega_k \propto k^2$，色散关系变为二次方关系，且色散关系变为各向同性。

(2) $\sim 1/l < |k| < \sim 10/l$ 的区域。在这区域中，偶极作用起主要作用，此区一般称为静磁区。

(3) $|k| < \sim 1/l$ 的区域，在这区域中，式 (3.76) 不再适用，一般称该区域为静磁区，在讨论静磁区问题时需要考虑交变磁矩所引起的面退磁场。静磁区问题已在 3.2 节中讨论。

进一步地，式 (3.75) 可以改写成

$$\lambda_{ex} \omega_m k^2 = \omega_{0c}(\theta_k) - \omega_0 \qquad (3.79)$$

式中

$$\omega_{0c}(\theta_k) = \gamma H_{0c}(\theta_k) = \sqrt{\omega^2 + \left(\frac{1}{2} \omega_m \sin^2 \theta_k\right)^2} - \frac{1}{2} \omega_m \sin^2 \theta_k \qquad (3.80)$$

从式 (3.79) 可以看出，传播自旋波 (即 $k^2 > 0$) 存在的前提是偏置场 $H_0 < H_{0c}(\theta_k)$。在 $\theta_k = 0$ 时有 $H_{0c}(0) = \dfrac{\omega}{\gamma_0}$，同时还可以求出此时的最大波矢为

$$k_{max} = \sqrt{\frac{\omega}{\lambda_{ex} \omega_m}} \qquad (3.81)$$

3.4　磁性薄膜中的偶极-交换作用自旋波

3.4.1　交换边界条件与薄膜中的垂直自旋驻波

3.3 节已知在旋转椭球体的线度很大于自旋波波长的情况下，其中的自旋波本征频率和波矢的数值是连续的，故难于在实验中直接观察到自旋波。正如下面所述的那样，在厚度与自旋波波长可比拟的磁性薄膜中，可以由均匀的外加微波场激发分立的垂直自旋驻波 (perpendicular standing spin-waves, PSSW) 模式，这在实验中是很容易观察到的，并且可以利用它们来测量某些重要的参数[10]。

1. 交换边界条件[4]189

磁化强度矢量的运动除了满足一般电磁规律——麦克斯韦方程组，还应满足磁

化强度矢量的进动方程。由麦克斯韦方程组所导出的电动力学边界条件是电场和磁场的切线分量连续，电位移矢量和磁感应强度矢量的法向分量连续（当面电荷密度等于零时）。

当磁化强度矢量的进动方程中不出现磁化强度对坐标的导数时，电动力学边界条件就是一个完全的边界条件。当磁化强度矢量的进动方程中出现磁化强度对坐标的导数时，由于在共同求解麦克斯韦方程组和磁化强度进动方程时，将使微分方程的阶数提高，因此上述电动力学的边界条件就不是完全的了，还需从磁化强度矢量的进动方程导出磁化强度满足的边界条件——交换边界条件。

交换边界条件出现的原因是在磁性薄膜表面附近的磁性离子所处的环境与薄膜内部的离子所处的环境不同，或者表面附近的化学成分不同于内部的化学成分（例如，铁磁金属表面上可能存在反铁磁性的氧化膜），因此表面附近的磁化强度矢量所受到的作用不同于内部磁化强度所受到的作用。Rado 等[11]引进一个表面各向异性等效场 H_s 来表示这一作用，并从磁化强度矢量进动方程推导出了交换作用边界条件。

对于位于笛卡儿坐标系 xOy 面的磁性薄膜，当薄膜沿方向（z 轴）方向磁化时，其交换边界条件为

$$\frac{\partial m_{x,y}}{\partial z}+\xi m_{x,y}\bigg|_{z=\pm\frac{d}{2}}=0 \tag{3.82}$$

式中，钉扎因子 $\xi=\frac{2K_s}{\lambda_{ex}M_s^2}$；$K_s$ 是表面各向异性常数。

当薄膜为面内磁化（假设沿 y 轴）时，交换边界为

$$\begin{cases}\dfrac{\partial m_x}{\partial n}-\xi m_x=0\\[2mm]\dfrac{\partial m_y}{\partial n}=0\end{cases} \tag{3.83}$$

2. 垂直自旋驻波与自旋波共振

利用上述交换边界条件，采用与 3.3 节类似的处理方法求解磁性薄膜内部的磁化强度矢量进动方程，可得到薄膜厚度方向的波矢表达式为

$$\begin{cases}k_\perp=\dfrac{n\pi}{d},&\xi=\infty\\[2mm]k_\perp=\dfrac{(n-1)\pi}{d},&\xi=0\end{cases} \tag{3.84}$$

式中，$n=1,2,3,\cdots$，称为第 n 阶自旋驻波或第 n 阶模式，将 n 称为自旋波的模指数。

薄膜的厚度限制，使得薄膜表面的退磁场大，被激发的自旋波遇到薄膜表面将被反射与原来的自旋波叠加，形成自旋驻波。图 3.23 给出了在不同的钉扎条件下，沿薄膜厚度方向的交变磁化强度的分布示意图[10]191。当薄膜表面被强钉扎（$\xi=\infty$）时，其驻波的节点在薄膜的表面上（图 3.23(a)）。当薄膜表面未钉扎（$\xi=0$）时，其驻波的腹点在薄膜的表面上

（图 3.23（c））。不管在哪种情况下，当 n 为奇数时，磁化强度沿薄膜厚度方向的中心对称分布，当 n 为偶数时，则是反对称分布。这里要特别说明的是，$n=1$（当 $\xi=0$）对应的是一致进动模式。

自旋驻波的共振条件也可以将交换等效场引入磁化动力学方程中求解得到，对于垂直磁化薄膜有

$$\omega_{kn} = (\omega_0 - \omega_m) + \lambda_{ex}\omega_m k_{\perp}^2 \qquad (3.85)$$

而对面内磁化薄膜有

$$\omega_{kn} = \sqrt{(\omega_0 + \lambda_{ex}\omega_m k_{\perp}^2)(\omega_0 + \omega_m + \lambda_{ex}\omega_m k_{\perp}^2)} \qquad (3.86)$$

在均匀微波场中，只有奇数模式的自旋波才能被激发（否则激发场将使驻波的正负部分抵消）。进一步研究证明，在模指数较大的情况下，自旋波共振频率与其模指数平方（n^2）成正比；共振吸收峰的高度与 n^2 成反比，与外加交变场的振幅平方成正比。图 3.24 为实验测得的结果[12]。

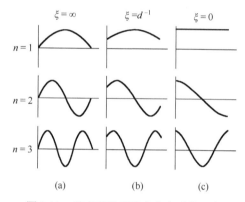

图 3.23　垂直磁性薄膜中交变磁化强度
在厚度方向的分布（将 d^{-1} 改为有限值）

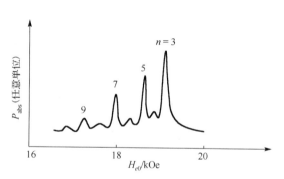

图 3.24　厚度为 294nm 钴薄膜
在 8.8GHz 频率下测得的自旋驻波谱

若保持均匀交变场的频率不变，通过调节外加稳恒磁场 H_0 使磁性薄膜发生自旋波共振（$\omega=\omega_{kn}$）时，两相邻共振场的间隔可根据式（3.85）求得为

$$\Delta H_0^r = \frac{4\lambda_{ex}}{\gamma_0}\frac{\pi^2}{d^2}n \qquad (3.87)$$

由此可见，相邻自旋驻波的共振场之差与模指数 n 是成正比的。为使不同指数 n 的自旋驻波的共振磁场能在实验中分辨出来，ΔH_0^r 足够大，则要求薄膜厚度 d 必须足够小，经估算 $d < \sim 10^4$ Å。

显然，通过式（3.87）可以计算出交换常数 A 的值，自旋波共振谱测试已成为测量磁性薄膜交换常数的一种实验方法[13]。

3.4.2　磁性薄膜中的偶极-交换自旋波色散关系

Kalinikos 和 Slavin 基于格林函数（Green function）法求解磁化动力学方程和麦克斯韦方程方式推导了面内磁化磁性薄膜中的传播偶极-交换自旋波的色散关系。推导时假设，磁性

薄膜位于笛卡儿坐标系统的 xOy 面内，薄膜厚度方向沿 z 轴，其推导过程繁杂，感兴趣的读者可以参阅文献[14]和[15]，这里直接写出磁性薄膜中偶极-交换作用自旋波的色散关系

$$\omega_{kn}^2 = (\omega_0 + \lambda_{ex}\omega_m k^2)(\omega_0 + \lambda_{ex}\omega_m k^2 + \omega_m F_{nn}(k_\parallel, d)) \tag{3.88}$$

式中，$k^2 = k_x^2 + k_y^2 + k_z^2$，并令面内的波矢分量 $k_\parallel^2 = k_x^2 + k_y^2$。由于薄膜的厚度为有限厚度 d，则 $k_\perp^2 = k_z^2 = \left(\dfrac{n\pi}{d}\right)^2$，为垂直驻自旋波的量子化模式。需要特别指出的是式 (3.88) 只有在 $k_\parallel d < 1$ 时成立。

$F_{nn}(k_\parallel, d)$ 是偶极-偶极相互作用的矩阵元，其表达式为

$$F_{nn} = P_{nn} + \sin^2\theta_M (1 - P_{nn}(1 + \cos^2\theta_k)) + \omega_m \frac{P_{nn}(1 - P_{nn})\sin^2\theta_k}{(\omega_0 + \lambda_{ex}\omega_m k^2)} \tag{3.89}$$

式中，θ_M 是磁化强度与膜面的法向矢量的夹角；θ_k 是面内波矢 $k_\parallel$ 与磁化强度之间的夹角。

如果薄膜表面是全钉扎的，式 (3.89) 中的 P_{nn} 为

$$P_{nn} = \frac{k_\parallel^2}{k^2} + \frac{2k_\parallel k_\perp^2}{k^4 d}[1 - (-1)^n \exp(-k_\parallel d)] \tag{3.90}$$

式中，$n = 1, 2, 3, \cdots$。

如果薄膜表面是无钉扎的，P_{nn} 则为

$$P_{nn} = \frac{k_\parallel^2}{k^2} + \frac{2k_\parallel^3}{k^4 d}\frac{1}{1 + \delta_{0n}}\frac{1 - (-1)^n \exp(-k_\parallel d)}{d} \tag{3.91}$$

式中，$n = 0, 1, 2, 3, \cdots$；δ 为 delta 函数。

现在讨论一种特殊情况，即当自旋波在面内传播，且波矢垂直于外加偏磁场时，有 $k_x = 0$，$k_{//} = k_y$，$\theta_M = 90°$，$\theta_k = 90°$，则式 (3.89) 简化为

$$F_{nn} = 1 + \omega_m \frac{P_{nn}(1 - P_{nn})}{\omega_0 + \lambda_{ex}\omega_m k^2} \tag{3.92}$$

对于表面无钉扎的磁性薄膜，其最低厚度模式 ($n=0$)，则有

$$P_{00} = 1 - \frac{1 - \exp(-k_\parallel d)}{k_\parallel d} \tag{3.93}$$

对于表面无钉扎的磁性薄膜，$n > 0$，则有[15]

$$\omega_n = \left\{ \left[\omega_0 + \lambda_{ex}\omega_m k_\parallel^2 + \lambda_{ex}\omega_m \left(\frac{n\pi}{d}\right)^2 \right] \right.$$
$$\left. \times \left[\omega_0 + \left(\lambda_{ex}\omega_m + \omega_0 \left(\frac{M_s/H_0}{n\pi/d}\right)^2 \right) k_\parallel^2 + \lambda_{ex}\omega_m \left(\frac{n\pi}{d}\right)^2 + \omega_m \right] \right\}^{1/2} \tag{3.94}$$

图 3.25 是按式 (3.94) 计算的 $n=0$ 的面内磁化薄膜的偶极-交换自旋波 (BV 模式和 DE 模式) 的色散关系[16]。需要说明的是，为了更好地观察偶极-交换波的色散关系，在图 3.25 中补充了面外磁化薄膜的偶极-交换自旋波 (FV 模式) 的色散关系，同时在图 3.25 中的纵坐标

除给出自旋波的频率外,还给出自旋波的能量。计算参数为厚度分别为 210 nm (图 3.25(a))
和 5μm(图 3.25(b))的钇铁石榴石(YIG)薄膜,外加磁场平行薄膜平面,其大小为 150Oe,
饱和磁化强度为 1750Gs, $\lambda_{ex} = 3\times10^{-12}\,cm^2$ 。从图 3.25 中可见,在 $k\leqslant1\times10^7m^{-1}$ 的低波矢段,
偶极-偶极能起主要作用,所以各模式的色散关系呈现出很大的各向异性。显然, 当 $k\rightarrow0$,
BV 模式与 DE 模式的频率都趋同于面内磁化薄膜的铁磁共振频率 $\omega_r = \sqrt{\omega_0(\omega_0+\omega_m)}$,而且
对 BV 模式的自旋波会出现 $k\neq0$ 的但频率与磁性薄膜的铁磁共振频率相同的情形,在第 4
章会用此来分析磁性薄膜中的双磁振子散射过程。改变薄膜的厚度,会显著地改变这个区
域的色散形状。而对 $k\geqslant1\times10^7m^{-1}$ 的高波矢段,交换作用能起作用,各模式的色散关系变
得各向同性,并且所有的模式都遵从 $\omega(k)\propto k^2$ 关系。

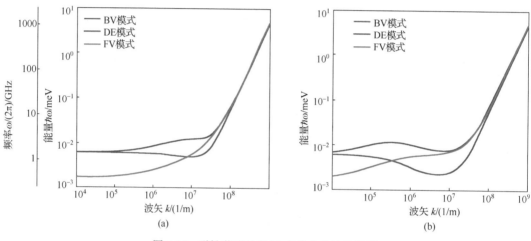

图 3.25　磁性薄膜的偶极-交换自旋波色散谱

参 考 文 献

[1]　KRUGLYAK V V, DEMOKRITOV S O, GRUNDLER D. Magnonics. Journal of Physics D: Applied
　　　Physics, 2010, 43: 264001.

[2]　KITTEL C. 固体物理导论. 项金钟, 吴兴惠, 译. 北京: 化学工业出版社, 2005: 228-230.

[3]　GOTTAM M G. Linear and nonlinear spin waves in magnetic films and superlattices. Salem: World
　　　Scientific Publishing, 1994: 11.

[4]　廖绍彬. 铁磁学(下册). 北京: 科学出版社, 1988.

[5]　LANGER M. Spin waves: The transition from a thin film to a full magnonic crystal. Dresden: Technische
　　　Universität Dresden, 2017.

[6]　SABINO M P R G. Ferromagnetic resonance studies of low damping multilayer films with perpendicular
　　　magnetic anisotropy for memory applications. Singapore: National University of Singapore, 2014.

[7]　姜寿亭, 李卫. 凝聚态磁性物理量. 北京: 科学出版社, 2003: 448.

[8]　STANCIL D D. Theory of Magnetostatic waves. New York: Springer, 1993: 93-115.

[9]　HERRING C, KITTEL C. On the theory of spin waves in ferromagnetic media. Physics Review, 1951, 81:
　　　869-880.

[10] GUREVICH A G, MELKOV G A. Magnetization oscillations and waves. Florida: CRC Press Inc, 1996: 182.

[11] RADO G T, WEERTMAN J R. Spin-wave resonance in a ferromagnetic metal. Journal of Physics and Chemistry of Solids, 1959, 11 (3/4) : 315-333.

[12] TANNENWALD P E, WEBBER R. Exchange integral in cobalt from spin wave resonance. Physics Review, 1961, 121 (3) : 715.

[13] KLINGLER S, CHUMAK A V, MEWES T, et al. Measurements of the exchange stiffness of YIG films using broadband ferromagnetic resonance techniques. Journal of Physics D: Applied Physics, 2015, 48: 015001.

[14] KALINIKOS B A, SLAVIN A N. Theory of dipole-exchange spin waves spectrum for ferromagnetic films with mixed exchange boundary conditions. Journal of Physics C: Solid State Physics, 1986, 19 (35) : 701.

[15] DEMOKRITOV S O, HILLEBRANDS B, SLAVIN A N. Brillouin light scattering studies of confined spin waves: Linear and nonlinear confinement. Physics Reports, 2001, 348: 441-489.

[16] CORNELISSEN L J. Magnon spin transport in magnetic insulators. Amsterdam: University of Groningen, 2018.

第4章 磁共振与线宽

磁共振的经典唯象描述是原子、电子及原子核都具有角动量，其磁矩与相应的角动量之比称为旋磁比 γ。磁矩 M 在稳恒磁场 B 中受到转矩 $MB\sin\theta$（θ 为 M 与 B 间夹角）的作用。此转矩使磁矩绕磁场做进动运动，进动的角频率 $\omega_0=\gamma B$。由于阻尼作用，这一进动运动会很快衰减掉，即 M 达到与 B 平行，进动就停止。但是，若在磁场 B 的垂直方向再加一角频率为 ω 的高频磁场 b，则 b 作用产生的转矩使 M 离开 B，与阻尼的作用相反。如果高频磁场的角频率与磁矩进动的频率相等 $\omega=\omega_0$，则 b 的作用最强，磁矩 M 的进动角也最大。这一现象为磁共振。

磁共振的种类很多，包括铁磁共振、亚铁磁共振、反铁磁共振、顺磁共振、核磁共振等，磁共振在物理、化学、生物等基础学科和微波技术、量子电子学等新技术中得到了广泛的应用。

本章只介绍铁磁共振、亚铁磁共振和反铁磁共振。

4.1 铁磁共振的微观机理与铁磁共振线宽

在第 2 章中，我们知道，当外加激励交变微波磁场的频率 ω 和有效磁场 H_{eff} 满足一定关系时，高频磁导（化）率的虚部达到最大值，此时磁化强度进动的幅值最大，达到共振状态，此时磁介质从电磁波那里吸收了最大的电磁能量，这种现象称为铁磁共振现象。铁磁共振（ferromagnetic resonance，FMR）更准确的定义是指铁磁物质在外加恒定磁场和与之垂直的微弱交变磁场的共同作用下，当恒定有效磁场强度 H_{eff} 与交变磁场频率 ω 满足关系 $\omega=\gamma_0 H_{\text{eff}}$ 时，铁磁材料从交变磁场中强烈吸收能量的现象。

4.1.1 铁磁共振的微观机理

按照量子力学的规律，处在恒定磁场 H_0 中的自旋磁矩，其方向不能是任意的，而只能是若干特定的方向。图 4.1(a) 表示一个单电子在 H_0 作用下其自旋磁矩 m_s 的可能位置，其中位置 1 对应于量子数 $s=1/2$，另一位置 2 则对应于量子数 $s=-1/2$，电子自旋磁矩就只可能有这样两个位置。大家知道，磁矩在磁场中是有位能的，设这两个位置的位能分别为 E_1 和 E_2（即两个塞曼能级上的能量），根据量子力学的原理，E_1 和 E_2 可分别表示为[1]

$$E_1 = \frac{1}{2}gm_sH_0 \tag{4.1a}$$

$$E_2 = -\frac{1}{2}gm_sH_0 \tag{4.1b}$$

式中，g 是朗德因子，又称光谱分裂因子。

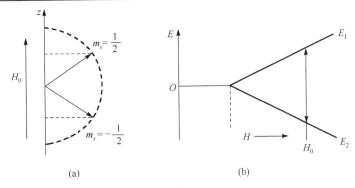

图 4.1 塞曼效应

这两个相邻的塞曼能级间的能量差(或塞曼能级间的分裂,见图 4.1(b))应是

$$\Delta E = E_1 - E_2 = g m_s H_0 \tag{4.2}$$

在均匀、各向同性的饱和磁化的铁磁介质中,当没有热运动(温度为 0K)时,所有自旋是处于位置 2 的较低能级上的,为了跃迁到位置 1 的较高能级上(或者说使自旋反转),就需要有 ΔE 的能量,这一能量可以由热运动或电磁场的量子来转移给自旋。因此,当有一个量子 $\hbar\omega_0$($\hbar$ 是约化普朗克常量)加到这个电子自旋磁矩上(也可以认为有一角频率为 ω_0 的电磁波抵达于此电子上),并且当 $\hbar\omega_0 = \Delta E$ 时,则此量子便容易引起电子在能级间的跃迁,若是从低能级的位置 2 跃迁至高能级的位置 1,则它吸收的能量为 $\hbar\omega_0$,这就称为共振吸收。很明显,共振吸收的频率条件应当是

$$\hbar\omega_0 = g m_s H_0 \tag{4.3}$$

塞曼能级间的跃迁意味着电子自旋磁矩的取向改变,故只有当自旋磁矩受到电磁波的辐射作用,使其重新取向时才能导致跃迁。如果电磁波的线偏振磁场的取向平行于外加稳恒磁场,那么辐射效应将使塞曼能级的能量值发生微小的变化,在此情况下无论如何都不会使自旋磁矩重新取向,也就根本不可能发生跃迁。只有当电磁波的线偏振磁场的取向垂直于稳恒磁场时,才有可能发生跃迁,这在微波范围内是能够实现的。

电子的自旋磁矩沿量子化轴 z 的投影的绝对值等于一个玻尔磁子,即

$$m_s = \mu_B = \frac{\mu_0 e}{2 m_e} \hbar \tag{4.4}$$

式中,e 是电子电荷;m_e 是电子的静质量;μ_0 是真空磁导率。

由式(4.2)~式(4.4)可得

$$\omega_0 = \gamma_0 H_0 \tag{4.5}$$

式中,ω_0 就是铁磁共振角频率。

4.1.2 铁磁共振线宽

若固定外加交变磁场的频率 ω,通过调节外加直流磁场 H_0 的大小,使之发生铁磁共振。此时,如图 4.2 所示张量磁化率(也可用磁导率)的对角分量的虚部 $\chi'' \sim H_0$ 曲线上,其极大

值 χ''_{max} （共振点）左右两边曲线上的两个半幅度点 $\frac{1}{2}\chi''_{\text{max}}$ 所对应的磁场差值为[2]116

$$\Delta H = H_{+\frac{1}{2}} - H_{-\frac{1}{2}} \tag{4.6}$$

式(4.6)就是铁磁共振线宽的定义。另外 χ''_{max} 对应的磁场就是铁磁共振磁场 H_r。在实际测量中，大多测量的是磁介质的能量吸收曲线，此时就将能量吸收曲线的半峰高对应的磁场差值定义为铁磁共振线宽。

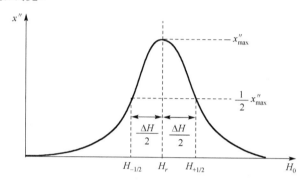

图 4.2　铁磁共振线宽定义的示意图

　　实际上，要使磁介质发生铁磁共振，可以通过两种方式实现：一是通过固定激励交变磁场的频率，改变外加直流磁场的大小得到，这是得到了场域的铁磁共振线宽 ΔH(也称场线宽)；二是固定外加磁场大小，改变激励交变磁场的频率，得到了频域的铁磁共振线宽 $\Delta\omega$(也称频率线宽)，如图 4.3 所示。这两种方式分别对应于铁磁共振及铁磁共振线宽的两种的测量方式——扫场法和扫频法。

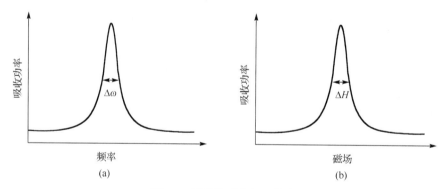

图 4.3　两种铁磁共振吸收谱

　　后面 4.3 节将说明，铁磁共振线宽等于内禀线宽与外禀线宽之和。当铁磁共振线宽主要是内禀因素贡献(该部分线宽的大小与频率相关)，由外禀因素增加的铁磁共振线宽 $\Delta H_0 \to 0$(该部分线宽的大小与频率无关)时，频域与场域的铁磁共振线宽存在以下转换关系[3]

$$\Delta\omega = \Delta H \frac{\partial \omega_r(H_0)}{\partial H_0}\bigg|_{H_0=H_{\text{res}}} = \gamma_0 P_A(\omega)\Delta H \tag{4.7}$$

式中，$P_A(\omega)$ 是一个无量纲的因子，有人称为椭圆度因子，其表达式为

$$P_A(\omega) = \frac{1}{\gamma_0} \frac{\partial \omega_r(H_0)}{\partial H_0}\bigg|_{H_0 = H_r} \tag{4.8}$$

式中，$\omega_r(H_0)$ 为磁介质的铁磁共振频率 ω_r 与外加直流场 H_0 的函数关系，该关系依赖于测试条件以及测试样品。如对面内磁化的各向同性磁性薄膜，其铁磁共振频率与外加直流磁场的函数关系为 $\omega_r = \gamma_0 \sqrt{H_0(H_0 + M_s)}$，则面内磁化的各向同性磁性薄膜的椭圆度因子为

$$P_A(\omega) = \sqrt{1 + \left(\frac{\gamma_0 M_s}{2\omega}\right)^2} \tag{4.9}$$

4.2　铁磁共振频率的通用求解方法

在第 2 章，我们直接写出作用于磁介质上的各种有效磁场表达式，然后将它们代入磁化动力学方程，在线性近似下，求解得到磁介质的张量磁化(导)率，进而得到铁磁共振频率的表达式。这种求解方法又称基特尔(Kittel)法。然而，一般只能在简单情形才容易直接写出有效磁场的表达式。对于复杂的情形，如具有磁各向异性的旋磁介质，或者研究介质的旋磁特性随磁化场角度变化的情形，用基特尔法则很烦琐。在此情况下，Smit 和 Suhl 提出了直接从磁介质的能量角度来推导铁磁共振频率的一般方法，简称 Smit-Suhl 法。本节首先介绍 Smit-Suhl 法，然后以具有单轴与立方混合各向异性磁性薄膜为示例，说明该方法是如何求解铁磁共振频率的。

4.2.1　铁磁共振频率的 Smit-Suhl 求解法

Smit-Suhl 法一般是利用极坐标系统来完成的[4]。选取如图 4.4 所示的极坐标系统，则无损耗的磁化动力学方程可以写为

$$\frac{\mathrm{d}\boldsymbol{M}}{\mathrm{d}t} = -\gamma_0 (M_s \boldsymbol{r}) \times (H_r \boldsymbol{r} + H_\theta \boldsymbol{\theta} + H_\varphi \boldsymbol{\varphi}) \tag{4.10}$$

式中，$\boldsymbol{r}$、$\boldsymbol{\theta}$ 和 $\boldsymbol{\varphi}$ 分别是极坐标系统下三个方向的单位矢量。

式 (4.10) 写成矩阵形式为

$$\begin{bmatrix} \dfrac{dM_s}{\mathrm{d}t} \\[2ex] M_s \dfrac{\mathrm{d}\theta}{\mathrm{d}t} \\[2ex] M_s \sin\theta \dfrac{\mathrm{d}\varphi}{\mathrm{d}t} \end{bmatrix} = -\gamma_0 \begin{vmatrix} \boldsymbol{r} & \boldsymbol{\theta} & \boldsymbol{\varphi} \\ M_s & 0 & 0 \\ H_r & H_\theta & H_\varphi \end{vmatrix} \tag{4.11}$$

系统的总自由能密度为

$$E_{\text{tot}} = -\mu_0 \boldsymbol{M} \cdot \boldsymbol{H}_{\text{eff}} = -\mu_0 (M_s \boldsymbol{r}) \cdot (H_r \boldsymbol{r} + H_\theta \boldsymbol{\theta} + H_\varphi \boldsymbol{\varphi}) \tag{4.12}$$

如果磁化强度矢量受到微弱的扰动，先假设只有极向

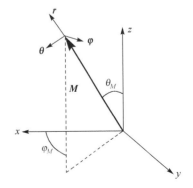

图 4.4　计算铁磁共振的极坐标系统

角有 $\Delta\theta$ 的微小变化，则系统的总自由能密度则变为

$$\begin{aligned} E'_{\text{tot}} &= -\mu_0 (M_s \boldsymbol{r}') \cdot (H_r \boldsymbol{r} + H_\theta \boldsymbol{\theta} + H_\varphi \boldsymbol{\varphi}) \\ &= -\mu_0 [M_s (\boldsymbol{r} + \Delta\theta\boldsymbol{\theta}) \cdot (H_r \boldsymbol{r} + H_\theta \boldsymbol{\theta} + H_\varphi \boldsymbol{\varphi})] \end{aligned} \tag{4.13}$$

自由能的变化量为

$$\Delta E_{\text{tot}} = E'_{\text{tot}} - E_{\text{tot}} = -\mu_0 M_s H_\theta \Delta\theta \tag{4.14}$$

由式(4.14)可得

$$H_\theta = -\frac{1}{\mu_0 M_s} \frac{\partial E_{\text{tot}}}{\partial \theta} \tag{4.15}$$

同理可以得到

$$H_\varphi = -\frac{1}{\mu_0 M_s \sin\theta} \frac{\partial E_{\text{tot}}}{\partial \varphi} \tag{4.16}$$

将式(4.15)和式(4.16)代入式(4.11)得

$$\begin{bmatrix} \dfrac{\mathrm{d}M_s}{\mathrm{d}t} \\[2mm] M_s \dfrac{\mathrm{d}\theta}{\mathrm{d}t} \\[2mm] M_s \sin\theta \dfrac{\mathrm{d}\varphi}{\mathrm{d}t} \end{bmatrix} = -\gamma_0 \begin{vmatrix} \boldsymbol{r} & \boldsymbol{\theta} & \boldsymbol{\varphi} \\ M_s & 0 & 0 \\ H_r & -\dfrac{1}{\mu_0 M_s} \dfrac{\partial E_{\text{tot}}}{\partial \theta} & -\dfrac{1}{\mu_0 M_s \sin\theta} \dfrac{\partial E_{\text{tot}}}{\partial \varphi} \end{vmatrix} \tag{4.17}$$

将式(4.17)写成分量形式有

$$\begin{cases} \dfrac{\mathrm{d}M_s}{\mathrm{d}t} = 0 \\[3mm] -\dfrac{\mu_0 M_s}{\gamma_0} \sin\theta \dfrac{\mathrm{d}\theta}{\mathrm{d}t} = \dfrac{\partial E_{\text{tot}}}{\partial \varphi} \\[3mm] \dfrac{\mu_0 M_s}{\gamma_0} \sin\theta \dfrac{\mathrm{d}\varphi}{\mathrm{d}t} = \dfrac{\partial E_{\text{tot}}}{\partial \theta} \end{cases} \tag{4.18}$$

磁化强度矢量的平衡位置 (θ_M, φ_M) 可由 $\dfrac{\partial E_{\text{tot}}}{\partial \theta} = 0$ 和 $\dfrac{\partial E_{\text{tot}}}{\partial \varphi} = 0$ 求解得到。由于 $\Delta\theta$ 和 $\Delta\varphi$ 是磁化强度矢量偏离平衡位置 (θ_M, φ_M) 的微小变化量，可将 $\dfrac{\partial E_{\text{tot}}}{\partial \theta}$ 和 $\dfrac{\partial E_{\text{tot}}}{\partial \theta}$ 在平衡位置用泰勒级数展开，仅保留一次项得

$$\begin{cases} \dfrac{\partial E_{\text{tot}}}{\partial \theta} = \dfrac{\partial^2 E_{\text{tot}}}{\partial \theta^2} \Delta\theta + \dfrac{\partial^2 E_{\text{tot}}}{\partial \theta \partial \varphi} \Delta\varphi \\[3mm] \dfrac{\partial E_{\text{tot}}}{\partial \varphi} = \dfrac{\partial^2 E_{\text{tot}}}{\partial \theta \partial \varphi} \Delta\theta + \dfrac{\partial^2 E_{\text{tot}}}{\partial \varphi^2} \Delta\varphi \end{cases} \tag{4.19}$$

将式(4.19)代入式(4.18)有

$$\begin{cases} -\dfrac{\mu_0 M_s}{\gamma_0}\sin\theta\,\dfrac{\mathrm{d}\Delta\theta}{\mathrm{d}t} = \dfrac{\partial^2 E_{\text{tot}}}{\partial\theta\,\partial\varphi}\Delta\theta + \dfrac{\partial^2 E_{\text{tot}}}{\partial\varphi_M^2}\Delta\varphi \\[3mm] \dfrac{\mu_0 M_s}{\gamma_0}\sin\theta\,\dfrac{\mathrm{d}\Delta\varphi}{\mathrm{d}t} = \dfrac{\partial^2 E_{\text{tot}}}{\partial\theta^2}\Delta\theta + \dfrac{\partial^2 E_{\text{tot}}}{\partial\theta\,\partial\varphi}\Delta\varphi \end{cases} \tag{4.20}$$

假设 $\Delta\theta, \Delta\varphi \sim \mathrm{e}^{\mathrm{j}\omega t}$，$\omega$ 为微弱微波激励场的频率。式(4.20)有解的条件是系数行列式的值等于零，即

$$\left(\frac{\partial^2 E_{\text{tot}}}{\partial\theta\,\partial\varphi}\right)^2 - \frac{\partial^2 E_{\text{tot}}}{\partial\theta^2}\cdot\frac{\partial^2 E_{\text{tot}}}{\partial\varphi^2} + \frac{\omega^2\mu_0^2 M_s^2}{\gamma_0^2}\sin^2\theta = 0 \tag{4.21}$$

从而得到铁磁共振条件的一般表达式为

$$\left(\frac{\omega_r}{\gamma_0}\right)^2 = \frac{1}{\mu_0^2 M_s^2 \sin^2\theta_M}\left[\frac{\partial^2 E_{\text{tot}}}{\partial\theta^2}\cdot\frac{\partial^2 E_{\text{tot}}}{\partial\varphi^2} - \left(\frac{\partial^2 E_{\text{tot}}}{\partial\theta\,\partial\varphi}\right)^2\right]_{\theta=\theta_M,\varphi=\varphi_M} \tag{4.22}$$

如果欲进一步求张量磁化(导)率，则必须在式(4.17)中加入交变场 $\boldsymbol{h}$ 和阻尼项。这样式(4.20)就成为非齐次的联立方程，然后由此求出 m_θ, m_φ 为 $\boldsymbol{h}(h_\theta, h_\varphi)$ 的函数，从而得到张量磁化(导)率。

进一步地，可以得到场线宽和频率线宽分别为[5]

$$\Delta H = \frac{\alpha\gamma_0}{|\partial\omega_r/\partial H_0|\mu_0 M_s}\left[\frac{\partial^2 E_{\text{tot}}}{\partial\theta^2} + \frac{1}{\sin^2\theta}\frac{\partial^2 E_{\text{tot}}}{\partial\phi^2}\right]_{\theta=\theta_M,\phi=\phi_M} \tag{4.23}$$

和

$$\Delta\omega = \frac{\alpha\gamma_0}{\mu_0 M_s}\left[\frac{\partial^2 E_{\text{tot}}}{\partial\theta^2} + \frac{1}{\sin^2\theta}\frac{\partial^2 E_{\text{tot}}}{\partial\phi^2}\right]_{\theta=\theta_M,\phi=\phi_M} \tag{4.24}$$

总结起来，Smit-Suhl 法求解铁磁共振与线宽的步骤为：①计算在外加磁场作用下特定磁介质的总自由能密度；②令总自由能密度对极向角与法向角的一阶微分等于零，即利用式(4.18)，求解得到磁化强度的平衡态位置 (θ_M, φ_M)；③利用式(4.22)得到铁磁共振频率，利用式(4.23)或式(4.24)得到铁磁共振线宽。

下面就用 Smit-Suhl 法来求解复杂情形磁性薄膜的铁磁共振频率。

4.2.2 具有单轴与立方混合各向异性的磁性薄膜的铁磁共振频率

现考虑薄膜厚度为 d 的超薄磁性薄膜，其具有单轴与立方混合各向异性，坐标系统如图 4.5 所示(为清晰起见，同时给出了笛卡儿坐标与极坐标)[6]。这里考虑的立方各向异性的易轴是沿 〈100〉 方向的情形，在笛卡儿坐标系统是沿 x-y-z 轴。单轴各向异性的易轴位于 xOy 平面内，并与 x 轴成 ϕ_0' 夹角。图 4.5 中 θ_M 和 φ_M 分别是平衡态时磁化强度矢量的极向角与方位角。在更复杂情况下单晶薄膜的铁磁共振条件，可参见文献[7]。

在图 4.5 中，计算立方各向异性能中的 α、β 和 γ(即磁化强度矢量与 x 轴、y 轴和 z 轴的夹角)可以写成

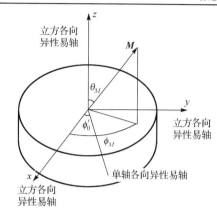

图 4.5　计算具有单轴和立方混合各向异性的
单层磁性薄膜的铁磁共振条件的坐标系统

$$\begin{cases} \cos\alpha = \sin\theta_M \cos\phi_M \\ \cos\beta = \sin\theta_M \sin\phi_M \\ \cos\gamma = \cos\theta_M \end{cases} \quad (4.25)$$

磁化强度矢量与面内单轴各向异性的易轴夹角，设为 α'，则有

$$\cos\alpha' = \sin\theta_M \cos(\phi_M - \phi_0') \quad (4.26)$$

对于具有单轴与立方混合各向异性的超薄磁性薄膜，在外磁场的作用下，需要考虑的能量有外磁场（塞曼）能 E_{zee}、退磁场能 E_{dem}、由表面对称破缺产生的垂直各向异性引起的有效垂直各向异性能 E_p、单轴磁晶各向异性能 E_u 和立方磁晶各向异性能 E_c。在极坐标系统，上述各部分能量密度的表达式如下所示。

塞曼能密度

$$\begin{aligned} E_{zee} &= -\mu_0 M_s \cdot H_0 \\ &= -\mu_0 M_s H_0[\sin\theta_H \sin\theta_M \cos(\varphi_H - \varphi_M) + \cos\theta_H \cos\theta_M] \end{aligned} \quad (4.27)$$

退磁场能密度

$$E_d = \frac{1}{2}\mu_0 M_s^2 \cos^2\theta_M \quad (4.28)$$

由于薄膜的破缺对称性引起的有效垂直各向异性能密度为

$$E_p = -\frac{K_p}{d}\sin^2\theta_M \quad (4.29)$$

立方磁晶各向异性能密度

$$\begin{aligned} E_c &= K_{c1}(\cos^2\alpha\cos^2\beta + \cos^2\beta\cos^2\gamma + \cos^2\gamma\cos^2\alpha) \\ &= K_{c1}[(\sin\theta_M\cos\varphi_M\sin\theta_M\sin\varphi_M)^2 \\ &\quad + (\sin\theta_M\sin\varphi_M\cos\theta_M)^2 + (\cos\theta_M\sin\theta_M\cos\varphi_M)^2]^2 \\ &= \frac{1}{8}\mu_0 H_c M_s(\sin^4\theta_M\sin^2 2\varphi_M + \sin^2 2\theta_M) \end{aligned} \quad (4.30)$$

式中，$H_c = \dfrac{2K_{c1}}{\mu_0 M_s}$ 是易轴在〈100〉的立方磁晶各向异性等效场。

单轴磁晶各向异性能密度

$$\begin{aligned} E_u &= K_u\sin^2\alpha' = K_u[1 - \sin^2\theta_M\cos^2(\varphi_M - \varphi_0')] \\ &= \frac{1}{2}\mu_0 H_u M_s[1 - \sin^2\theta_M\cos^2(\varphi_M - \varphi_0')] \end{aligned} \quad (4.31)$$

式中，$H_u = \dfrac{2K_u}{\mu_0 M_s}$。

在忽略上述各能量项中与角度无关的项后，总的能量密度为

$$E_{\text{tot}} = E_{\text{zee}} + E_d + E_p + E_u + E_c$$

$$= -\mu_0 M_s H_0 [\sin\theta_H \sin\theta_M \cos(\varphi_H - \varphi_M) + \cos\theta_H \cos\theta_M]$$

$$+ \frac{1}{2}\mu_0 M_s^2 \cos^2\theta_M - \frac{K_p}{d}\sin^2\theta_M$$

$$- \frac{1}{2}\mu_0 H_u M_s \sin^2\theta_M \cos^2(\varphi_M - \varphi_0')$$

$$+ \frac{1}{8}\mu_0 H_c M_s (\sin^4\theta_M \sin^2 2\varphi_M + \sin^2 2\theta_M)$$

$$= -\mu_0 M_s H_0 [\sin\theta_H \sin\theta_M \cos(\varphi_H - \varphi_M) + \cos\theta_H \cos\theta_M]$$

$$+ \frac{1}{2}\mu_0 M_{\text{eff}} M_s \cos^2\theta_M$$

$$- \frac{1}{2}\mu_0 H_u M_s \sin^2\theta_M \cos^2(\varphi_M - \varphi_0')$$

$$+ \frac{1}{8}\mu_0 H_c M_s (\sin^4\theta_M \sin^2 2\varphi_M + \sin^2 2\theta_M) \tag{4.32}$$

式中，$M_{\text{eff}} = M_s - \dfrac{2K_p}{\mu_0 M_s d}$ 是考虑了界面各向异性后的等效饱和磁化强度。这里规定当 $K_p > 0$ 时，磁化强度矢量有向面外的倾向，而 $K_p < 0$ 时，磁化强度矢量则倾向于面内磁化。

令总能量密度的一阶微分等于零，可得到磁化强度的平衡位置 (θ_M, φ_M)，即

$$\frac{\partial E_{\text{tot}}}{\partial \theta_M} = -\mu_0 M_s H_0 [\sin\theta_H \cos\theta_M \cos(\varphi_H - \varphi_M) - \cos\theta_H \sin\theta_M]$$

$$- \frac{1}{2}\mu_0 M_{\text{eff}} M_s \sin 2\theta_M - \frac{1}{2}\mu_0 H_u M_s \sin 2\theta_M \cos^2(\varphi_M - \varphi_0')$$

$$+ \frac{1}{8}\mu_0 H_c M_s (2\sin^2\theta_M \sin 2\theta_M \sin^2 2\varphi_M + 2\sin 4\theta_M)$$

$$= 0 \tag{4.33a}$$

$$\frac{\partial E_{\text{tot}}}{\partial \varphi_M} = -\mu_0 H_0 M_s [\sin\theta_H \sin\theta_M \sin(\varphi_H - \varphi_M)]$$

$$+ \frac{1}{2}\mu_0 H_u M_s \sin^2\theta_M \sin 2(\varphi_M - \varphi_0')$$

$$+ \frac{1}{4}\mu_0 H_c M_s \sin^4\theta_M \sin 4\varphi_M \tag{4.33b}$$

总能量密度的二阶微分为

$$\frac{\partial^2 E_{\text{tot}}}{\partial \theta_M^2} = \mu_0 H_0 M_s [\sin\theta_H \sin\theta_M \cos(\varphi_H - \varphi_M) - \cos\theta_H \cos\theta_M]$$

$$- \mu_0 M_{\text{eff}} M_s \cos 2\theta_M$$

$$- \mu_0 H_u M_s \cos 2\theta_M \cos^2(\varphi_M - \varphi_0')$$

$$+ \frac{1}{2}\mu_0 H_c M_s [2\cos 4\theta_M + \sin^2\theta_M (1 + 2\cos 2\theta_M)\sin^2 2\varphi_M] \tag{4.34a}$$

$$\frac{\partial^2 E_{\text{tot}}}{\partial \varphi_M^2} = \mu_0 H_0 M_s \sin \theta_H \sin \theta_M \cos(\varphi_H - \varphi_M)$$

$$+ \mu_0 H_u M_s \sin^2 \theta_M \cos 2(\varphi_M - \varphi_0')$$

$$+ \mu_0 H_c M_s \sin^4 \theta_M \sin 4\varphi_M \quad (4.34\text{b})$$

$$\frac{\partial^2 E_{\text{tot}}}{\partial \theta_M \partial \varphi_M} = -\mu_0 H_0 M_s \sin \theta_H \cos \theta_M \sin(\varphi_H - \varphi_M)$$

$$+ \frac{1}{2} \mu_0 H_u M_s \sin 2\theta_M \sin 2(\varphi_M - \varphi_0')$$

$$+ \frac{1}{2} \mu_0 H_c M_s \sin^2 \theta_M \sin 2\theta_M \sin 4\varphi_M \quad (4.34\text{c})$$

原则上，用式(4.33)确定了平衡态(θ_M, φ_M)后，将式(4.34)代入式(4.22)就能得到当外加磁场于磁性薄膜任意方向时的铁磁共振条件。但是从上面的推导发现，实际上得到的表达式还是非常繁杂的。在实际测量中，往往是采用特殊的几何构形来完成的，下面来讨论这些情况。

1. 外加直流磁化磁场位于薄膜平面内(in-plane configuration)的情形

此时外加磁场的极向角$\theta_H = \dfrac{\pi}{2}$。另外，这里只讨论界面垂直各向异性很小，即界面垂直各向异性等效场远小于退磁场的情形。这样，即使界面垂直各向异性有使得磁化强度 **M** 有向面外排布的趋向，但由于界面垂直各向异性等效场远小于退磁场，所以薄膜的磁化强度 **M** 仍然位于薄膜面内，即$\theta_M = \dfrac{\pi}{2}$。

由式(4.33)得到平衡条件为

$$\begin{cases} \theta_M = \dfrac{\pi}{2} \\ -H_0 M_s \sin(\varphi_H - \varphi_M) + \dfrac{1}{2} H_u \sin 2(\varphi_M - \varphi_0') + \dfrac{1}{4} H_c \sin 4\varphi_M = 0 \end{cases} \quad (4.35)$$

由式(4.35)和式(4.34)得到总能量密度二阶微分为

$$\begin{cases} \dfrac{\partial^2 E_{\text{tot}}}{\partial \theta_M^2} = \mu_0 H_0 M_s \cos(\varphi_H - \varphi_M) + \mu_0 M_{\text{eff}} M_s \\ \qquad + \mu_0 H_u M_s \cos^2(\varphi_M - \varphi_0') + \mu_0 H_c M_s \cos^2 2\varphi_M \\ \dfrac{\partial^2 E_{\text{tot}}}{\partial \varphi_M^2} = \mu_0 H_0 M_s \cos(\varphi_H - \varphi_M) \\ \qquad + \mu_0 H_u M_s \cos 2(\varphi_M - \varphi_0') + \mu_0 H_c M_s \cos 4\varphi_M \\ \dfrac{\partial^2 E_{\text{tot}}}{\partial \theta_M \partial \varphi_M} = 0 \end{cases} \quad (4.36)$$

从而由式(4.22)得到当外加磁场位于薄膜平面内的铁磁共振频率为

$$\left(\frac{\omega_r}{\gamma_0}\right)^2 = [H_0\cos(\varphi_H - \varphi_M) + M_{\text{eff}} + H_u\cos^2(\varphi_M - \varphi_0') + \frac{1}{2}H_c(1 + \cos 4\varphi_M)]$$

$$\times [H_0\cos(\varphi_H - \varphi_M) + H_u\cos 2(\varphi_M - \varphi_0') + H_c\cos 4\varphi_M] \qquad (4.37)$$

从式(4.37)中可以看出，铁磁共振频率与单轴和立场各向异性场有关。铁磁共振实验可测得铁磁共振场与面内磁场角度的关系，从而通过该公式拟合实验数据可以得到单轴和立方各向异性场的值。下面再进一步简化讨论。

1) 仅有单轴磁晶各向异性情形

此时，$H_c=0$，并且令单轴各向异性易轴与 x 轴一致，即 $\varphi_0' = 0$，此时由式(4.35)得到平衡条件为

$$\begin{cases} \theta_M = \dfrac{\pi}{2} \\ H_u\sin 2\varphi_M = 2H_0\sin(\varphi_H - \varphi_M) \end{cases} \qquad (4.38)$$

进一步由式(4.37)得到铁磁共振频率为

$$\left(\frac{\omega_r}{\gamma_0}\right)^2 = [H_0\cos(\varphi_H - \varphi_M) + H_u\cos 2\varphi_M]$$

$$\times [H_0\cos(\varphi_H - \varphi_M) + M_{\text{eff}} + H_u\cos^2\varphi_M] \qquad (4.39)$$

在实验中，外加磁场往往是与单轴各向异性平行或者垂直。当外加磁场与薄膜的单轴各向异性轴平行时，有 $\theta_H = \pi/2$，$\varphi_H = 0$，由平衡条件得到 $\theta_M = \pi/2$，$\varphi_M = 0$，则铁磁共振频率为

$$\left(\frac{\omega_r}{\gamma_0}\right)^2 = (H_0 + H_u)(H_0 + H_u + M_{\text{eff}}) \qquad (4.40)$$

当外加磁场与单轴各向异性轴垂直时，有 $\theta_H = \pi/2$，$\varphi_H = \pi/2$，由平衡条件得到 $\theta_M = \pi/2$，$\varphi_M = \pi/2$，则铁磁共振频率为

$$\left(\frac{\omega_r}{\gamma_0}\right)^2 = (H_0 - H_u)(H_0 + M_{\text{eff}}) \qquad (4.41)$$

2) 仅有立方磁晶各向异性情形

此时，$H_u=0$，$\varphi_0' = 0$，则平衡条件为

$$\begin{cases} \theta_M = \dfrac{\pi}{2} \\ -H_0 M_s\sin(\varphi_H - \varphi_M) + \dfrac{1}{4}H_c\sin 4\varphi_M = 0 \end{cases} \qquad (4.42)$$

铁磁共振频率为

$$\left(\frac{\omega_r}{\gamma_0}\right)^2 = [H_0\cos(\varphi_H - \varphi_M) + M_{\text{eff}} + \frac{1}{2}H_c(1 + \cos 4\varphi_M)]$$

$$\times [H_0\cos(\varphi_H - \varphi_M) + H_c\cos 4\varphi_M] \qquad (4.43)$$

2. 外加直流磁化磁场位于面外 (out-of-plane configuration) 的情形

为简单起见，假设外磁场在 xOz 平面内，则 $\varphi_H = 0$。

1) 仅有单轴磁晶各向异性情形

此时，$H_c = 0$，同样令单轴各向异性易轴与 x 轴一致，即 $\varphi_0' = 0$，则平衡条件为

$$\begin{cases} 2H_0\sin(\theta_M - \theta_H) - (M_{\text{eff}} + H_u)\sin 2\theta_M = 0 \\ \varphi_M = 0 \end{cases} \tag{4.44}$$

铁磁共振频率为

$$\left(\frac{\omega_r}{\gamma_0}\right)^2 = [H_0\cos(\theta_H - \theta_M) - (M_{\text{eff}} + H_u)\cos^2\theta_M + H_u]$$
$$\times [H_0\cos(\theta_H - \theta_M) - (M_{\text{eff}} + H_u)\cos 2\theta_M] \tag{4.45}$$

有种特殊的情形必须说明，即当外加磁场在面外且垂直于薄膜平面时的情形，这是铁磁共振实验常用的构形。此时有 $\theta_H = 0$，$\varphi_H = 0$，需分两种情况讨论。

(1) $H_0 \geqslant M_{\text{eff}} + H_u$ 时，则有 $\theta_M = 0$，$\varphi_M = 0$，则铁磁共振频率为

$$\left(\frac{\omega_r}{\gamma_0}\right)^2 = (H_0 - M_{\text{eff}} - H_u)(H_0 + H_u) \tag{4.46}$$

(2) $H_0 < M_{\text{eff}} + H_u$，则有平衡条件 $\cos\theta_M = H_0 \big/ (M_{\text{eff}} + H_u)$，$\varphi_M = 0$，铁磁共振频率为

$$\left(\frac{\omega_r}{\gamma_0}\right)^2 = (M_{\text{eff}} + H_u)\left(H_u - H_u\frac{H_0}{M_{\text{eff}} + H_0}\right) \tag{4.47}$$

图 4.6 依据式 (4.46) 和式 (4.47) 计算了外加磁场垂直于薄膜平面时铁磁共振频率与磁场的关系。由此可知，这对高饱和磁化强度和高各向异性磁性材料的测试一定要注意外加磁场的大小，一般都要磁场满足 $H_0 \geqslant M_{\text{eff}} + H_u$ 才有利于后续实验数据的处理。

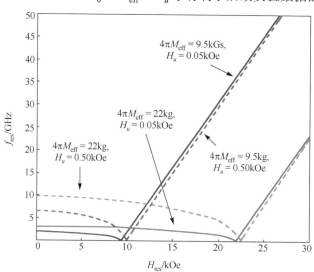

图 4.6　外加磁场垂直于薄膜平面时铁磁共振频率与磁场的关系

2) 仅有立方磁晶各向异性情形

平衡条件

$$
\begin{cases}
-H_0 M_s (\sin\theta_H \cos\theta_M - \cos\theta_H \sin\theta_M) \\
-\dfrac{1}{2} M_{\mathrm{eff}} M_s \sin 2\theta_M + \dfrac{1}{4} H_c M_s \sin 4\theta_M = 0 \\
\varphi_M = 0
\end{cases}
\tag{4.48}
$$

铁磁共振频率

$$
\left(\frac{\omega_r}{\gamma_0}\right)^2 = [H_0 \cos(\theta_H - \theta_M) - M_{\mathrm{eff}} \cos 2\theta_M + H_c \cos 4\theta_M]
$$
$$
\times \left(H_0 \frac{\sin\theta_H}{\sin\theta_M} + H_c \sin^2\theta_M\right)
\tag{4.49}
$$

4.3　铁磁共振线宽与磁损耗的关系

铁磁共振线宽是度量旋磁介质的磁损耗大小的物理量。铁磁材料的磁损耗机制,可以分为本征损耗与非本征损耗两类。其中本征损耗主要来源于自旋与晶格之间的能量传递,可以用 Gilbert 阻尼因子来表示,因此一般称为 Gilbert 本征损耗。而非本征损耗主要来源于样品内部的不均匀因素造成的双磁振子散射以及其他非均匀散射等。故通过铁磁共振测试仪测得的铁磁共振线宽为

$$
\Delta H = \Delta H_i + \Delta H_0
\tag{4.50}
$$

式中, ΔH_i 为 Gilbert 本征损耗引起的线宽,其大小与频率 f 成正比。而 ΔH_0 为非本征损耗引起的线宽,其中非均匀性散射引起的铁磁共振线宽的展宽,其大小与频率无关,而由双磁振子散射以及自旋泵浦效应等引起的非本征损耗线宽却是与频率相关的。

4.3.1　本征铁磁共振线宽与阻尼因子的关系

第 2 章中引入了阻尼因子 α 来衡量磁损耗的大小,然而 α 不便于直接测量。当阻尼因子 α 和旋磁比 γ 是与稳恒磁场无关的常数,且 α 较小时,可得阻尼因子 α 与本征共振线宽 ΔH_i 有如下简单关系:

$$
\Delta H_i = \frac{2\alpha\omega}{\gamma}
\tag{4.51}
$$

或

$$
\alpha = \frac{\gamma \Delta H_i}{2\omega} = \frac{\Delta H_i}{2H_r}
\tag{4.52}
$$

式中, H_r 是给定频率下的铁磁共振时对应的直流磁场,即铁磁共振磁场。由此可见,在一定微波工作频率下, ΔH_i 直接反映了阻尼因子 α 的大小,其等于相对共振线宽 $\left(\dfrac{\Delta H}{H_r}\right)$ 的一半。

所以，可以用 ΔH_i 表示旋磁介质的损耗大小，而 ΔH_i 的重要意义还在于它是可以直接被测量的。

现在证明 α 与 ΔH_i 关系。根据铁磁共振线宽的定义，由式(2.31b)有

$$\frac{\omega_m \omega \alpha \left(\omega_{0\pm\frac{1}{2}}^2 + \omega^2 \right)}{\left(\omega_{0\pm\frac{1}{2}}^2 - \omega^2 \right) + 4\omega_{0\pm\frac{1}{2}}^2 \omega^2 \alpha^2} = \frac{\chi''_{max}}{2} = \frac{\omega_m}{4\alpha\omega} \tag{4.53}$$

式中，$\omega_{0\pm\frac{1}{2}} = \gamma H_{\pm\frac{1}{2}}$，将式(4.53)展开，并合并同类项后得到

$$\omega_{0\pm\frac{1}{2}}^4 - 2\omega^2 \omega_{0\pm\frac{1}{2}}^2 + \omega^4 (1 - 4\alpha^2) = 0 \tag{4.54}$$

解式(4.54)得到

$$\omega_{0\pm\frac{1}{2}} = \omega(1 \pm 2\alpha)^{1/2} \approx \omega \pm \omega\alpha \tag{4.55}$$

因此，有

$$\omega_{0+\frac{1}{2}} - \omega_{0-\frac{1}{2}} = \gamma \left(H_{+\frac{1}{2}} - H_{-\frac{1}{2}} \right) = \gamma \Delta H_i = 2\omega\alpha \tag{4.56}$$

从而得证式(4.51)。

从上面的推导过程中很容易得到

$$\chi''_{max} \cdot \Delta H_i = M_s \tag{4.57}$$

由此可以知道，对于给定饱和磁化强度的磁介质，只要铁磁共振线宽 ΔH_i 一确定，χ''_{max} 的值就确定了，它们之间呈反比关系。

有了共振线宽与阻尼因子的关系，旋磁介质的各种磁化率就可以用铁磁共振线宽表示。例如，理想旋磁介质的正负圆偏振磁化率为

$$\chi_\pm = \frac{\omega_m}{(\omega_0 + j\alpha\omega) \mp \omega} \tag{4.58}$$

由 $\Delta H = \dfrac{2\alpha\omega}{\gamma}$ 得

$$\chi_\pm = \frac{M_s}{\left(H_0 \mp \dfrac{\omega}{\gamma} \right) + j\dfrac{1}{2}\Delta H} \tag{4.59}$$

4.3.2 磁损耗途径与损耗机制概览

当旋磁介质受到电磁波的激励时，在一定条件下，将形成磁化强度矢量的一致进动。然而，由于阻尼作用，只有当连续不断地供给电磁波能量时，才能维持这一进动，换句话说，要维持磁化强度矢量的一致进动，就必须损耗电磁波的能量。电磁波能量的损耗途径如图4.7所示[8]。图4.7中箭头和数字表示不同的能量损耗路径。一般主要有三种能量损耗路径：①能量通过路径2(一致进动激发简并自旋波)和路径3(一致进动激发热激发自旋波)

在磁系统再分布，然后再通过路径 6(简并自旋波与晶格振动(格波)耦合)和 8(热激发自旋波与晶格振动耦合)，从电磁能变成热能而被损耗掉；②能量通过路径 1(一致进动直接与晶格振动耦合)和路径 4(自旋波与自由电子的耦合)转化成热能损耗掉；③能量通过路径 5(如通过自旋泵浦效应)转移到外部环境中。路径 1~5 的能量损耗过程涉及的弛豫机理总结于表 4.1。需要说明的是，路径 6 和路径 8 的弛豫过程与路径 1 的弛豫过程类似，路径 7 的弛豫过程则与路径 3 弛豫路径类似。

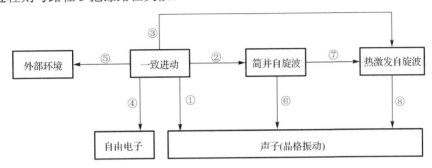

图 4.7　磁性材料的铁磁共振弛豫机制

表 4.1　磁损耗的主要机制

路径	弛豫机理	简单描述
1	磁振子-声子散射	一致进动的磁振子与声子(晶格振动模式)散射，将能量传递给声子
	电荷转移弛豫	也称为价电子交换或 Fe^{2+}-Fe^{3+} 弛豫，通常发生在晶体中相同占位中的 Fe^{2+} 和 Fe^{3+} 电子交换
	慢弛豫杂质	杂质通常是稀土元素，弛豫依赖于磁性元素与杂质自旋间的各向异性交换耦合，以及杂质自旋与晶格的耦合
	快弛豫杂质	与慢弛豫杂质过程类似，区别在于磁性元素与杂质自旋间的交换耦合是各向同性的。快弛豫杂质从磁化进动吸收能量，从而从基态转化为激发态
	涡流	这是一致进动的能量通过导电电子的损耗过程，涡流引起的阻尼将随样品厚度的平方增加
2	双磁振子散射	即湮灭一个一致进动模式磁振子而产生一个频率不变的非一致进动磁振子的过程。当磁介质中存在非均匀性时会发生，非均匀性包括晶粒大小起伏、晶粒边界、小的气孔和表面缺陷等
3	三磁振子散射	包括三磁振子的融合和三磁振子的分裂。在融合过程中，两个磁振子发生散射后湮灭的同时产生一个新磁振子。分裂过程中，一个磁振子湮灭的同时两个新磁振子产生
	四磁振子散射	两个磁振子散射而被破坏，同时伴随两个新的磁振子产生
4	自旋翻转引起的磁振子-电子散射	当自旋向上的自由电子与磁振子散射时，其从磁振子中吸收能量，有可能使自旋向上翻转到自旋向下。随着温度的提高，电子的寿命减小，电子的费米能级展宽，使得磁振子-电子散射的概率增加，从而阻尼增加
	带内磁振子-电子散射	通过自旋-轨道耦合，磁化强度进动改变自由电子状态的能量，会使一些占有态的能量高于费米能级，一些非占有态的能量低于费米能级，从而在费米能级附近产生电子-空穴对。在与晶格的散射弛豫前，这些电子-空穴对会存在
5	自旋泵浦效应	发生在铁磁/非磁金属界面，铁磁介质中的磁化强度进动会将产生携带了自旋角动量的自旋流注入非磁金属中，从而引起铁磁介质的损耗增加

由于磁损耗的机制复杂，与样品的成分组成、形状与测试条件等密切相关，需要详细

地了解磁损耗机制，请参看文献[9]。通过铁磁共振测试实验，可以判别甚至定量确定不同的弛豫过程对阻尼的贡献，原因在于以下几方面。

（1）对特定材料，不是表 4.1 中所列的弛豫过程都对阻尼有贡献，一般只有一部分弛豫过程发生或起主要作用，如在高阻的旋磁铁氧体材料中，主要弛豫过程是磁振子-声子散射和电荷转移，而涡流和磁振子-电子散射效应的影响很小。

（2）不同的弛豫过程有其特殊的温度与频率依赖关系，依此很容易区分不同的弛豫过程。

（3）有些弛豫过程是受铁磁共振测试的测试条件改变的，如在铁磁薄膜中，如果将偏置直流磁场垂直于薄膜表面，则可抑制双磁振子散射带来的损耗。

下面就主要的磁损耗机制进行介绍。

4.3.3　本征磁损耗

1. 磁振子-声子散射[10]

在有限温度下，组成磁性材料的原子核会集体偏离其平衡位置振动而产生声子。磁弹性可调制晶格位移与磁系统之间的耦合。对于均匀磁化且晶格存在应变的磁性材料，磁振子-声子散射（magnon-phonon scattering）对阻尼因子的贡献为

$$\alpha_{\mathrm{ph}} = \frac{2\gamma}{M_s} \frac{(1+\nu)^2 B_2^2}{E^2} \eta \tag{4.60}$$

式中，η 是声子的黏度（viscosity）；B_2 是磁弹性剪力常数（shear constant）；E 是杨氏模量；ν 是泊松比。研究发现，对镍（Ni），α_{ph} 比测试的内禀阻尼因子小 30 倍，对铁（Fe），α_{ph} 比测试的内禀阻尼因子小 6 倍。这说明该机制不是磁性金属中的内禀阻尼的主要来源。

2. 磁振子-电子散射[11,12]

磁振子-电子散射（magnon-electronic scattering）也称磁电散射，是金属磁介质的内禀阻尼的最重要来源。其物理图像为对于金属磁性体系，有两种可能的弛豫过程直接影响到阻尼因子 α，一种是自旋翻转（spin-flip）过程，即电子在与晶格碰撞下，其自旋发生了方向的反转，其能量在碰撞时发生转移；另一种为自旋轨道耦合（以下简称 LS 耦合）导致的弛豫，电子通过 LS 耦合以及轨道与晶格系统的相互作用将共振时的自旋进动能量和动量转移给晶格系统，激发声子，最终转换为热量。对于自旋翻转过程，其阻尼因子的微观表达式为

$$\alpha = \frac{\gamma \hbar^2}{4M_s} E_{\mathrm{F}} (g_L - 2)^2 \frac{1}{\tau} \tag{4.61}$$

对于 LS 耦合过程，则为

$$\alpha = \frac{\gamma}{4M_s} E_{\mathrm{F}} \lambda_{\mathrm{so}}^2 (g_L - 2) \tau \tag{4.62}$$

式中，E_{F} 为费米能级；λ_{so} 为自旋轨道耦合常数；τ 为电子平均散射时间；g_L 为郎德因子，它与电子的自旋角动量 μ_s 和轨道角动量 μ_L 的关系为

$$\Delta g_L = g_L - 2 = 2\left(\frac{\mu_L}{\mu_s}\right) \tag{4.63}$$

式 (4.63) 中 (g_L-2) 中的 2 代表了没有 LS 耦合情况下即纯自旋角动量贡献的郎德因子，因此 Δg_L 可以作为衡量自旋轨道耦合程度的指标。Elliott 系统地研究了半导体及碱金属中由于晶格散射导致的弛豫现象，他在系统的哈密顿中引入了 LS 耦合项，并考虑到晶格的对称性，给出了在高温近似下的弛豫时间 T_2 的微观表达式，总体来说有

$$\frac{1}{T_2} \sim (g_L-2)^2 \frac{1}{\tau} \tag{4.64}$$

考虑到 $1/T_2 = \alpha \gamma H_r$，人们认为在磁共振时，磁电散射引起的阻尼因子有如下关系存在：

$$\alpha \sim \Delta g_L^2 \tag{4.65}$$

事实上众多的实验现象证明这个关系是普遍成立的，因此人们认为 LS 耦合下电子自旋角动量通过晶格的衰减导致的磁性弛豫在铁磁共振中贡献最为突出。另外从式 (4.62) 看，由于 LS 耦合，轨道和晶格相互作用较强的情况下，Gilbert 阻尼因子 α 应该是各向异性的，即伴随晶向而发生变化，然而在大多数研究中都近似地将 α 视为各向同性。

3. 涡流[13]

对电阻率较低的材料，本征损耗还包括涡流损耗。涡流效应指的是根据法拉第电磁感应定律，当块状导体置于交变磁场或在固定磁场中运动时，导体内产生感应电流，此电流在导体内闭合。当样品的厚度与趋肤深度相当或大于趋肤深度时，涡流效应变得显著。趋肤深度为

$$\delta = \sqrt{\frac{1}{\pi \sigma \mu f}} \tag{4.66}$$

式中，σ 是样品的电导率；μ 是样品的磁导率。特别要注意的是，当交变磁场的频率范围在共振频率点附近时，磁导率 μ 变大，进一步减小趋肤深度。当样品厚度小于铁磁共振对应的趋肤深度时，沿样品厚度积分求解麦克斯韦方程，可以得到涡流对阻尼因子的贡献为

$$\alpha_{\text{eddy}} = \frac{1}{6}(M_s \gamma)^2 \left(\frac{4\pi}{c}\right)^2 \sigma t^2 \tag{4.67}$$

式中，M_s 为材料的饱和磁化强度；γ 为旋磁比；c 为光速；t 为材料厚度。显然 α_{eddy} 与样品厚度成正比，对于超薄膜而言，涡流对阻尼因子的影响不大。如对 Ni 样品的厚度要大于 100nm，对 Fe 厚度则要大于 25nm，涡流的贡献才显著。

4. 自旋泵浦[14]

前面讨论的机理都是能量在铁磁介质内部散逸。而在多层薄膜系统中，能量可以从铁磁层 (FL) 中散逸到邻近的非磁层 (NL)。这种磁矩的一致进动可以实现动量由磁性薄膜到非磁薄膜的自旋电子传递，表现为自旋流从一致进动的磁性薄膜中泵浦到非磁薄膜中的过程，这一现象被形象地称为自旋泵浦效应。在自旋电子动量的传递过程中，直观地表现为铁磁薄膜的阻尼因子得到增强，这一阻尼增强现象在磁性/非磁 (FM/NM) 异质结薄膜中普遍存在，有的文献认为这是非本征损耗。自旋泵浦效应对阻尼的影响机制请见第 8 章。

4.3.4　非本征磁损耗

1.　磁振子散射过程和双磁振子散射损耗[15]

磁振子散射（弛豫）是通过磁系统中不同自旋波模式间的能量再分配弛豫的。换句话说，就是外场激发的磁振子湮灭的同时伴随着新磁振子的产生，这种过程又称为自旋-自旋弛豫（spin-spin relaxation）过程。spin-spin 弛豫过程可以分为两类：本征 spin-spin 过程和由缺陷引起的磁振子散射的非本征过程。

从量子力学的观点来说，磁振子是准粒子，每个磁振子都带有一定的能量 $\hbar\omega_k$ 和准动量 $\hbar k$。从一种状态的粒子经磁振子-磁振子散射（magnon-magnon scattering）后而成为另一种状态的粒子，对本征 spin-spin 过程必须遵从能量和动量守恒定律。本征 spin-spin 过程是由三个、四个或更多个磁振子参与的磁振子散射过程。

对三磁振子散射过程，可分为磁振子的融合（confluence）和分裂（splitting）。如图 4.8(a) 所示，在三磁振子散射的融合过程中，频率分别为 ω_1 和 ω_2 的两个磁振子融合生成一个频率为 $\omega = \omega_1 + \omega_2$ 的磁振子。根据动量守恒定律，它们的波矢量要满足关系式 $\boldsymbol{k} = \boldsymbol{k}_1 + \boldsymbol{k}_2$。在图 4.8(b) 所示的三磁振子散射的分裂过程中，则是频率为 ω 的一个磁振子分裂为频率分别为 ω_1' 和 ω_2' 的两个磁振子，其波矢量之间的关系为 $\boldsymbol{k} = \boldsymbol{k}_1' + \boldsymbol{k}_2'$。在三磁振子散射过程中，磁振子的数量并没有守恒，这样平行于外磁场的磁化分量也不守恒。所以，三磁振子过程不会存在于强交换作用的磁介质中，只存在于偶极-偶极交换作用起作用的磁介质中。另外，在给定外磁场下，色散关系曲线均存在一个最低频率 $\omega_{\min}$，低于该频率，磁系统就不存在本征模式了，所以分裂过程中初始磁振子的频率要满足 $\omega \geqslant 2\omega_{\min}$，否则三磁振子分裂过程不会发生。对四磁振子散射（图 4.8(c)），由于磁振子数量守恒，所以该种散射在各种交换作用体系中均可能存在，其发生的概率与三磁振子散射的概率相当或更高。由能量和动量守恒定律可知，在四磁振子散射过程中，存在 $\hbar(\omega_1 + \omega_2) = \hbar(\omega_3 + \omega_4)$ 和 $\hbar(\boldsymbol{k}_1 + \boldsymbol{k}_2) = \hbar(\boldsymbol{k}_3 + \boldsymbol{k}_4)$。值得指出的是，四磁振子散射发生的最低频率为色散曲线上的最低频率 $\omega_{\min}$。

三磁振子及其以上的高阶散射过程一般只有在一致进动被高度激发（即有高输入功率时）的情况下，才可能发生，在其他情况下一般都忽略不计。铁磁介质存在磁和微结构的不均匀性（缺陷）会散射磁振子。这种散射又称为双磁振子散射，即均匀进动模式（$k \sim 0$）被缺陷散射成波矢量 $k \neq 0$ 的非均匀模式，并保持散射前后磁振子的频率不变，如图 4.8(d) 所示。由于散射过程中，磁振子简并为不同波矢的磁振子，故双磁振子散射过程中，动量是不守恒的。双磁振子散射是非本征损耗的重要来源。

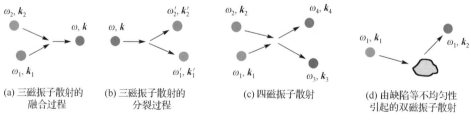

(a) 三磁振子散射的　　(b) 三磁振子散射的　　(c) 四磁振子散射　　(d) 由缺陷等不均匀性　
　　融合过程　　　　　　　分裂过程　　　　　　　　　　　　　　引起的双磁振子散射

图 4.8　磁振子-磁振子散射

　　由电磁波激发形成的一致进动（$\hbar\omega_0$）通过双磁振子散射成为自旋波（$\hbar\omega_k$）的概率与自旋波谱（$\omega_k - k$）的关系很大。由第 3 章的知识可知，对体状磁介质，自旋波谱曲线簇受稳恒磁场 H_0 和样品形状的影响，所以自旋波与一致进动的简并度受 H_0 和样品形状的影响。当一致进动的圆频率 ω_0 落在自旋波谱曲线簇范围之内时，会出现一些波矢 $k \neq 0$ 的自旋波，自旋波的圆频率 $\omega_k = \omega_0$（此时称为简并），符合能量守恒定律，所以一致进动能量有可能传递给自旋波，当与 ω_0 简并的自旋波越多时（即简并度越大时），一致进动传递给自旋波的概率就越大，如图 4.9 所示。从图 4.9 中可清楚地看出，图 4.9（a）的简并度最小，一致进动到自旋波的概率最小，图 4.9（d）简并度最大，一致进动到自旋波的概率最大。

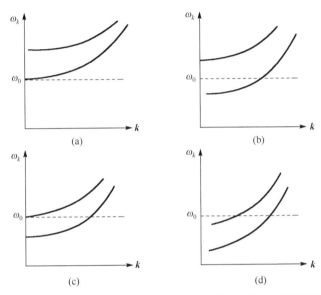

图 4.9　在不同的外加稳恒磁场（或不同的样品形状）的自旋波谱

　　从上述分析中可知，对体状磁介质，降低双磁振子散射引起的磁损耗的途径如下：①选择合适的稳恒磁场 H_0 和样品形状，使一致进动与自旋波不简并或使其简并度很小。但是微波器件的工作条件限制了外场及样品形状的选择，所以通常存在简并是不可避免的。②尽量减少散射中心（如气孔、杂质等磁不均匀性），这是降低磁损耗的主要考虑之点。

　　在多晶铁氧体旋磁介质中，磁不均匀性主要来源于以下三方面。

　　(1) 在晶粒的边界或内部，由于存在气孔和非磁性杂质而形成的退磁场造成了磁不均匀性。

　　(2) 各个晶粒的磁晶各向异性轴以及局部应变所造成的各向异性轴的散乱分布产生了磁不均匀性。

　　(3) 磁性离子的不均匀分布，特别是少量快弛豫离子的存在形成了磁不均匀性。

　　要降低磁损耗，就必须减少上述来源所造成的磁不均匀性。

　　对磁性薄膜来说，各种构型的自旋波谱如图 4.10 所示。当发生铁磁共振时，在垂直磁化的薄膜中，不出现频率等于铁磁共振频率的简并自旋波，双磁振子散射对铁磁共振线宽没有贡献，如图 4.10（a）所示；对倾斜磁化的薄膜来说，铁磁共振频率位于前述两种极限之间，简并的自旋波模式会发生双磁振子散射，如图 4.10（b）所示；对面内磁化的薄膜，频率等于铁磁共振频率的自旋波的简并度大大增加（图 4.10（c）），双磁振子散射对铁磁共振的线宽贡献大。显而易见，铁磁共振线宽的大小与外磁场的倾斜角度密切相关。

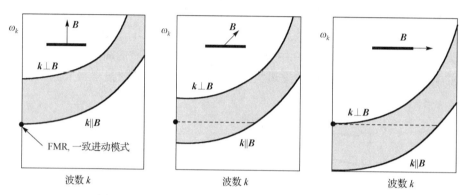

图 4.10　薄膜中的双磁振子散射与自旋波的色散关系

由上可见，对磁性薄膜来说，减小双磁振子散射对铁磁共振线宽测量的影响就是采用垂直磁化模式进行测量。减小磁性薄膜中的双磁振子散射同样需要减小不均匀性。磁性薄膜系统的不均匀性的来源主要有：①塞曼（Zeeman）能的空间不均匀性；②偶极能的空间不均匀性；③由于薄膜界面粗噪度引起的垂直单轴各向异性的晶轴空间分布的不均匀性。Arias 等[16]认为在超薄膜中，主要是第三种不均匀性在起作用。可推导面内磁化薄膜双磁振子散射对铁磁共振线宽的贡献为[17]

$$\Delta H^{\text{TMS}} = \frac{32 H_s^2 b^2 p}{\pi \sqrt{3} D} \sin^{-1}\left(\frac{H^{1/2}}{(H + 4\pi M_s + H_s)^{1/2}}\right)\left[\left\langle\frac{a}{c}\right\rangle - 1\right] \tag{4.68}$$

式中，表面各向异性场 $H_s = 2K_s/M_s t$（K_s 为表面各向异性常数，M_s 为薄膜的饱和磁化强度，t 为薄膜的厚度）；D 是自旋波刚度常数；p 是缺陷占的面积比；b 是缺陷的平均高度；a 和 c 分别是缺陷的横向尺度，且 c 是平行于磁化强度方向的尺度；$\left\langle\frac{a}{c}\right\rangle$ 表示统计平均值。

2. 非均匀性散射损耗

这里样品的非均匀性包括磁性材料的微结构（如缺陷、气隙等）和磁特性（磁晶各向异性、另相等）在空间上变化。由于材料本身的不均匀性，除产生双磁振子散射外，还会产生其他散射作用导致自旋波的衰减[18]。这种非均匀散射损耗机制与双磁振子散射损耗机制相互关联（如非均匀性是双磁振子散射存在的基本条件），其损耗机制非常复杂，从目前的研究来看，很难定量计算由各种因素造成的损耗的大小，也无法明确这些因素之间的区别与相互联系。因此，一般都会笼统地用非均匀散射线宽来表述。

最后需要说明的是，上述本征损耗机制、双磁振子散射机制以及非均匀散射机制可以通过铁磁共振曲线的形状以及与频率的关系做一定的区分，其中双磁振子散射与本征损耗导致的共振曲线一般为洛伦兹（Lorentzian）型，且其线宽的大小是频率相关的，而由非均匀散射造成的曲线一般为高斯(Gaussian)型，其线宽的大小与频率几乎无关[19]。由磁非均匀性引起的展宽则会导致铁磁共振曲线线型由 Lorentzian 型变为 Gaussian 型的原因是样品存在的不均匀性(如外加磁场、饱和磁化强度、磁各向异性强度或方向等在空间上的变化)使得样品的每个局域部分都有自己的共振曲线，最后测试得到的铁磁共振曲线实际上是各局域部分共振曲线的包络线，如图 4.11 所示。

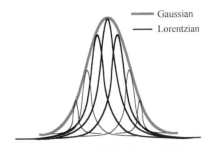

图 4.11 铁磁共振展宽示意图

粗线为 Lorentzian 型的铁磁共振线宽，而细线由局域的铁磁线宽叠加而成的铁磁共振线宽，呈 Gaussian 型

4.4 有 效 线 宽

铁磁共振线宽的大小仅能反映旋磁介质在共振区及附近的损耗大小，然而从应用的角度来说，微波磁性器件并不完全工作于共振区，微波磁性器件可以在宽磁场范围工作，除共振区以外，还包括低场区(对应退磁态、未饱和状态)和高场区。对非共振区而言，实验证明共振区线宽大小仅能作为磁损耗大小的参考，有时共振线宽窄的材料，低场损耗不见得小，所以人们根据工作区域不同，提出有效线宽(ΔH_{eff})的概念。

4.4.1 有效线宽的定义

借鉴铁磁共振线宽定义，有效线宽定义为

$$\Delta H_{eff} = \frac{2\alpha(H_{0i})\omega}{\gamma_0(H_{0i})} \tag{4.69}$$

式中，α 和 γ 都是内稳恒场 H_{0i} 的函数，所以 ΔH_{eff} 也是 H_{0i} 的函数。有效线宽是一个与偏置磁场相关的损耗参数，其揭示了一致进动模式与简并的自旋波之间耦合的关系。

与铁磁共振线宽不同，有效线宽不能仅从共振吸收谱或者磁化率虚部(χ'')曲线的半峰宽得到，而是要同时测量张量磁化率的复对角分量 $\chi = \chi' - i\chi''$ 随外加磁场 H_0 的变化关系，即通过同时测量 $\chi'(H_0)$ 和 $\chi''(H_0)$ 得到。从磁化动力学方程，很容易得到磁性样品在微波磁场作用下的 χ，如对磁性小球样品，张量磁化率的对角分量为

$$\chi = \chi' - i\chi'' = \frac{\gamma_0 M_s(\gamma_0 H_0 + i\alpha)}{(\gamma_0 H_0 + i\alpha)^2 - \omega^2} \tag{4.70}$$

式中，我们知道，对磁性小球，$H_0 = H_{0i}$。在合适的测试装置下，可以测得 χ-H_0 关系，而式(4.70)中，α 和 γ_0 均是 H_0 的函数。将式(4.70)分为实部与虚部展开，并联立求解可得到 $\alpha(H_0)$ 和 $\gamma_0(H_0)$，进而根据有效线宽的定义，得到[20]

$$\Delta H_{eff} = \frac{2M_s H_0 \chi''}{2H_0[\chi'^2 + \chi''^2] - M_s \chi'} \tag{4.71}$$

图 4.12 是测试的有效线宽随外加磁场的变化关系[21]。图 4.12 中的 YCVF 表示的是

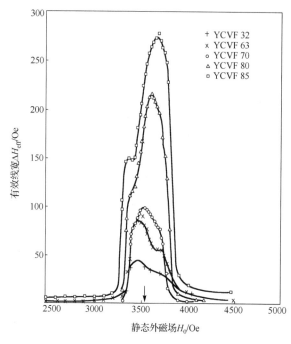

图 4.12　有效线宽与外加偏置磁场的关系

$Y_{3-2x}Ca_{2x}Fe_{5-x}V_xO_{12}$ 材料，后面的数字表示 x 的百分含量，箭头指示的磁场是铁磁共振场。图 4.12 表明在共振区的有效线宽最大，远离共振区，有效线宽变小。在共振区的有效线宽较大的原因是一致进动频率 ω 和自旋波频率 ω_k 的简并引起的弛豫。在略低于主峰处，出现副峰，这是一次非线性效应所导致的。

4.4.2　有效线宽的测量

如果仅需知道高场下的有效线宽，则可以基于微波谐振腔微扰理论，实现有效线宽的快速测量[22,23]。其测试原理是微波在谐振腔中往返反射，在一定频率下形成驻波（或谐振），其谐振可由两个基本参数来表达，分别是腔谐振频率 f 和品质因子 Q。将磁性材料制成特定的形状和尺寸，置于由单腔构成的谐振器中的磁场强、电场弱处，谐振器通过输入输出窄带耦合形成单腔滤波器电路，磁性样品与腔内驻波的微波磁场发生相互作用，导致腔谐振频率 f 移动、Q 值也发生变化。根据腔微扰理论，腔谐振频率 f 移动和有效磁化率的实部直接相关，而腔 Q 值变化取决于有效磁化率的虚部，因此通过测量微波腔的谐振频率 f 和 Q 值，可将其转换为复磁导率。最后根据有效线宽和有效磁化率的关系，可从复磁化率推导出有效线宽值，调节磁场和频率，可获得不同频率和磁场下的有效线宽。

下面以各向同性的圆片样品为例来说明其测试方法。在高场区，即测试的偏置磁场远离共振磁场，$H_0 \gg \Delta H$，由文献[24]可知，在外磁场 H_0 作用下，张量磁化率的实部和虚部分别为

$$\chi' = \frac{M_s H_{0i}}{H_{ri}^2 - (\omega_s / \gamma_0)^2} \tag{4.72}$$

和

$$\chi'' = \frac{1}{2} \frac{M_s[H_{0i}^2 + (\omega_s / \gamma_0)^2]}{[H_{ri}^2 - (\omega_s / \gamma_0)^2]^2} \Delta H_{\text{eff}} \tag{4.73}$$

式中，M_s 为样品的饱和磁化强度；ω_s 为激励交变磁场的频率。H_{0i} 和 H_{ri} 分别为作用于样品的内偏置磁场和类内共振磁场。对外磁场 H_0 垂直于薄圆片表面时，$H_{0i}=H_{ri}$，即

$$H_{0i} = H_{ri} = H_0 - (N_\perp - N_\parallel)M_s$$

对外磁场 H_0 平行于薄圆片表面时，H_{0i} 和 H_{ri} 分别为

$$\begin{cases} H_{0i} = H_0 + (N_\perp - N_\parallel)M_s \\ H_{ri} = \sqrt{H_0(H_0 + (N_\perp - N_\parallel)M_s} \end{cases} \tag{4.74}$$

式中，$N_\perp$ 和 $N_\parallel$ 分别为圆盘在径向和轴向的退磁因子，与样品的尺寸密切相关。对圆盘样品，它们分别为

$$N_\parallel = \frac{1}{2(r_d^2 - 1)}\left(\frac{r_d^2}{\sqrt{r_d^2 - 1}} a\sin \frac{\sqrt{r_d^2 - 1}}{r_d} - 1 \right) \tag{4.75}$$

和

$$N_\perp = \frac{r_d^2}{r_d^2 - 1}\left[1 - (r_d^2 - 1)^{-1/2} a\sin \frac{\sqrt{r_d^2 - 1}}{r_d} \right] \tag{4.76}$$

式中，r_d 为圆形样品的直径和厚度的比值。

根据微波腔微扰理论，可推导出有效磁化率和谐振腔的谐振频率及品质因子之间的关系，用谐振频率和品质因子表示的磁化率实部和虚部分别为

$$\chi' = -K\frac{\omega_c - \omega_\infty}{\omega_c} \tag{4.77}$$

和

$$\chi'' = \frac{K}{2}\left(\frac{1}{Q_c} - \frac{1}{Q_\infty} \right) \tag{4.78}$$

式中，ω_∞ 和 Q_∞ 分别为施加很高的外场时的谐振腔的谐振频率和品质因子；ω_c 和 Q_c 分别为施加测试外场时的谐振腔的谐振频率和品质因子，并且使得 $\omega_c = \omega_s$。K 为谐振腔校准系数，与样品的体积成正比，同时受到谐振模式和样品在谐振腔中的位置等因素的影响。ω_∞、Q_∞、K 等参数一般基于高场微波谐振腔数据和微扰理论校准获得。需要提醒的是，式(4.77)和式(4.78)成立的前提是满足微扰适中条件。实际操作中通过选择合适的样品大小来达到扰动适中的效果。扰动适中的含义在于：一方面，要有足够的可分辨的精度，以免测试误差掩盖测试的准确性；另一方面，偏离不宜过大，以免破坏微扰条件。一般而言，样品扰动影响应该小于 20%。

将式(4.72)～式(4.78)整理，得到在测试外场下谐振腔的谐振频率和品质因子的倒数分别为

$$\omega_c = -\frac{1}{K}X_\omega + \omega_\infty \tag{4.79}$$

和

$$\frac{1}{Q_c} = \frac{\Delta H_{\text{eff}}}{K}X_Q + \frac{1}{Q_\infty} \tag{4.80}$$

式中，X_ω 和 X_Q 直接由式(4.72)和式(4.73)整理得到

$$X_\omega = \frac{M_s H_{0i}\omega_c}{H_{ri}^2 - (\omega_c / \gamma_0)^2} \tag{4.81}$$

和

$$X_Q = \frac{M_s[H_{0i}^2 + (\omega_c / \gamma_0)^2]}{[H_{ri}^2 - (\omega_c / \gamma_0)^2]^2} \tag{4.82}$$

从式(4.81)可知，ω_c 和 X_ω 为线性关系，式(4.81)和式(4.82)表示当磁场趋于无穷大时，X_ω 和 X_Q 都趋于 0。因此，通过测试数据的线性拟合，可获得 X_ω 为 0 时的截距和斜率，即可得到 ω_∞ 和 K。从双磁振子散射理论，可知 X_Q 和 Q_c 满足二次型关系，因此通过二次多项式拟合，即可得到 Q_∞。

通过测试数据解析出 ω_∞、Q_∞ 和 K 后，即可通过式(4.79)和式(4.80)得到 χ' 和 χ''。联立式(4.72)、式(4.73)、式(4.81)和式(4.82)可得

$$\Delta H_{\mathrm{eff}} = \frac{2X_\omega \chi''}{\omega_c X_Q \chi'} \tag{4.83}$$

由上面介绍的测试原理，构建的有效线宽测试装置图如图 4.13 所示[23]。测试系统主要包括微波谐振腔、波导、电磁铁及电源、精密网络分析仪、高斯计、计算机、GPIB 数据总线、RS232 等。其中，精密网络分析仪提供一定频率范围内的扫描微波信号，经波导、隔离器、微波腔等传输后回到精密网络分析仪，获得微波腔谐振曲线。静态偏置磁场由电磁铁提供，通过改变电磁铁的电流大小调整磁场强度。高斯计用于测量静态偏置磁场的大小。样品在微波腔中与微波磁场和静态偏置磁场相互作用，其有效磁导率反映在微波腔谐振频率和 Q 值上。计算机上运行测试软件，该软件控制网络分析仪进行参数测量，获取实时磁场参数，并控制电源输出电流，满足磁场的设定值，以上控制通过 GPIB 和 RS232 完成。

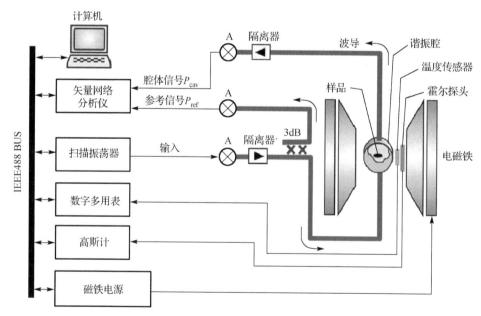

图 4.13　有效线宽测试装置图

4.5　亚铁磁与反铁磁共振

在微波波段使用的铁磁性材料绝大多数是铁氧体材料。铁氧体属于亚铁磁性，由两个以上的次晶格组成。在前面讨论铁磁共振现象时没有考虑次晶格结构对铁磁共振的影响，而是把磁化强度矢量看成具有各个磁性次晶格的磁化强度的总的矢量和。对于在 100GHz 以下的铁磁共振实验中是允许的，因为在这样频率范围内的铁磁共振不会破坏铁氧体内次晶格之间的磁矩反平行耦合。也就是说，在磁矩的进动过程中，不会破坏次晶格间的交换作用所造成的有序状态。为了说明这一问题，我们用分子场模型做一简单的估计：分子场 H_m 约为 10^7Oe，与之相应的共振频率 $f_0 \approx 10^{13}$Hz，处于红外波段。这种因交换作用等效场而产生的共振称为交换共振。只有特殊条件下，交换共振才会出现在微波波段内。

4.5.1　亚铁磁共振

本节采用奈尔(Néel)提出的两次晶格的模型，讨论次晶格对无穷大介质的亚铁磁共振频率的影响[2,25]，然后推广到发铁磁共振。讨论仅限于推导亚铁磁介质在进动过程中的本征频率，故可略去磁矩运动方程中的阻尼项，并同时不考虑磁晶各向异性等效场。作用于磁性次晶格 1 和 2 的磁化强度 $\boldsymbol{M}_1$、$\boldsymbol{M}_2$ 上的有效场分别为

$$\begin{cases} \boldsymbol{H}_{\text{eff1}} = \boldsymbol{H}_0 - \lambda \boldsymbol{M}_{20} \\ \boldsymbol{H}_{\text{eff2}} = \boldsymbol{H}_0 - \lambda \boldsymbol{M}_{10} \end{cases} \tag{4.84}$$

式中，λ 是磁晶格间的分子场系数；H_0 是沿 z 轴的外加磁场。M_{10} 和 M_{20} 分别是相应磁性次晶格的磁化强度的稳恒分量，并设 $M_{10}>M_{20}$，则有

$$\begin{cases} \boldsymbol{M}_1 = M_{10}\boldsymbol{z} + \boldsymbol{m}_1 \text{e}^{\text{i}\omega t} \\ \boldsymbol{M}_2 = -M_{20}\boldsymbol{z} + +\boldsymbol{m}_2 \text{e}^{\text{i}\omega t} \end{cases} \tag{4.85}$$

式中，$\hat{z}$ 为 z 轴方向的单位矢量。

将式(4.84)和式(4.85)分别代入无耗磁化动力学方程

$$\frac{\text{d}\boldsymbol{M}_j}{\text{d}t} = -\gamma_j \boldsymbol{M}_j \times \boldsymbol{H}_{\text{eff}j}, j=1,2 \tag{4.86}$$

式中，γ_j 表示第 j 个磁性次晶格的旋磁比。

写出作用于次晶格 $\boldsymbol{M}_1$ 上沿 x、y、z 轴上的投影，有

$$\text{i}\omega m_{1x} + \gamma_1(H_0 + \lambda M_{20})m_{1y} + \gamma_1 \lambda M_{10} m_{2y} = 0 \tag{4.87a}$$

$$-\gamma_1(H_z + \lambda M_{20})m_{1x} + \text{i}\omega m_{1y} - \gamma_1 \lambda M_{10} m_{2x} = 0 \tag{4.87b}$$

$$m_{1z} = 0 \tag{4.87c}$$

将式(4.87a)乘以($\mp$i)，再与式(4.87b)相加，并设 $m_{1\pm} = m_{1x} \pm \text{i}m_{1y}$，于是得

$$[\gamma_1(H_0 + \lambda M_{20}) - \omega]m_{1+} + \gamma_1 \lambda M_{10} m_{2+} = 0 \tag{4.88a}$$

$$[\gamma_1(H_0 + \lambda M_{20}) + \omega]m_{1-} + \gamma_1 \lambda M_{10} m_{2-} = 0 \tag{4.88b}$$

同理，可写出作用于次晶格 $\boldsymbol{M}_2$ 上沿 x、y、z 轴上的投影，并用类似的处理，则有

$$i\omega m_{2x} + \gamma_2 (H_0 - \lambda M_{10}) m_{2y} - \gamma_2 \lambda M_{20} m_{1y} = 0 \tag{4.89a}$$

$$-\gamma_2 (H_0 - \lambda M_{10}) m_{2x} + \gamma_2 \lambda M_{20} m_{1x} + i\omega m_{2y} = 0 \tag{4.89b}$$

$$m_{1z} = 0 \tag{4.89c}$$

和

$$\gamma_2 \lambda M_{20} m_{1+} - [\gamma_2 (H_0 - \lambda M_{10}) - \omega] m_{2+} = 0 \tag{4.90a}$$

$$\gamma_2 \lambda M_{20} m_{1-} - [\gamma_2 (H_0 - \lambda M_{10}) + \omega] m_{2-} = 0 \tag{4.90b}$$

m_{1+} 和 m_{2+} 有非零解的条件是式 (4.88a) 和式 (4.90a) 线性联立方程组的系数行列式为零，于是得到

$$\omega_+^2 + \omega_+ [\lambda(\gamma_2 M_{10} - \gamma_1 M_{20}) - (\gamma_1 + \gamma_2) H_0]$$
$$- \gamma_1 \gamma_2 [\lambda(M_{10} - M_{20}) - H_0] H_0 = 0 \tag{4.91}$$

式中，ω_+ 表示 m_{1+} 和 m_{2+} 的进动圆频率。

同理，对应于 m_{1-} 和 m_{2-} 的进动圆频率 ω_- 由式 (4.88b) 和式 (4.90b) 得到，为

$$\omega_-^2 - \omega_- [\lambda(\gamma_2 M_{10} - \gamma_1 M_{20}) - (\gamma_1 + \gamma_2) H_0]$$
$$- \gamma_1 \gamma_2 [\lambda(M_{10} - M_{20}) - H_0] H_0 = 0 \tag{4.92}$$

由于在此仅讨论亚铁磁介质的次晶格磁矩反平行的基态情况，所以外加偏置磁场必须满足 $H_0 \ll \lambda(M_{10} - M_{20})$。于是分别由式 (4.91) 和式 (4.92) 可求得

$$\omega_+ \approx \gamma_{\mathrm{eff}A} H_0 \tag{4.93}$$
$$\omega_- \approx \lambda(\gamma_2 M_{10} - \gamma_1 M_{20}) - \gamma_{\mathrm{eff}B} H_0 \tag{4.94}$$

式中

$$\gamma_{\mathrm{eff}A} = (M_{10} - M_{20}) / \left(\frac{M_{10}}{\gamma_1} - \frac{M_{20}}{\gamma_2} \right) \tag{4.95}$$

$$\gamma_{\mathrm{eff}B} = \left(\frac{\gamma_2}{\gamma_1} M_{10} - \frac{\gamma_1}{\gamma_2} M_{20} \right) / \left(\frac{M_{10}}{\gamma_1} - \frac{M_{20}}{\gamma_2} \right) \tag{4.96}$$

显然，当 $H_0 \ll \lambda(M_{10} - M_{20})$ 时，ω_+ 位于微波频段。ω_+ 所对应的运动一般称为低频的亚铁磁介质磁矩进动或亚铁磁介质的铁磁共振频率。ω_- 则在红外频段，ω_- 对应的运动一般称为高频的亚铁磁介质磁矩进动，由于其与交换作用的强度（即 λ）成比例，又称为亚铁磁介质的交换共振频率。

当 $\omega = \omega_+$ 且满足式 (4.93) 时，有

$$\begin{cases} m_{1y} = -i m_{1x} \\ m_{2y} = -i m_{2x} \end{cases} \tag{4.97}$$

和

$$\frac{m_{2x,y}}{m_{1x,y}} = -\frac{M_{20}}{M_{10}} \tag{4.98}$$

这就是说，当 $\omega = \omega_+$ 时的本征进动是 M_1 和 M_2 的右旋进动，且 M_1 和 M_2 始终是反平行的，同时两个次晶格上的磁矩在 xy 平面上的投影绝对值不相等，如图 4.14(a) 所示。

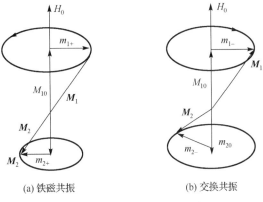

同理，当 $\omega = \omega_-$ 时有

$$\begin{cases} m_{1y} = \mathrm{i}m_{1x} \\ m_{2y} = \mathrm{i}m_{2x} \end{cases} \quad (4.99)$$

和

$$\frac{m_{2x,y}}{m_{1x,y}} = -\frac{\gamma_2}{\gamma_1} \quad (4.100)$$

(a) 铁磁共振　　　　　　(b) 交换共振

图 4.14　亚铁磁共振的进动

可得当 $\omega = \omega_-$ 时的本征进动是 M_1 和 M_2 的左旋进动，且 M_1 和 M_2 不再保持反平行，即图 4.14(b) 中的进动角 $\theta_1 \neq \theta_2$。

可以证明无论是无穷大亚铁磁介质，还是考虑了各向异性的有界亚铁磁介质，其低频的铁磁型进动与相应铁磁介质中的本征进动是等价的，只是在亚铁磁介质公式中分别采用参数 $M_{10} - M_{20}$、γ_{effA} 和 α_{eff} 代替了铁磁介质公式中的参数 M_s、γ 和 α，亚铁磁介质的铁磁型进动与铁磁介质的本征进动的等价性如表 4.2 所示。

表 4.2　亚铁磁介质的铁磁型进动与铁磁介质的本征进动的等价性

参数	介质	
	无穷大铁磁介质的本征进动	无穷大亚铁磁介质的铁磁型进动
进动圆频率	$\omega_0 = \gamma H_0$	$\omega_0 = \gamma_{effA} H_0$
右圆偏振磁化率	$\chi_+ = \dfrac{\gamma M_s}{\gamma H_0 - \omega + \mathrm{i}\alpha\omega}$	$\chi_+ = \dfrac{\gamma_{effA} M_s}{\gamma_{effA} H_0 - \omega + \mathrm{i}\alpha_{eff}\omega}$
共振线宽	$\Delta H = \dfrac{2\alpha\omega}{\gamma}$	$\Delta H = \dfrac{2\alpha_{eff}\omega}{\gamma_{effA}}$
备注	$\gamma_{effA} = (M_{10} - M_{20}) \Big/ \left(\dfrac{M_{10}}{\gamma_1} - \dfrac{M_{20}}{\gamma_2} \right)$ $\alpha_{eff} = (\alpha_1 M_{10}/\gamma_1 + \alpha_2 M_{20}/\gamma_2) \Big/ \left(\dfrac{M_{10}}{\gamma_1} - \dfrac{M_{20}}{\gamma_2} \right)$ $\alpha_{1,2}$、$\gamma_{1,2}$ 分别是相应亚晶格的阻尼系数与旋磁比	

4.5.2　反铁磁共振

采用与亚铁磁共振一样的处理方法，容易求解具有单轴各向异性 H_A 的无穷大反铁磁介质的本征进动频率为

$$\omega_\pm = \gamma\left(\sqrt{(2\lambda M_0 + H_A)H_A} \pm H_0\right) \quad (4.101)$$

显然，当外加磁场 $H_0 = 0$ 时，右旋圆偏振进动频率 ω_+ 与左旋圆偏振进动频率 ω_- 相等，即此时这两类运动简并。由于反铁体的两个亚晶格间的分子等效场 $H_E = \lambda M_0$（M_0 为亚晶格

的磁化强度值)非常大(可达 100T)，所以反铁磁介质的本征频率可以进入 THz 频段。随着外加磁场的增加，ω_+ 和 ω_- 随外加磁场线性变化，如图 4.15 所示。

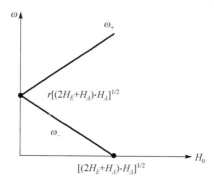

图 4.15　反铁磁的本征频率随外加磁场的变化关系

4.6　铁磁共振线宽测试仪及表征的参数

Griffiths 在 1946 年做出了第一个铁磁共振实验，随后 Kittel 给出了初步的理论。铁磁共振技术已经是一个成熟且有力的工具，是一种很有用的射频和微波谱技术，通过对峰位、峰宽和峰形的分析，能够定量地得到磁性体材料及薄膜的磁性参量，如谱因子 g(轨道对磁矩的贡献)、有效磁化强度、磁各向异性、阻尼因子等，以及研究自旋弛豫过程等[26]。此技术被广泛地用于铁磁材料的磁化强度和阻尼因子的探测以及自旋波和自旋动力学的研究。铁磁共振技术的优点如下所示。①高灵敏度(high sensitivity)：能检测 $10^{10} \sim 10^{14}$ 个磁矩的信号，其检测极限取决于铁磁共振线宽、时间常数和微波频率。②高精度(high resolution)：共振场移动几个奥斯特都容易探测到，这对应的磁各向异性能量精度为 0.1μeV，二阶、四阶和六阶各向异性常数都能测量。

4.6.1　铁磁共振测试仪简介

铁磁共振测试仪可以采用多种原理来构建。总体来说，可以分为频域(frequency domain)法和时域(time domain)法，而频域法又可分为腔体(cavity ferromagnetic resonance)法和非腔体(non-cavity ferromagnetic resonance)法[27]。这里只介绍基于微波谐振腔的铁磁共振测试仪和基于矢量网络分析仪的铁磁共振测试仪(VNA-FMR)[28,29]。

1.　基于微波谐振腔的铁磁共振测试仪

基于微波腔体的铁磁共振测试装置的典型构成为微波源、环行器、微波探测器、微波谐振腔和电磁铁，如图 4.16 所示。微波源、探测器、微波谐振腔用微波波导连接，微波波导将微波能输入到装载样品的谐振腔，同时将发射信号返回到微波探测器。环行器用来形成单向回路，以保证谐振腔中的反射微波信号只进入探测器而不返回微波源，起保护微波源的作用。微波谐振腔要具有高的品质因子 Q，且为 TE 模式。图 4.16 中给出的是 TE102 模式的谐振腔，其磁场最大且均匀处位于腔体的中部，这也是待测样品放置的位置。

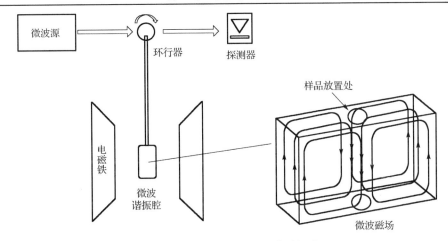

图 4.16　腔体 FMR 装置的典型组成

　　测量过程首先将微波源的频率调整到谐振腔的频率点，载有样品的谐振腔放在电磁铁的两个极靴之间。然后改变电磁铁磁场的大小，由于微波谐振腔产生微波磁场同时也施加于样品上，当铁磁样品发生铁磁共振时，其高频磁化率的变化引起微波谐振腔 Q 值的变化，利用锁相技术，测得共振信号为高频磁化率的虚部对外加磁场的偏导 $\mathrm{d}\chi''/\mathrm{d}H$，从共振曲线可以得到磁性样品的共振磁场和共振线宽。

　　基于微波谐振腔的 FMR 技术已被一些公司开发形成商业仪器(如 Bruker 公司开发的电子顺磁共振波谱仪)，并与低温和变外磁场角度技术结合，广泛地应用于研究铁磁块材和薄膜样品的磁化动力学。但由于这种基于微波谐振腔的技术只工作于某几个分立频率，该技术难以测量材料的色散关系。同时，因为微波的吸收与铁磁材料的体积成正比，该技术也不适合研究微米以及纳米尺度的样品。另外，该技术只能检测饱和磁化结构，而对低维磁性材料非饱和磁结构(如 Skymion，磁涡旋等)的自旋动力学行为无能为力。

　　2. 基于矢量网络分析仪的铁磁共振测试仪(VNA-FMR)

　　VNA-FMR 多数是基于感应原理的带线(如微带线、共面波导)来完成铁磁共振测试的。带线法是一类微波传输线，常用的是微带线与共面波导，如图 4.17 所示。平面结构的带线使得其很容易用于表征薄膜和平面纳米结构，而且由于带线是宽带(几百 MHz～40GHz)微波传输线，样品置于微带线上，在带线上通以微波电流会产生微波磁场，进而使磁性样品产生铁磁共振。

　　VNA-FMR 能很好地解决基于微波谐振腔的 FMR 测试仪的缺点，因此受到越来越多的关注。矢量网络分析仪既可固定某一频率输出微波，又可以扫描频率，除了能实现传统的腔体 FMR 测试仪的扫磁场模式测试，还能实现扫频率模式测试，此时可用于低维磁性材料非饱和磁结构的动力学测量，并且可根据需要设计不同共面波导夹具，能够测量磁性微纳器件，增加输运测量等功能。VNA-FMR 的基本结构如图 4.18 所示。系统由三大部分构成：①直流磁场部分。由程控电源、霍尔探头、数据采集卡以及电磁线圈组成，负责为样品提供偏置磁场。②微波部分。由矢网和射频传输同轴线缆组成，负责为样品提供微波微扰信号并检测。③测试夹具部分。由共面波导和射频连接器组成，负责搭载样品。图 4.18

是 VNA-FMR 系统的组成原理图。微波信号从矢量网络分析仪的端口 1 发出，在共面波导表面产生一个与直流偏置场垂直的微扰场，当偏置场达到一定值时即可发生铁磁共振，样品吸收微波场能量，而端口 2 可以检测到衰减后的信号，从而实现铁磁共振测量。系统的各个硬件通过各自的总线与计算机连接，通过合适的软件编制就可以实现自动化测试。

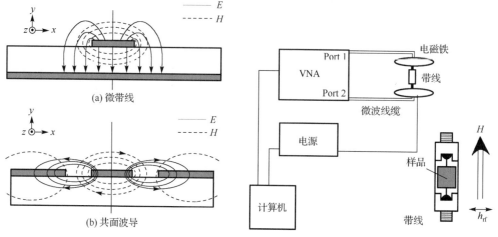

图 4.17　带线上产生的微波电磁场分布　　　　　图 4.18　VNA-FMR 测试装置图

　　这种测量技术是间接地通过微带传输线上的微波透射信号来计算 FMR 谱，而不是直接测量在铁磁样品上的微波响应。由于传输线上微波的损耗对频率和外界环境非常敏感，通常都需要仔细地定标，以扣除微波在传输线上的损耗以及一些其他寄生效应，同时矢量网络仪价格过于昂贵，这些因素阻碍它成为常规的 FMR 测量技术。

4.6.2　铁磁共振测试仪测试参数的解析方法

　　正如前面提到的铁磁共振仪可表征很多磁性参数，但不同的测试方法有不同的解析方法。这里仅以面内磁化的具有面内单轴各向异性的超薄磁性薄膜为例[30]，说明怎样通过铁磁共振获得磁性材料的 g 因子、各向异性常数、有效磁化强度以及阻尼因子。至于利用铁磁共振仪获取其他参数及对磁化动力学进行深入的研究，请读者参考相关文献。

　　首先利用 Smit-Suhl 法得到铁磁共振频率的表达式。设薄膜的坐标系统如图 4.19 所示，则薄膜系统的总自由能为

$$E_{\text{tot}} = -\mu_0 M_s H[\sin\theta_H \sin\theta\cos(\varphi-\varphi_H)+\cos\theta_H\cos\theta]$$
$$+\frac{1}{2}\mu_0 M_s^2\cos^2\theta+\frac{K_p}{d}\sin^2\theta+K_u\sin^2\theta\cos^2\varphi \tag{4.102}$$

式中，θ_H、θ 分别为 $\boldsymbol{H}$、$\boldsymbol{M}$ 的极向角；φ_H、φ 分别为 $\boldsymbol{H}$、$\boldsymbol{M}$ 的方位角；K_p 为超薄膜表面对称性破缺引起的面外各向异性常数；K_u 为多晶薄膜的面内单轴各向异性常数；d 为薄膜厚度。式(4.102)各项都忽略了与角度无关的项，其中，等号右边第一项为塞曼能密度，第二项为退磁能密度，第三项为面外各向异性能密度，第四项为面内单轴各向异性能密度，单轴各向异性的易轴沿 y 方向。当外加饱和磁场 $\boldsymbol{H}$ 位于面内(图 4.19)，在平衡态时，$\theta_H=\theta=90°$，M 平衡时的方位角 φ 由式(4.103)决定：

$$\frac{\partial E_{tot}}{\partial \varphi}\big|_{(\theta=90°,\varphi=\varphi_M)} = \mu_0 M_s H \sin(\varphi - \varphi_H) - K_u \sin 2\varphi = 0 \quad (4.103)$$

而共振频率表达式为

$$\left(\frac{\omega_r}{\gamma_0}\right)^2 = \frac{1}{(\mu_0 M_s)^2}\left[\frac{\partial^2 E_{tot}}{\partial \theta^2}\frac{\partial^2 E_{tot}}{\partial \varphi^2} - \left(\frac{\partial^2 E_{tot}}{\partial \theta \partial \varphi}\right)^2\right]\big|_{\theta=90°,\varphi=\varphi_M}$$

$$= [H\cos(\varphi - \varphi_H) + M_{eff} + H_{ku}\cos^2\varphi][H\cos(\varphi - \varphi_H) + H_{ku}\cos 2\varphi] \quad (4.104)$$

式中，$M_{eff} = M_s - \dfrac{2K_p}{\mu_0 d M_s}$ 为有效磁化强度；$H_{ku} = \dfrac{2K_u}{\mu_0 M_s}$ 为面内单轴各向异性有效场。以式 (4.103) 和式 (4.104) 为基础就可得到多晶磁性薄膜样品的各个磁性参数。

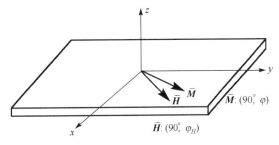

图 4.19　薄膜样品的坐标示意图

1. g 因子

当 **H** 沿易轴，即 y 方向时，**H**∥**M**，$\varphi_H = \varphi = 0$，则式 (4.104) 简化为

$$\left(\frac{\omega_r}{\gamma_0}\right)^2 = (H + H_{ku} + M_{eff})(H + H_{ku}) \quad (4.105)$$

进一步写为

$$\left(\frac{\omega_r}{\gamma_0}\right)^2 = H^2 + AH + B \quad (4.106)$$

式中，$\gamma_0 = g\dfrac{\mu_0|e|}{2m_e} = g\mu_0 2\pi \times 14\text{GHz}/T$，$A$ 和 B 为待拟合参数。

图 4.20(a) 为固定不同磁场下的扫频铁磁共振曲线；图 4.20(b) 为固定不同微波频率下的扫场铁磁共振吸收曲线。从这些吸收曲线可分别读出铁磁共振频率 f_r 与铁磁共振磁场 H_r 的关系，然后作出 $f_r^2 \sim \mu_0 H_r$ 曲线，如图 4.20(c) 所示。根据式 (4.106) 拟合该曲线可以得到 g 因子。

2. 面内单轴各向异性有效场、有效磁化强度

扫频模式和扫场模式均可测量单轴各向异性等效有效场和有效磁化强度。

(1) 扫频模式。固定磁场（这里为 330Oe），在扫频模式下进行面内转角度测量，获得铁磁共振频率随面内磁场角度的变化曲线 $f_r \sim \varphi_H$，如图 4.20(d) 所示。其拟合过程如下：选

取一组拟合参数 g、$\mu_0 H_{ku}$、$\mu_0 M_{eff}$ 的值，当大小为 H 的磁场方位角为 φ_H 时，先从式(4.103)求解得到 M 的方位角 φ，再代入式(4.104)中求得共振频率 f_r，由此得到一组 $f_r \sim \varphi_H$，将这组计算值与实验值 $f_r \sim \varphi_H$ 比较，改变 g、$\mu_0 H_{ku}$、$\mu_0 M_{eff}$ 的取值，使得 $f_r \sim \varphi_H$ 拟合计算值与实验值误差最小，此时的 g、$\mu_0 H_{ku}$、$\mu_0 M_{eff}$ 的值就是它们的实际大小。

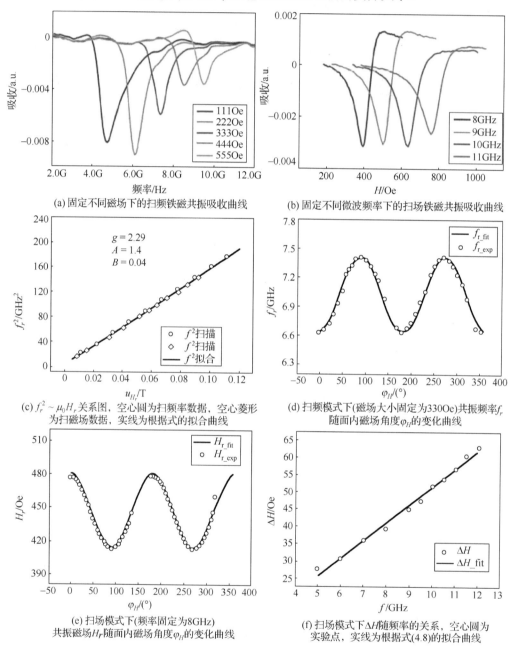

(a) 固定不同磁场下的扫频铁磁共振吸收曲线

(b) 固定不同微波频率下的扫场铁磁共振吸收曲线

(c) $f_r^2 \sim \mu_0 H_r$ 关系图，空心圆为扫频率数据，空心菱形为扫磁场数据，实线为根据式的拟合曲线

(d) 扫频模式下(磁场大小固定为330Oe)共振频率 f_r 随面内磁场角度 φ_H 的变化曲线

(e) 扫场模式下(频率固定为8GHz)共振磁场 H_r 随面内磁场角度 φ_H 的变化曲线

(f) 扫场模式下 ΔH 随频率的关系，空心圆为实验点，实线为根据式(4.8)的拟合曲线

图 4.20　铁磁共振测试数据与数据拟合

(2)扫场模式。固定频率(这里是8GHz)，进行面内转角测量，获得铁磁共振磁场随面内磁场角度的变化曲线 ($H_r \sim \varphi_H$)，如图 4.20(e)所示。扫场模式的拟合过程与扫频模式的

拟合过程类似。选取一组拟合参数 g、$\mu_0 H_{ku}$、$\mu_0 M_{\text{eff}}$ 的值，从式(4.103)求得

$$H = \frac{K_u \sin(2\varphi)}{\mu_0 M_s \sin(\varphi - \varphi_H)} = \frac{H_{ku}}{2} \frac{\sin(2\varphi)}{\sin(\varphi - \varphi_H)} \tag{4.107}$$

将式(4.107)代入式(4.104)，式(4.104)变成 φ 的方程，可得一组 $\varphi_H \sim \varphi$，进而由式(4.107)可得一组 $H_r \sim \varphi_H$，将这组计算值与实验值 $H_r \sim \varphi_H$ 比较，改变 g、$\mu_0 H_{ku}$、$\mu_0 M_{\text{eff}}$ 的取值，使得拟合计算值与实验值误差最小，此时的 g、$\mu_0 H_{ku}$、$\mu_0 M_{\text{eff}}$ 的值就是它们的实际大小。

(3) 先获得面内单轴各向异性有效场，然后得到有效磁化强度。如果面内各向异性等效场 $|H_{ku}| \ll M_s$，此时因为有 $H_r = H_0 - H_{ku} \cos 2\varphi$ (H_0 为外加磁场)[31]，所以只需在面内分别沿单轴各向异性的易轴和难轴，通过固定频率下扫场得到相应的铁磁共振磁场 H_r，就可由式(4.108)直接得到 H_{ku}

$$H_{ku} = \frac{H_r(\varphi = 90^\circ) - H_r(\varphi = 0^\circ)}{2} \tag{4.108}$$

在此基础上，固定在不同磁场(磁场沿易轴方向)下通过扫频模式得到 $f_r \sim \mu_0 H_r$ 曲线，直接利用式(4.105)拟合该曲线就可以得到有效磁化强度的值。

3. 阻尼因子 α

在扫场模式下，利用 VNA-FMR 测试仪可测得 $S_{21} \sim H$ 曲线，测试信号经过进一步地去嵌入过程以及去背底噪声后，可用式(4.109)拟合 $\text{Re}(S_{21}) \sim H$ 曲线

$$\text{Re} S_{21}(H) = K_1 \frac{\Delta H^2}{4(H - H_r)^2 + \Delta H^2} + K_2 \frac{\Delta H(H - H_r)}{4(H - H_r)^2 + \Delta H^2} + K_3 H + K_4 \tag{4.109}$$

如果采用磁场调制锁相(lock-in)技术来增强 VNA-FMR 的测试信号信噪比，则测试输出信号为微分信号，即得到的是 $\text{d}S_{21} \sim H$ 关系，此时的拟合公式则为[32]

$$\frac{\text{d} S_{21}}{\text{d} H} = K_1 \frac{4\Delta H(H - H_r)}{[4(H - H_r)^2 + (\Delta H)^2]^2} + K_2 \frac{(\Delta H)^2 - 4(H - H_r)^2}{[4(H - H_r)^2 + (\Delta H)^2]^2} + K_3 \tag{4.110}$$

式(4.109)和式(4.110)中 $K_1 \sim K_4$ 均为拟和参数，通过拟合可以获得到共振磁场和铁磁共振线宽。进而得到 $\Delta H \sim f_r$ 曲线，如图 4.20(f)所示。以公式 $\Delta H = \Delta H_0 + \frac{2\pi f}{\gamma} \alpha$ 拟合 $\Delta H \sim f_r$ 曲线，得到外禀线宽 ΔH_0 和阻尼因子 α。

参 考 文 献

[1] 陈巧生. 微波与光磁性器件. 成都: 成都电讯工程学院出版社, 1988: 3.

[2] 廖绍彬. 铁磁学(下册). 北京: 科学出版社, 1998.

[3] WEI Y, CHIN S L, SVEDLINDH P. On the frequency and field linewidth conversion of ferromagnetic resonance spectra. Journal of Physics D: Applied Physics, 2015, 48: 335005.

[4] VONSOVSKII S V. Ferromagnetic resonance. Oxford: Pergamon Press Oxford, 1966: 19-24.

[5]　SUHL H. Ferromagnetic resonance in nickel ferrite between one and two kilomegacycles. Physical Review, 1955, 97: 555-557.

[6]　WEI Y J. Ferromagnetic resonance as a probe of magnetization dynamics. Uppsala: Uppsala University, 2015.

[7]　FARLE M. Ferromagnetic resonance of ultrathin metallic layers. Report Progress Physics, 1998, 61: 752-826.

[8]　LU L. Damping mechanisms in magnetic recording materials and microwave-assisted magnetization reversal. Fort Collins: Colorado State University, 2014.

[9]　AZZAWI S, HINDMARCH A T, ATKINSON D. Magnetic damping phenome in ferromagnetic thin-films and multilayers. Journal of Physics D: Applied Physics, 2017, 50: 473001.

[10]　SULHL H. Theroy of the magnetic damping constant. IEEE Transactions on Magnetism, 1998, 34: 1834-1838.

[11]　徐源. 多晶及单晶(超)薄膜铁磁共振线宽研究. 南京: 东南大学, 2005.

[12]　HEINRICH B, FRAITOVÁ D, KAMBERSKÝ V. The influence of s-d exchange on relaxation of magnons in metals. Physica Status Solidi, 1967, 23(2): 501-507.

[13]　HEINRICH B, URBAN R, WOLTERSDORF G. Magnetic relaxation in metallic films: Single and multilayer structures. Journal of Applied Physics, 2002, 91: 7523-7525.

[14]　TSERKOVNYAK Y, BRATAAS A, BAUER G E W. Enhanced Gilbert damping in ferromagnetic films. Physical Review Letter, 2002, 88: 117601.

[15]　CIUBOTARU F. Spin-wave excitation by nano-sized antennas. Kaiserslautern: Technischen Universität Kaiserslautern, 2012.

[16]　ARIAS R, MILLS D. Extrinsic contributions to the ferromagnetic resonance response of ultrathin films. Physical Review B, 1999, 60: 7395-7409.

[17]　AZEVEDO A, OLIVEIRA A B, DE AGUIAR F M, et al. Extrinsic contributions to spin-wave damping and renormalization in thin Ni50Fe50 films. Physical Review B, 2000, 62: 5331-5333.

[18]　LINDNER J, BARSUKOV I. Two-magnon damping in thin films in case of canted magnetization: Theory versus experiment. Physical Review B, 2009, 80: 224421.

[19]　KALARICKAL S S, KRIVOSIK P, DAS J, et al. Microwave damping in polycrystalline FeTiN films: Physical mechanisms and correlations with composition and structure. Physical Review B, 2008, 77: 054427.

[20]　MO N, GREEN J J, KRIVOSIK P, et al. The low field microwave effective linewidth in polycrystalline ferrites. Journal of Applied Physics, 2007, 101: 023914.

[21]　PATTON C E. Effective linewidth due to porosity and anisotropy in polycrystalline yttrium iron garnet and Ca-V-substituted yttrium iron garnet at 10 GHz. Physical Review, 1969, 170(2): 352-358.

[22]　赵勇, 蒋运石, 石成玉. 基于腔微扰理论的微波铁氧体铁磁共振有效线宽测量原理与方法. 磁性材料及器件, 2015, 46(6): 45-48.

[23]　MO N, GREEN J J, BEITSCHEr B A, et al. High precision metrology based microwave effective linewidth measurement technique. Review of Scientific Instruments, 2007, 78: 113903.

[24] TRUEDSON J R, MCKINSTRY K D, KABOS P, et al. High-field effective linewidth and eddy current losses in moderate conductivity single-crystal M-type barium hexagonal ferrite disks at 10-60GHz. Journal of Applied Physics, 1993, 74: 2705-2718.

[25] 姜寿亭, 李卫. 凝聚态磁性物理. 北京: 科学出版社, 2003: 444-452.

[26] 廖绍彬, 周丽年, 尹光俊. 铁磁共振的实验方法及其在磁性测量中的应用. 物理, 1983, 12(8): 497-503.

[27] KALARICKAL S S, KRIVOSIK P, WU M Z, et al. Ferromagnetic resonance linewidth in metallic thin films: Comparison of measurement methods. Journal of Applied Physics, 2006, 99: 093909.

[28] YALÇIN O. Ferromagnetic resonance theory and applications, 2013, DOI: 10.5772/50583.

[29] MAKSYMOV I S, KOSTYLEV M. Broadband stripline ferromagnetic resonance spectroscopy of ferromagnetic films, multilayers and nanostructures. Physica E, 2015, 69: 253-293.

[30] 冯正. 变频铁磁共振系统的搭建和 Pt 自旋霍尔角的测量研究. 南京: 南京大学, 2013.

[31] CALAFORRA A R. Thin magnetic layer elements for applications in spintronics. Kaiserslautern: Technischen Universität Kaiserslautern, 2015.

[32] WHITE T. Ferromagnetic resonance to investigate spin pumping in permalloy multilayers. Rochester: Rochester Institute of Technology, 2017.

第 5 章 电磁波与旋磁介质的相互作用

众所周知，实际的微波磁性器件毫无例外地都使用有限尺寸的旋磁介质。但为了简单起见，从理论研究的角度出发，一般先讨论电磁波与无界旋磁介质的相互作用，原因在于此情况下可以不必考虑边界条件和退磁场的影响，从而使所讨论的问题大为简化。由此而得出的一些基本结论对于进一步地理解当传输线中放置有限尺寸旋磁介质时的传播特性颇有帮助，可以起到由浅入深的作用。故本章先讨论均匀平面电磁波在无界旋磁介质中的传播特性，特别是纵向磁化情况下的极化旋转效应(法拉第效应)和横向磁化情况下的双折射效应，然后再讨论置有旋磁介质的各种传输线(包括圆波导、矩形波导和微带线)的传播特性及相关效应。

5.1 无界旋磁介质中的波方程与平面波解

5.1.1 旋磁介质的波方程

这里，以宏观电磁场的基本方程式——麦克斯韦方程为基础[1]31-32，从波与场的观点去讨论电磁波在无界旋磁介质中的传播特性。

由电磁场的理论已知，微分形式的麦克斯韦方程组在国际单位制(SI)下可写成下列形式：

$$\nabla \times \boldsymbol{e} + \frac{\partial \boldsymbol{b}}{\partial t} = 0 \tag{5.1a}$$

$$\nabla \cdot \boldsymbol{b} = 0 \tag{5.1b}$$

$$\nabla \times \boldsymbol{h} - \frac{\partial \boldsymbol{d}}{\partial t} = \boldsymbol{j} \tag{5.1c}$$

$$\nabla \cdot \boldsymbol{D} = \rho \tag{5.1d}$$

式中，$\boldsymbol{e}$ 是电场强度；$\boldsymbol{h}$ 是磁场强度；ρ 是自由电荷密度。

对微波频段的旋磁介质，式(5.1)中的电位移 $\boldsymbol{d}$、磁感应强度(或磁通密度)$\boldsymbol{b}$ 以及自由电流密度 $\boldsymbol{j}$ 具有下列形式：

$$\boldsymbol{d} = \varepsilon_0 \varepsilon_r \boldsymbol{e} = \varepsilon \boldsymbol{e} \tag{5.2a}$$

$$\boldsymbol{b} = \mu_0 [\bar{\mu}] \boldsymbol{h} \tag{5.2b}$$

$$\boldsymbol{j} = \sigma \boldsymbol{e} \tag{5.2c}$$

式中，ε_0、μ_0 分别为真空中的介电常数和磁导率；ε_r、ε 分别是旋磁介质的相对与绝对介电常数；$[\bar{\mu}]$ 是旋磁介质的张量磁导率，在纵向(直流磁场沿 z 轴)均匀磁化情况下，可采用弱交变磁场情况下的张量磁导率，即如式(2.26)所示；σ 是旋磁介质的电导率。

在微波领域内使用的旋磁介质一般是具有很高的电阻率 $1/\sigma$（可达 $10^6 \sim 10^{12}\Omega\cdot\text{cm}$）的铁氧体，其电导率 σ 是很小的，所以在式 (5.1c) 中的 $\boldsymbol{j}$ 与 $\dfrac{\partial \boldsymbol{d}}{\partial t}$ 相比显得很小可以略去。同样，高的电阻率使得旋磁介质很类似于无耗电介质，所以自由电荷密度 ρ 也可以忽略掉。除此以外，我们还限于研究随时间作简谐变化的电磁过程，即全部场量与时间的关系可以用因子 $\text{e}^{\text{j}\omega t}$ 来联系，其中 ω 是电磁过程的角频率，而 t 是时间。综合考虑了以上各项因素后，在铁氧体旋磁介质中，式 (5.1) 可简化成下列形式：

$$\nabla \times \boldsymbol{e} + \text{j}\omega \boldsymbol{b} = 0 \tag{5.3a}$$

$$\nabla \cdot \boldsymbol{b} = 0 \tag{5.3b}$$

$$\nabla \times \boldsymbol{h} - \text{j}\omega \boldsymbol{d} = 0 \tag{5.3c}$$

$$\nabla \cdot \boldsymbol{d} = 0 \tag{5.3d}$$

麦克斯韦方程组中的两个旋度方程是独立的，而且两个旋度方程中的电场强度 $\boldsymbol{e}$ 与磁场强度 $\boldsymbol{h}$ 耦合在一起。从解方程的角度看，先要将 $\boldsymbol{e}$ 与 $\boldsymbol{h}$ 去耦，即从两个旋度方程中消去 $\boldsymbol{h}$（或 $\boldsymbol{e}$），然后得到只关于 $\boldsymbol{e}$（或 $\boldsymbol{h}$）的方程。

将式 (5.3c) 再取旋度，并将式 (5.3a) 代入得[2]

$$\nabla \times \nabla \times \boldsymbol{h} = \text{j}\omega\varepsilon \nabla \times \boldsymbol{e} = \omega^2 \varepsilon \overline{\mu} \cdot \boldsymbol{h} \tag{5.4}$$

利用矢量恒等式 $\nabla \times \nabla \times \boldsymbol{h} = \nabla(\nabla \cdot \boldsymbol{h}) - \nabla^2 \boldsymbol{h}$ 代入式 (5.4) 有

$$\nabla^2 \boldsymbol{h} - \nabla(\nabla \cdot \boldsymbol{h}) + \omega^2 \varepsilon \overline{\mu} \cdot \boldsymbol{h} = 0 \tag{5.5}$$

式 (5.5) 就是旋磁介质中磁场 $\boldsymbol{h}$ 所满足的波方程。类似地可以得到电场 $\boldsymbol{e}$ 满足的波方程。

5.1.2　无耗旋磁介质波方程的平面波解

要从 $\boldsymbol{e}$ 和 $\boldsymbol{h}$ 满足的波方程得到具体的电磁问题的解，还要给出特定的边界条件。在这里，我们讨论的是无界旋磁介质，边界趋于无穷远，所以只需考虑平面波。对于平面波，场的空间变化函数为 $\text{e}^{-\text{j}\boldsymbol{k}\cdot\boldsymbol{r}}$（$\boldsymbol{k}$ 为波矢量，其绝对值 k 称为传播常数，在无耗介质中它与相位常数相等，$\boldsymbol{r}$ 是位置矢量），于是由式 (5.5) 得到平面波下的旋磁介质中磁场所满足的波方程为

$$k^2 \boldsymbol{h} - \boldsymbol{k}(\boldsymbol{k} \cdot \boldsymbol{h}) - \omega^2 \varepsilon \overline{\mu} \cdot \boldsymbol{h} = 0 \tag{5.6}$$

式 (5.6) 就是旋磁介质中平面波的磁场所满足的波动方程。式 (5.6) 可以进一步改写为

$$[k^2 - \boldsymbol{k}\boldsymbol{k} - \omega^2 \varepsilon \overline{\mu}] \cdot \boldsymbol{h} = 0 \tag{5.7}$$

当外加直流磁场在 z 轴时，张量磁导率表示为

$$\overline{\mu} = \mu_0 \begin{bmatrix} \mu & \text{i}\mu_a & 0 \\ -\text{i}\mu_a & \mu & 0 \\ 0 & 0 & 1 \end{bmatrix} \tag{5.8}$$

式 (5.7) 具有非零解的条件是其各分量的系数行列式等于零，由此条件有

$$\begin{vmatrix} \mu k_0^2 - k_y^2 - k_z^2 & k_x k_y - \text{j}k_0^2 \mu_a & k_x k_z \\ k_y k_x + \text{j}k_0^2 \mu_a & \mu k_0^2 - k_x^2 - k_z^2 & k_y k_z \\ k_z k_x & k_z k_y & k_0^2 - k_x^2 - k_y^2 \end{vmatrix} = 0 \tag{5.9}$$

式中，$k_0^2 = \omega^2 \mu_0 \varepsilon$。

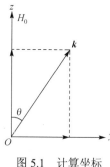

图 5.1　计算坐标

为简单起见，讨论二维情况，假定外加恒定磁场 H_0 在 z 方向上，规定电磁波的传播方向是在 yOz 平面内的，并且电磁波的传播方向与 z 轴之间的夹角是 θ，如图 5.1 所示。

则有

$$
\begin{cases}
\boldsymbol{h} = h_x\boldsymbol{x} + h_y\boldsymbol{y} + h_z\boldsymbol{z} \\
\boldsymbol{k} = k_y\boldsymbol{y} + k_z\boldsymbol{z}
\end{cases}
\tag{5.10}
$$

式(5.10)的波矢各分量为

$$
\begin{cases}
k_x = 0 \\
k_y = |k|\sin\theta \\
k_z = |k|\cos\theta
\end{cases}
\tag{5.11}
$$

在此情况下，则由式(5.9)可得

$$
\begin{vmatrix}
\mu k_0^2 - k^2 & -jk_0^2\mu_a & 0 \\
jk_0^2\mu_a & \mu k_0^2 - k^2\cos^2\theta & k^2\sin\theta\cos\theta \\
0 & k^2\sin\theta\cos\theta & k_0^2 - k^2\sin^2\theta
\end{vmatrix} = 0
\tag{5.12}
$$

将行列式展开后可解得传播常数

$$
k^2 = k_0^2 \frac{2 + \left(\dfrac{\mu_\perp}{\mu_\parallel} - 1\right)\sin^2\theta \pm \left[\left(\dfrac{\mu_\perp}{\mu_\parallel} - 1\right)^2\sin^4\theta + \left(\dfrac{2\mu_a\cos\theta}{\mu}\right)^2\right]^{\frac{1}{2}}}{2\left(\dfrac{\sin^2\theta}{\mu_\parallel} + \dfrac{\cos^2\theta}{\mu}\right)}
\tag{5.13}
$$

式中

$$
\mu_\perp = \frac{\mu^2 - \mu_a^2}{\mu}
\tag{5.14}
$$

称作有效磁导率。在饱和磁化情况下，$\mu_\parallel = 1$。

由式(5.13)可见，在无界旋磁介质内的同一方向上可以有两个不同传播常数的波在传播，波的传播特性与传播方向有关，即沿着不同方向传播时波的传播特性是不相同的，这表明电磁波在饱和磁化的旋磁介质中具有传播各向异性的特征。

如果平面波解的形式为 $\mathrm{e}^{\mathrm{j}(\omega t - \boldsymbol{k}\cdot\boldsymbol{r})}$，则由式(5.7)可得其磁场[3]

$$
\boldsymbol{h} = \begin{bmatrix}
(k_0/k)^2 \\
(\mathrm{j}/\mu_a)[\mu(k_0/k)^2 - 1] \\
\mathrm{j}\dfrac{\mu(k_0/k)^2 - 1}{\mu_a}\dfrac{\cos\theta\sin\theta}{\sin^2\theta - (k_0/k)^2}
\end{bmatrix} \mathrm{e}^{-\mathrm{j}\boldsymbol{k}\cdot\boldsymbol{r}}
\tag{5.15}
$$

进一步利用式(5.3c)可得其电场为

$$
\boldsymbol{e} = -\left(\frac{k_0}{k}\right)\left(\frac{\mu_0}{\varepsilon}\right)^{1/2}
\begin{bmatrix}
\mathrm{j}\dfrac{\mu(k_0/k)^2 - 1}{\mu_a}\dfrac{\cos\theta}{\sin^2\theta - (k_0/k)^2} \\
\cos\theta \\
-\sin\theta
\end{bmatrix} \mathrm{e}^{-\mathrm{j}\boldsymbol{k}\cdot\boldsymbol{r}}
\tag{5.16}
$$

5.2　均匀平面波在无界旋磁介质中的传播特性

现在讨论 $\theta = 0$ 和 $\theta = \dfrac{\pi}{2}$ 两种特殊情况时平面波的传播特性。

5.2.1　纵向磁化情况——法拉第旋转效应与差相移效应

由图 5.1 可见，$\theta = 0°$ 时波的传播方向与恒磁场方向相同，并且都在 z 方向上，这种情况称作纵向磁化情况，也称纵场情况。

将 $\theta = 0°$ 代入式 (5.13)，可得波矢 $\boldsymbol{k}$ 的两个解为

$$k_{\pm} = k_0 (\mu \pm \mu_a)^{\frac{1}{2}} \tag{5.17}$$

式中，$\pm$ 分别对应右旋波与左旋波。将无耗时无界旋磁介质的 μ 和 μ_a 代入式 (5.17) 则得

$$\begin{cases} k_+^2 = k_0^2 \dfrac{\omega_0 + \omega_m - \omega}{\omega_0 - \omega} \\[3mm] k_-^2 = k_0^2 \dfrac{\omega_0 + \omega_m + \omega}{\omega_0 + \omega} \end{cases} \tag{5.18}$$

由此可以得到无耗旋磁介质的波数 (传播常数) 的色散关系，如图 5.2 所示[3]。图 5.2 中，横坐标用 $k_m = \omega_m \sqrt{\mu_0 \varepsilon}$ 归一化，纵坐标用 ω_m 归一化，并且是在 $\omega_0 / \omega_m = 1$ 的情况下计算出来的。从图 5.2 中可以看出，k_+ 波受到旋磁介质的扰动比 k_- 波强得多。在 ω_0 与 $\omega_0 + \omega_m$ 之间，k_+ 为虚数，该模式的波不能传播。另外，右旋极化波的色散关系分为两支，一支是随着 k 的增加，ω 趋于无穷大，另一支则是随着 k 的增加，ω 趋于 ω_0，其相速 ($v_{ph} = \omega / k$) 和群速 ($v_{gr} = \partial \omega / \partial k$) 变小。

由此可见，当 $\theta = 0°$ 时，旋磁介质与电磁波相互作用后，会出现两种类型的波，一种是在 $k / k_0 \approx 1$ 附近的寻常波，另一种是非寻常波 (extraordinary wave)，其 k / k_0 在某些频率变得非常大。显然，k_- 波是寻常波，k_+ 是非寻常波。后面会看到，实际上不管 θ 为何值，旋磁介质都支持这两种类型的波。

再将 $\theta = 0°$ 代入式 (5.12) 和式 (5.7)，可得

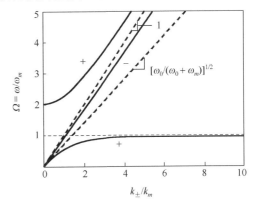

图 5.2　纵向磁化时波数的色散关系曲线

$$\begin{bmatrix} \mu k_0^2 - k^2 & -\mathrm{j} k_0^2 \mu_a & 0 \\ \mathrm{j} k_0^2 \mu_a & \mu k_0^2 - k^2 & 0 \\ 0 & 0 & k_0^2 \end{bmatrix} \begin{bmatrix} h_x \\ h_y \\ h_z \end{bmatrix} = 0 \tag{5.19}$$

由式 (5.19) 可得 $h_z = 0$，进而可以由麦克斯韦方程得 $e_z = 0$，这表明，目前情况下在传播方向上是没有场分量的，因此是个横波。

下面证明 $k_\pm$ 分别对应的是右旋波与左旋波。当 $k = k_+$ 时由式(5.19)可得

$$k_0^2 \mu_a \begin{bmatrix} -1 & -j \\ j & -1 \end{bmatrix} \begin{bmatrix} h_x \\ h_y \end{bmatrix} = 0 \tag{5.20}$$

从而有

$$h_y = j h_x \tag{5.21}$$

由式(5.21)说明这是一个右圆极化场。同理可证明，当 $k = k_-$ 时，可得磁场是一个左圆极化场。

这表明在纵向磁化情况下电磁波不仅是一个横波，而且还要分裂成右旋、左旋两个圆极化波。式(5.17)中的"+"对应于右旋波，即顺着偏置磁场方向看过去波的极化旋转方向是顺时针的(它与磁矩的进动方向相同)；而"−"则对应于左旋波，即顺着偏置磁场方向看过去波的极化旋转方向是逆时针的(它与磁矩进动方向相反)。右、左圆极化波时常也分别称作正、负圆极化波。显然式(5.17)中的 $\mu \pm \mu_a$ 就是右、左旋波的标量磁导率。

1. 法拉第效应

若 h_x 写成下列形式：

$$h_{x\pm} = h_0 \exp[j(\omega t - k_\pm z)] \tag{5.22a}$$

则

$$h_{y\pm} = \pm j h_{x\pm} = \pm j h_0 \exp[j(\omega t - k_\pm z)] \tag{5.22b}$$

式(5.22a)和式(5.22b)的实数部分可写为

$$\begin{cases} h_{x+} = h_0 \cos(\omega t - k_+ z) \\ h_{y+} = -h_0 \sin(\omega t - k_+ z) \end{cases} \quad \text{右旋波} \tag{5.23a}$$

$$\begin{cases} h_{x-} = h_0 \cos(\omega t - k_- z) \\ h_{y-} = h_0 \sin(\omega t - k_- z) \end{cases} \quad \text{左旋波} \tag{5.23b}$$

右旋波与左旋波的合成磁场分量为

$$h_x(z,t) = h_{x+} + h_{x-} = 2h_0 \cos\left(\omega t - \frac{k_+ + k_-}{2} z\right) \cos\left(\frac{k_- - k_+}{2} z\right) \tag{5.24a}$$

$$h_y(z,t) = h_{y+} + h_{y-} = -2h_0 \cos\left(\omega t - \frac{k_+ + k_-}{2} z\right) \sin\left(\frac{k_- - k_+}{2} z\right) \tag{5.24b}$$

在瞬时 t 内沿 z 方向传播的波的磁场振幅为

$$|h(z,t)| = (h_x^2 + h_y^2)^{\frac{1}{2}} = 2h_0 \cos\left(\omega t - \frac{k_+ + k_-}{2} z\right) \tag{5.25}$$

由式(5.24)可见，在传播过程中只是合成波的磁场分量 h_x 和 h_y 之间的比例在发生变化。在 $z=0$ 平面内，只存在 h_x 分量而 h_y 分量为零；随着 z 的增加，h_x 的振幅减小，h_y 的振幅增加，从而使得合成矢量 h 在 z 轴的不同点上不断地按顺时针方向(h 与外加恒磁场 H_0 成右螺旋关系)旋转，如图5.3所示。这说明在纵向磁化的无界旋磁介质内，

波沿 z 轴方向传播时其极化面是不断旋转的,这就是著名的法拉第旋转效应,也称为极化面旋转效应。

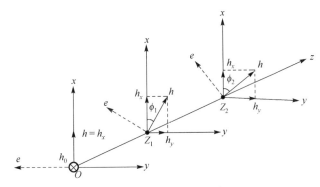

图 5.3　法拉第旋转效应

综上所述,从物理概念上可以理解成一个沿恒磁场所处的 z 轴方向上饱和磁化的旋磁介质中传播的线性极化(或椭圆极化)波可以分解成两个大小相等(椭圆极化则不等)而旋转方向相反的右、左圆极化波,旋磁介质对这两个波显示不同的磁导率,使得两个圆极化波具有不同的传播常数。如果忽略损耗,相位常数 $\beta=k$,由此可见,左右圆极化波的相位常数或相速度 $\upsilon_p=\omega/\beta$ 不相同,当 H_0 远低于铁磁共振场时, $\mu_->\mu_+$,结果右旋波的相速度比左旋波大,使得电磁波沿着 z 轴传播时在不同的传播点由右、左圆极化波合成的线极化波(或椭圆极化波)的极化面和起始时的极化面不在同一位置上,而是旋转了一个角度,其旋转方向与 $\boldsymbol{H}_0$ 呈右螺旋关系。显然,如果工作在共振点以上区域,则 $\mu_-<\mu_+$,极化面的旋转方向与 $\boldsymbol{H}_0$ 呈左螺旋关系。

我们知道,磁矩的进动方向是以恒磁场的方向为转移的,相应地右旋或左旋也是以恒磁场的方向为转移的,它们与传播方向无关。考虑到这一特点并结合上述原理就很容易明白,当 H_0 反向时极化面的旋转也跟着反向,而传播方向反向时则极化面的旋转方向不变,即极化面的旋转具有非互易性,这是均匀平面波在纵向磁化的无界旋磁介质中传播时所特有的一种非互易传播特性。

根据图 5.3,极化面旋转角(或法拉第旋转角) ϕ 可确定如下:

$$\phi=\arctan\frac{|h_y|}{|h_x|}=\frac{k_--k_+}{2}z \tag{5.26}$$

将式(5.17)代入式(5.26),在 $z=l$ 时可得

$$\phi=\frac{\omega\sqrt{\varepsilon}}{2}\left(\sqrt{\mu-\mu_a}-\sqrt{\mu+\mu_a}\right)l \tag{5.27}$$

式中, l 是波的传播距离。

再将无耗时的张量磁导率分量式代入式(5.27),在低磁偏场下,即 $\omega_0\ll\omega$,可得

$$\phi=\frac{\omega\sqrt{\varepsilon}}{2}\left[\sqrt{\mu_0\left(1+\frac{\omega_m}{\omega}\right)}-\sqrt{\mu_0\left(1-\frac{\omega_m}{\omega}\right)}\right]l \tag{5.28}$$

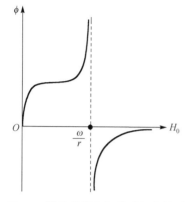

图 5.4　法拉第转角与偏磁场的关系

最后再引用近似公式 $(1+x)^n \cong 1+nx$，即得

$$|\phi| = \frac{\sqrt{\varepsilon}}{2} \mu_0 \omega_m l \qquad (5.29)$$

图 5.4 是在当 ω 保持为常数下根据式(5.27)绘制的 ϕ 与恒磁场 H_0 之间的关系曲线。由图 5.4 可见，直到饱和点以前，ϕ 基本上随 H_0 线性地增加，随后就保持为常数。当 H_0 接近共振点时，ϕ 急剧地增加并趋于无限大。H_0 超过共振点后，$\mu_+ > \mu_-$，法拉第旋转的方向便反向，且随着 H_0 的增加趋于饱和。除此以外，图 5.4 还清楚地表明，在低 H_0 下的曲线与式(5.29)是符合的。

2. 差相移效应与衰减

对于有耗介质，右、左旋波的标量磁导率变成了复数，即 $\mu_+ = \mu_+' - j\mu_+''$ 和 $\mu_- = \mu_-' - j\mu_-''$，当然传播常数也为复数，此时做变换：$k \to \varGamma = \alpha + j\beta$，这里 $\varGamma$ 是复数传播常数，α 为衰减常数，β 为相位常数。显然在无耗时，有 $\beta = k$。将这些复数标量磁导率代入式(5.20)，则得

$$\begin{cases} \beta_\pm^2 - \alpha_\pm^2 = \omega^2 \mu_0 \varepsilon_0 \varepsilon_r \mu_\pm' \\ 2\alpha_\pm \beta_\pm = \omega^2 \mu_0 \varepsilon_0 \varepsilon_r \mu_\pm'' \end{cases} \qquad (5.30)$$

从而求解得

$$\begin{cases} \alpha_\pm = \frac{\omega}{c} \left(\frac{\varepsilon_r}{2} \right)^{1/2} [(\mu_\pm'^2 + \mu_\pm''^2)^{1/2} - \mu_\pm']^{1/2} \\ \beta_\pm = \frac{\omega}{c} \left(\frac{\varepsilon_r}{2} \right)^{1/2} [(\mu_\pm'^2 + \mu_\pm''^2)^{1/2} + \mu_\pm']^{1/2} \end{cases} \qquad (5.31)$$

式(5.31)的示意图如图 5.5 所示[4]。由图 5.5 可见，在所有情形下，$\alpha_+ > \alpha_-$；在低于共振场的区域，$\beta_- > \beta_+$，而在高于共振场的区域，则是 $\beta_- > \beta_+$。假设在波导的圆偏置点(正圆偏振或负圆偏振点)放置一个具有该特性的旋磁片，当电磁波向某一方向传播时，整个波导的传播相位常数为 β_+，反方向传播时的相位常数便为 β_-；若反转外加稳恒磁场的方向而不改变电磁波的传播方向，也可使传播的相位常数从 β_+ 变为 β_-，于是对于两个相反的稳恒磁场方向就会产生一个差相移，这种现象就是差相移效应，或称为传播特性(传播常数)的非互易性，这也是差相移器件的工作原理。最后要指出的是，在低于共振场的区域，差相移 $|\beta_- - \beta_+|$ 相

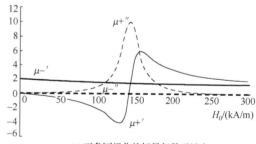

(a) 正负圆极化的标量复数磁导率

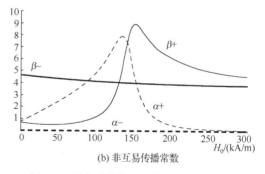

(b) 非互易传播常数

图 5.5　纵向磁化情况下的微波传播特性

对较大；而在高场情形，随着磁场的增加，差相移不断地减小。所以一般地，差相移器件尽可能地工作在低于共振场的区域。

5.2.2　横向磁化情况——双折射效应

由图 5.1 可见，当 $\theta = \dfrac{\pi}{2}$ 时，波的传播方向与恒偏磁场 H_0 的方向垂直，$\boldsymbol{k} = k_y \boldsymbol{y}$，这种情况下称作横向磁化情况，也称横场情况。

将 $\theta = \dfrac{\pi}{2}$ 代入式(5.13)，可得

$$k^2 = k_0 \frac{\left[2 + (\mu_\perp - 1) \pm (\mu_\perp - 1)\right]}{2} \tag{5.32}$$

其解为

$$k_1 = k_0 \sqrt{\mu_\perp} \tag{5.33}$$

$$k_2 = k_0 \tag{5.34}$$

将无耗时旋磁介质的 μ 和 μ_a 代入式(5.33)则得

$$k_1 = k_0 \sqrt{\frac{(\omega_0 + \omega_m)^2 - \omega^2}{\omega_0(\omega_0 + \omega_m) - \omega^2}} \tag{5.35}$$

由式(5.35)可以得到无耗时传播常数的色散关系，如图 5.6 所示[3]，图 5.6 也是在 $\omega_0/\omega_m = 1$ 的情况下的计算结果。在 $\sqrt{\omega_0(\omega_0 + \omega_m)}$ 与 $\omega_0 + \omega_m$ 之间，k_1 为虚数，该模式的波不能传播。

再将 $\theta = \dfrac{\pi}{2}$ 代入式(5.12)和式(5.7)，可得

$$\begin{bmatrix} \mu k_0^2 - k^2 & -\mathrm{j}k_0^2 \mu_a & 0 \\ \mathrm{j}k_0^2 \mu_a & \mu k_0^2 & 0 \\ 0 & 0 & k_0^2 - k^2 \end{bmatrix} \begin{bmatrix} h_x \\ h_y \\ h_z \end{bmatrix} = 0 \tag{5.36}$$

当 $k_1 = k_0\sqrt{\mu_\perp}$ 时，有

$$k_0^2 \begin{bmatrix} \dfrac{\mu_a^2}{\mu} & -\mathrm{j}\mu_a & 0 \\ \mathrm{j}\mu_a & \mu & 0 \\ 0 & 0 & 1 - \mu_\perp \end{bmatrix} \begin{bmatrix} h_x \\ h_y \\ h_z \end{bmatrix} = 0 \tag{5.37}$$

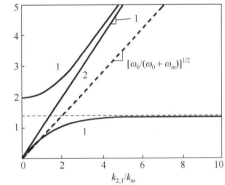

图 5.6　横向磁化情况下波数的色散关系

仔细考察式(5.37)，除非 $\omega = \omega_0$，h_z 的系数不会消失，所以 $h_z = 0$。通过求式(5.37)可以得到

$$\frac{h_y}{h_x} = -\frac{\mathrm{j}\mu_a}{\mu} = -\frac{\mathrm{j}\omega\omega_m}{\omega_0(\omega_0 + \omega_m) - \omega^2} \tag{5.38}$$

进而可以得到

$$\begin{cases} \boldsymbol{h}_1 = C \begin{bmatrix} \mu \\ -\mathrm{j}\mu_a \\ 0 \end{bmatrix} \mathrm{e}^{\mathrm{j}(\omega t - k_1 y)} \\ \boldsymbol{e}_1 = \dfrac{kC}{\omega\varepsilon} \begin{bmatrix} 0 \\ 0 \\ \mu \end{bmatrix} \mathrm{e}^{\mathrm{j}(\omega t - k_1 y)} \end{cases} \tag{5.39}$$

式中，C 是常数。

对于这种波来说，其电场是横向的并且是线性地极化在 z 方向上的，因此可以称它为横电波(或 TE 波)，其磁感应强度同样是横向的并且在 x 方向上的。该 TE 波的磁场则处于 xoy 平面内，而且是椭圆极化的。除此以外，式(5.39)已表明，该波的传播常数与 $\mu_\perp$ 有关，这与一般各向同性介质中传播的波是不一样的，因此常把这种波称作非寻常波。

将 $k_2 = k_0$ 代入式(5.36)发现，方程的解 h_z 可以为任何场量，而 $h_x = h_y = 0$，此时的场为线性极化场，即

$$\begin{cases} \boldsymbol{h}_2 = h_0 \begin{bmatrix} 0 \\ 0 \\ 1 \end{bmatrix} \mathrm{e}^{\mathrm{j}(\omega t - k_2 y)} \\ \boldsymbol{e}_2 = -\dfrac{h_0 k}{\omega\varepsilon} \begin{bmatrix} 1 \\ 0 \\ 0 \end{bmatrix} \mathrm{e}^{\mathrm{j}(\omega t - k_2 y)} \end{cases} \tag{5.40}$$

对于这种波来说，在传播方向上既没有电场分量也没有磁场分量，而只有电场的 x 分量和磁场的 z 分量，因此它是横电磁波(或 TEM 波)，它和一般各向同性介质中传播的波并无区别，故称其为寻常波。

综上所述，在横向磁化情况下，沿 y 轴传播的任何均匀平面波可以分解成上述两种简正波——寻常波和非寻常波，由于这些波的传播常数不同，结果导致波的极化状态随着波向前传播而不断地发生变化。例如，在 $y=0$ 平面内合成波的电场矢量 $\boldsymbol{e}$ 是在 xOz 平面内线性地极化的，这是因为 TE 波(即非寻常波)的电场 $\boldsymbol{e}_1$ 在 z 方向上是极化的，而 TEM 波(即寻常波)的电场 $\boldsymbol{e}_2$ 则是沿 x 方向极化的，如果这两个波的振幅相等，那么合成波就沿 45°角方向线性地极化，如图 5.7(a)所示；如果两个波的振幅不等，合成波仍在 xOz 平面内线性地极化，但极化方向却不在 45°角方向，如图 5.7(b)所示。为简单起见，可假定衰减常数为零，即波在传播过程中振幅未受到衰减，只是两个波的相位常数有差别，结果随着波沿正 y 方向往前传播时，寻常波与非寻常波之间的相位不断发生移动，使得合成波的极化状态随之不断地发生变化。一般说来，合成波都可以看成椭圆极化的，只是在不同的传播点上其椭圆度(它可定义成椭圆的长、短两上半轴之比的对数值再乘以 20)不同而已。其中除了 $y=0$ 点外，在 $y=2l$ 及 l 的偶数倍点上，合成波也是线极化的。但在上述不同点上波的极化方向是不同的，这是因为只有当两个波的相位相同或相反时才合成为线极化波，但在这两种情况下其极化方向却相差 $\dfrac{\pi}{2}$，如图 5.7(a)所示。此外，由图 5.7(a)可见，当两个波的相位差为 $\dfrac{\pi}{2}$ 时，

如图 5.7(a) 所示。此外，由图 5.7(a) 可见，当两个波的相位相差 $\dfrac{\pi}{2}$ 时，即 $(\beta_1 - \beta_2)l = \dfrac{\pi}{2}$ (β_1

和 β_2 分别是非寻常波与寻常波的相位常数) 或者 $y = l = \dfrac{\pi}{2(\beta_1 - \beta_2)}$ 时，合成波就变成圆极化

的了。显而易见，在 l 的奇数倍点上合成波都应当是圆极化的。事实上线极化和圆极化都可以看成椭圆极化的两个特例，前者相当于椭圆度为无限大而后者则相当于椭圆度为零。由此看来，合成波在整个传播途径上都可以看成椭圆极化的，只是椭圆度不同而已。不过椭圆极化波的极化方向 (指椭圆长轴方向) 每隔 l 距离要改变一次，即椭圆的长短轴要对调，长轴在传播过程中逐渐演变成短轴而短轴则逐渐演变成长轴。

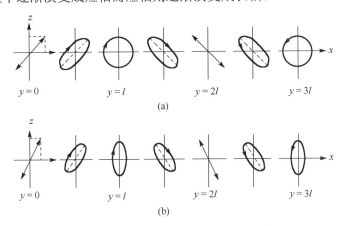

图 5.7　横向磁化情况下极化面的旋转

以上分析表明，在横向磁化情况下，均匀平面波在无界旋磁介质中传播时会分裂成沿 H_0 方向 (或 z 轴方向) 极化和沿 x 方向极化的两个波——非寻常波和寻常波，它们的传播常数分别由式 (5.33) 和式 (5.34) 表示，恰好与光学上的两个折射指数 $n_\perp = \sqrt{\varepsilon \mu_\perp}$ 和 $n_\parallel = \sqrt{\varepsilon \mu_\parallel}$ 相对应，因此常把上述物理现象称作双折射效应。由于它和光频上的科顿-穆顿 (Cotton-Mouton) 磁光效应很相似，通常又可称它为科顿-穆顿效应。

必须指出的是旋磁介质的双折射效应是不随传播方向而变的，因为对应 e_z 方向极化的有效磁导率为 $\mu_\perp$、对应 e_x 方向极化的有效磁导率为 $\mu_\parallel$，它们都不随传播方向的反向或磁场的倒向而变，传播速度也就不变，所以旋磁介质的双折射效应为互易双折射效应。双折射效应能改变传播电磁波的极化性质，使线极化变成椭圆极化或圆极化，产生变极化效应，而法拉第效应仅仅是改变了极化方向，并不能改变极化的性质。

5.3　置有旋磁介质片的矩形波导

5.3.1　纵向场分析法与旋磁介质的纵向场方程

在微波工程课程中，对基于传输线和波导的各向同性介质微波器件的分析就是研究导行电磁波在均匀波导中的传播特性。一般地将与电磁波传播方向，也就是电磁能量传播方向垂直

的方向，称为横向，而将电磁波传播的方向称为纵向。要准确地知道导行电磁波在均匀波导中的传播特性就要求解电磁波在波导横截面上的分布规律(即场的模式与场结构)及沿轴向的传播特性。分析方法是采用纵向场法，即先求解其导行电磁波的纵向场分量所满足的亥姆霍兹方程，得到纵向场分量，然后利用麦克斯韦方程直接由纵向场导出其他的横向场分量。

对基于波导的旋磁介质器件也可以采用类似的分析方法，只不过在这里，纵向是指外加偏磁场(或者说是旋磁介质的磁化方向)。下面来推导旋磁介质的纵向场方程。

为了运算方便起见，将 b 和 h 之间的本构关系写成下列形式：$b = [\bar{\mu}]h$，在此形式下，张量磁导率的对角与非对角分量均应乘以 μ_0，并假设旋磁介质沿 z 轴饱和磁化，则介质的张量磁导率形式为

$$[\bar{\mu}] = \begin{bmatrix} \mu & j\mu_a & 0 \\ -j\mu_a & \mu & 0 \\ 0 & 0 & \mu_{\parallel} \end{bmatrix} \tag{5.41}$$

则 $b = [\bar{\mu}]h$ 的投影式为

$$b_x = \mu h_x + j\mu_a h_y \tag{5.42a}$$

$$b_y = -j\mu_a h_x + \mu h_y \tag{5.42b}$$

$$b_z = \mu_{\parallel} h_z \tag{5.42c}$$

将式(5.42)代入麦克斯韦方程组中的方程 $\nabla \times e + j\omega b = 0$ 后，可写出的三个投影式为

$$\frac{\partial e_x}{\partial y} - \frac{\partial e_y}{\partial z} + j\omega\mu h_x - \omega\mu_a h_y = 0 \tag{5.43a}$$

$$\frac{\partial e_x}{\partial z} - \frac{\partial e_z}{\partial x} + \omega\mu_a h_x + j\mu\omega h_y = 0 \tag{5.43b}$$

$$\frac{\partial e_y}{\partial x} - \frac{\partial e_x}{\partial y} + j\omega\mu_{\parallel} h_x = 0 \tag{5.43c}$$

由麦克斯韦方程组中的方程 $\nabla \cdot b = 0$ 并利用式(5.42)可得

$$\mu\left(\frac{\partial h_x}{\partial x} + \frac{\partial h_y}{\partial y}\right) + j\mu_a\left(\frac{\partial h_y}{\partial x} - \frac{\partial h_x}{\partial y}\right) + \mu_{\parallel}\frac{\partial h_z}{\partial z} = 0 \tag{5.44}$$

同理，麦克斯韦的另外两个方程 $\nabla \times h - j\omega d = 0$ 和 $\nabla \cdot d = 0$ 对应的投影式为

$$\frac{\partial h_z}{\partial y} - \frac{\partial h_y}{\partial z} - j\omega\varepsilon e_x = 0 \tag{5.45a}$$

$$\frac{\partial h_y}{\partial x} - \frac{\partial h_x}{\partial y} - j\omega\varepsilon e_z = 0 \tag{5.45b}$$

$$\frac{\partial h_x}{\partial z} - \frac{\partial h_z}{\partial x} - j\omega\varepsilon e_y = 0 \tag{5.45c}$$

和

$$\frac{\partial e_x}{\partial x}+\frac{\partial e_y}{\partial y}+\frac{\partial e_z}{\partial z}=0 \tag{5.46}$$

由式(5.43)～式(5.46)可将全部横向分量(相对于恒磁场所在的 z 轴而言)消去，从而得到下列只含有纵向分量 e_z 和 h_z 的偏微分方程式

$$\frac{\partial^2 e_z}{\partial x^2}+\frac{\partial^2 e_z}{\partial y^2}+\frac{\partial^2 e_z}{\partial z^2}+\omega^2\varepsilon\mu_\perp e_z+\omega\mu_\parallel\frac{\mu_a}{\mu}\frac{\partial h_z}{\partial z}=0 \tag{5.47}$$

和

$$\frac{\partial^2 h_z}{\partial x^2}+\frac{\partial^2 h_z}{\partial y^2}+\frac{\mu_\parallel}{\mu}\frac{\partial^2 h_z}{\partial z^2}+\omega^2\varepsilon\mu_\parallel h_z-\omega\varepsilon\frac{\mu_a}{\mu}\frac{\partial e_z}{\partial z}=0 \tag{5.48}$$

以上方程就是旋磁介质的纵向场方程，在一定的边界条件下，可以从纵向场方程中求出纵向分量 e_z 和 h_z，然后再根据式(5.43)和式(5.45)得到全部的横向分量，从而得到置有旋磁介质波导的电磁特性。

从式(5.47)和式(5.48)可以看出，在纵向场方程中纵向电场 e_z 和磁场 h_z 是耦合在一起的，所以独立的 TE($e_z=0$)或 TM($h_z=0$)模式不能单独存在(除非 z 方向的场量没有变化)。

5.3.2　完全充满旋磁介质片的矩形波导的 TE_{n0} 模

如图 5.8 所示，旋磁介质片完全充满矩形波导，且外加稳恒磁场 H_0 的方向沿 z 轴。图 5.8 中 a 是波导的宽度，b 是波导的高度。由 5.2 节可知，当旋磁介质磁化方向与波导中的微波磁场相垂直时，可以得到单纯的磁波传播。现在来研究一种简单而又十分重要的场型——TE_{n0} 型波，其特点是这种波的场量与坐标 z 轴无关，即 $\frac{\partial}{\partial z}=0$。除此以外，该波形只存在 e_z、h_x 和 h_y 三个场分量，$h_z=e_x=e_y=0$。若令交变电场和交变磁场为 $\boldsymbol{e}=e_0\exp(\mp\text{j}\Gamma_y y)$ 和 $\boldsymbol{h}=h_0\exp(\mp\text{j}\Gamma_y y)$，$\Gamma_y$ 是电磁波沿 y 方向的传播常数。这里，"－"和"＋"分别表示波沿 $+y$ 和 $-y$ 方向传播。

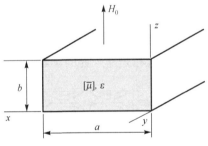

图 5.8　完全充满旋磁介质片的矩形波导

在完全填满旋磁介质片的矩形波导中，由式(5.47)得只含有 e_z 分量的纵向场波动方程式为

$$\frac{\mathrm{d}^2 e_z}{\mathrm{d}x^2}+K_\perp^2 e_z=0 \tag{5.49}$$

式中

$$K_\perp^2=\omega^2\varepsilon\mu_\perp-\Gamma_y^2 \tag{5.50}$$

由式(5.43)和式(5.45)可得到下列三个方程式：

$$\Gamma_y e_z-\omega\mu h_x+\text{j}\omega\mu_a h_y=0 \tag{5.51a}$$

$$\frac{\partial e_z}{\partial x}+\omega\mu_a h_x-\text{j}\omega\mu h_y=0 \tag{5.51b}$$

$$\frac{\partial h_y}{\partial x} + \mathrm{j}\Gamma_y h_x - \mathrm{j}\omega\varepsilon e_z = 0 \tag{5.51c}$$

由式(5.51a)和式(5.51b)可联解出 h_y 和 h_x 的表达式为

$$h_x = \frac{1}{\omega\mu_\perp}\left(\Gamma_y e_z + \frac{\mu_a}{\mu}\frac{\mathrm{d}e_z}{\mathrm{d}x}\right) \tag{5.52a}$$

$$h_y = -\frac{\mathrm{j}}{\omega\mu_\perp}\left(\frac{\mu_a}{\mu}\Gamma_y e_z + \frac{\mathrm{d}e_z}{\mathrm{d}x}\right) \tag{5.52b}$$

式(5.49)的解为

$$e_z = A\sin K_\perp x \tag{5.53}$$

代入式(5.52)有

$$h_x = \frac{A}{\omega\mu_\perp}\left(\mp\Gamma_y \sin K_\perp x + \frac{\mu_a}{\mu}K_\perp \cos K_\perp x\right) \tag{5.54a}$$

$$h_y = -\frac{\mathrm{j}A}{\omega\mu_\perp}\left(\mp\Gamma_y \frac{\mu_a}{\mu}E_z + K_\perp \cos K_\perp x\right) \tag{5.54b}$$

由 $E_z(a)=0$ 求得，横向波数 $K_\perp = \dfrac{n\pi}{a}$，从而求得 TE_{n0} 模的传播常数为

$$\Gamma_y = \sqrt{\omega^2\varepsilon\mu_\perp - \left(\frac{n\pi}{a}\right)^2} \tag{5.55}$$

从式(5.55)看，上述 TE_{n0} 模和普通介质矩形波导中的 TE_{n0} 模没有什么不同，其传播常数的形式是一样的，传播特性也是互易的。但从式(5.54)看，由于旋磁介质的耦合作用，其磁场分量的分布是非互易的，与传播方向和磁化方向有关，如图 5.9 所示[5]。

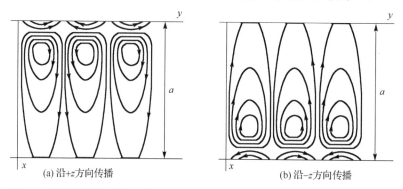

图 5.9　充满旋磁介质矩形波导中的沿不同方向传播的 TE_{10} 波的磁力线分布

5.3.3　置有单片旋磁介质片的矩形波导的 TE_{n0} 模

首先讨论图 5.10 所示的简单情况[6]。由图 5.10 可见，在矩形波导管内非对称地置入一片旋磁介质片，外加稳恒磁场的方向沿 z 轴，相对于电磁波的传输方向 y 轴，旋磁介质片是横向磁化的。旋磁片的高度与波导窄边的尺寸相等(即满高度情况)，图 5.10 中 a 是波导

的宽度，t_f 是旋磁介质片的厚度，g 和 l 分别是旋磁介质片左右两边的各向同性介质的宽度，并且满足 $a=t_f+g+l$。从整个波导截面来看，划分成三个区域，其中 $g<x<g+t_f$ 是旋磁介质区域，其特点是介质的磁导率为张量，而介电系数为标量；其余两个则是填满各向同性介质（如空气）的区域，其中介质的磁导率 μ_0 和介电系数 ε_0 都是标量。

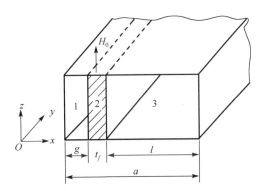

图 5.10　非对称地置入一片横向磁化的旋磁介质片的矩形波导

此种情形下得到，旋磁介质片区域中的纵向场波动方程和横向场 h_x、h_y 的表达式为分别由式 (5.49) 和式 (5.52) 表示。而在各向同性介质区域，介质的磁导率为标量 μ_0，将此代入式 (5.49)、式 (5.50) 和式 (5.52) 得（为便于区别，该区域内的所有参数均注有 "0" 下标）：

$$\frac{\mathrm{d}^2 e_{0z}}{\mathrm{d}x^2} + K_{0\perp}^2 e_{0z} = 0 \tag{5.56}$$

式中

$$K_{0\perp}^2 = \omega_0^2 \varepsilon_0 \mu_0 - \Gamma_y^2 \tag{5.57}$$

和

$$h_{0x} = \frac{\Gamma_y}{\mu_0 \varepsilon_0} e_{0z} \tag{5.58a}$$

$$h_{0y} = -\frac{\mathrm{j}}{\omega_0 \mu_0} \frac{\mathrm{d}e_{0z}}{\mathrm{d}x} \tag{5.58b}$$

现由以上方程求解置有单片旋磁介质的矩形波导中的场分布。设矩形波导的管壁为理想导体，那么边界条件应当是在波导管的窄壁上满足电场的切线分量为零，而在空气与旋磁介质片的分界面上满足电场和磁场的切分量连续的条件。具体地说，这些边界条件可写成下列形式：

在 $x=0$ 处　　　　　　　　　　　$e_{0z1} = 0$ 　　　　　　　(5.59)

在 $x=g$ 处　　　　　　　　　　　$e_{0z1} = e_z$ 　　　　　　　(5.60a)

　　　　　　　　　　　　　　　　$h_{0y1} = h_y$ 　　　　　　　(5.60b)

在 $x=g+t_f$ 处　　　　　　　　　$e_z = e_{0z3}$ 　　　　　　　(5.61a)

　　　　　　　　　　　　　　　　$h_y = h_{0y3}$ 　　　　　　　(5.61b)

在 $x=a$ 处　　　　　　　　　　　$e_{0z3} = 0$ 　　　　　　　(5.62)

在 $x<g$ 区域（Ⅰ）和 $g+t_f<x<a$ 区域（Ⅲ）内的电场分量都可由式 (5.56) 用校验法解出，分别是

$$e_{0z1} = A \sin K_{0\perp} x \tag{5.63}$$

$$e_{0z3} = B\sin K_{0\perp}(a-x) \tag{5.64}$$

在旋磁介质区域（Ⅱ）内的电场分量可由式（5.49）解出，它是

$$e_z = C\sin K_{\perp}(x-g) + D\cos K_{\perp}(x-g) \tag{5.65}$$

式中，g 是旋磁介质片距波导窄壁的距离；a 是矩形波导的宽边尺寸。

下面利用边界条件做如下运算：将式（5.63）和式（5.65）代入式（5.60a）得到式（5.66a）；将式（5.64）和式（5.65）同时代入（5.61a）得到式（5.66b）；将式（5.63）和式（5.65）分别代入式（5.58b）和式（5.52b），然后代入式（5.60b）得到式（5.66c）；将式（5.64）和式（5.65）代入式（5.58b）和式（5.52b），然后代入式（5.61b）得到式（5.66d）。即

$$A\sin(K_{0\perp}g) - D = 0 \tag{5.66a}$$

$$AP_0\cos(K_{0\perp}g) - CP + Dq = 0 \tag{5.66b}$$

$$-B\sin(K_{0\perp}l) + C\sin(K_{\perp}t_f) + D\cos(K_{\perp}t_f) = 0 \tag{5.66c}$$

$$-BP_0\cos(K_{0\perp}l) + C[q\sin(K_{\perp}t_f) - P\cos(K_{\perp}t_f)] + D[q\cos(K_{\perp}t_f) + P\sin(K_{\perp}t)] = 0 \tag{5.66d}$$

式中

$$P = \frac{K_{\perp}}{\mu_{\perp}}, \quad q = \frac{\mu_a \Gamma_y}{\mu\mu_{\perp}}, \quad P_0 = \frac{K_{0\perp}}{\mu_0} \tag{5.67}$$

方程组（5.66）有非零解的条件是未知数 A、B、C、D 的系数行列式为零，将此行列式展开后就可以求得置有横向磁化旋磁介质片的矩形波导内 TE_{n0} 型波的传播常数的超越方程式：

$$PP_0\cot(K_{\perp}t_f)[(\tan(K_{0\perp}l) + \tan(K_{0\perp}g)] - (P^2 + q^2)\tan(K_{0\perp}l)\tan(K_{0\perp}g) + P_0^2$$
$$+ P_0 q[\tan(K_{0\perp}g) - \tan(K_{0\perp}l)] = 0 \tag{5.68}$$

式（5.68）中的传播常数 Γ_y 是通过 P、q 和 P_0 而以隐函数的形式出现的，如果对式（5.68）做一些三角运算，就可将式（5.68）转换成下列直接用 Γ_y 表示的形式：

$$\frac{1}{2}\left[\mu_{\perp}^2 K_{0\perp}^2 - \left(\frac{\mu_a \Gamma_y}{\mu}\right)^2 - K_{\perp}^2\right]\cos K_{0\perp}(a - t_f - 2g)$$

$$+ \left(\mu_{\perp}K_{0\perp}\frac{\mu_a}{\mu}\Gamma_y\right)\sin K_{0\perp}(a - t_f - 2g)$$

$$+ \frac{1}{2}\left[\mu_{\perp}^2 K_{0\perp}^2 + \left(\frac{\mu_a \gamma_y}{\mu}\right)^2 + K_{\perp}^2\right]\cos K_{0\perp}(a - t_f)$$

$$+ \mu_{\perp}K_{0\perp}K_{\perp}\cot(K_{\perp}t_f)\sin K_{0\perp}(a - t_f) = 0 \tag{5.69}$$

由超越方程式（5.68）或超越方程式（5.69）可得到以下几点结论。

（1）式中含有三角函数，因此超越方程式具有无限多个根，每个根都对应于一个模式的电磁波，它表明在这种置有横向磁化旋磁介质片的矩形波导内除了能传播基波外还能传播许多高次型波，这些波可以用符号 TE_{n0}（或 H_{n0}）来表示，其中 $n=1$，2，3，…是方程式的根序号。

（2）如果旋磁介质片的厚度 $t_f \to 0$，那么式(5.68)就简化成空的矩形波导内传播常数的特性方程式。

（3）在式(5.68)的最后一项内含有 μ_a 和 Γ_y 的一次项，因此当 μ_a 的正负号改变（相当于恒磁场方向改变）或 Γ_y 的正负号改变（相当于传播方向改变）时，则方程式的根也要随之而变，即波的传播特性要变。这说明当作用在旋磁介质片上的恒磁场方向确定后，电磁波在图 5.10 所示的波导系统内沿正 y 或负 y 方向传播时，其传播特性（包括相位特性和衰减特性）是不相同的；或者在相同的传播方向下，恒磁场按正 z 轴取向或是按负 z 轴取向时，波的传播特性也是不相同的。这些结论充分地证明了电磁波在这种波导系统内传播时具有显著的非互易传播效应，它预示了可以利用图 5.10 所示的结构来设计非互易的微波旋磁介质器件。

（4）在式(5.68)中，μ_a 和 Γ_y 总是以一次乘积的形式出现的，因此当两者同时改变正负号时，即恒磁场与传播方向同时反向时，波的传播特性是不变的。

（5）当 g 和 l 对调，即旋磁介质片从图 5.10 中的左边位置对称地调换到右边相应的位置上时，超越方程的最后一项的符号要改变，说明在这两种片位置下波的传播特性也是不相同的。

（6）上述三个可变因素——恒磁场、传播方向和片位置，若同时改变其中任何两个，则传播特性不变，若改变奇数个，则传播特性就会改变。

需要说明的是，如果在旋磁介质片上紧贴一片电介质片，则电介质片可以使更多的电磁能量向旋磁片内集中，结果使得这种横向磁化的波导系统具有更强的非互易传播效应。

5.3.4　对称地置有二片横向磁化旋磁介质片的矩形波导的 TE$_{n0}$ 模

另一种令人感兴趣的非互易矩形波导结构是在波导内对称地置入二片反向磁化的旋磁介质片，如图 5.11 所示，右边的那片旋磁介质片实际上相当于把图 5.10 中的 g 和 l 对调一下，然后再将作用在旋磁介质片上的横向恒磁场反向。根据式(5.68)所得结论，同时改变上述两个因素，传播特性是不变的，这意味着右边的那片旋磁介质片和左边的旋磁介质对波所起的作用是相同的，因此图 5.11 所示的双片结构相当于两个单片结构的叠加，电磁波在这种波导系统内传播时仍然具有非互易传播特性，但和单片结构相比，其非互易性是增加的，但并不加倍，原因在于场高度集中在旋磁介质区域内。

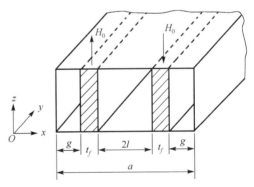

图 5.11　对称地置有二片横向磁化旋磁介质片的矩形波导

理论上导出的双片反向磁化情况下的传播常数的超越方程式为

$$PP_0\cot(K_\perp t_f)[(\tan(K_{0\perp}g)-\cot(K_{0\perp}l)]+(P^2+q^2)\tan(K_{0\perp}g)\cot(K_{0\perp}l)$$
$$+P_0^2+P_0q[\cot(K_{0\perp}l)+\tan(K_{0\perp}g)]=0 \tag{5.70}$$

该式与式(5.68)的区别仅在于用 $(-\cot K_{0\perp}l)$ 取代了 $(\tan K_{0\perp}l)$。式(5.70)还可以转换成下列形式:

$$\frac{1}{2}\left[\mu_{0\perp}^2 K_{0\perp}^2 - \left(\frac{\mu_a \Gamma_y}{\mu}\right)^2 - K_\perp^2\right]\sin K_0\left(\frac{a}{2}-t_f-2q\right)$$

$$-\left(\mu_\perp K_{0\perp}\frac{\mu_a \Gamma_y}{\mu}\right)\cos K_{0\perp}\left(\frac{a}{2}-t_f-2g\right)$$

$$-\frac{1}{2}\left[\mu_\perp^2 K_{0\perp}^2 + \left(\frac{\mu_a \Gamma_y}{\mu}\right)^2 + K_\perp^2\right]\sin K_{0\perp}\left(\frac{a}{2}-t_f\right)$$

$$+\mu_\perp K_{0\perp}K_\perp\cot(K_\perp t_f)\cos K_{0\perp}\left(\frac{a}{2}-t_f\right)=0 \tag{5.71}$$

当 $g=0$ 时,由式(5.68)可以得到单片紧靠波导窄壁情况下的传播常数的超越方程式为

$$P\cot(K_\perp t_f) + P_0\cot(K_{0\perp}l) - g = 0 \tag{5.72}$$

同理,当 $g=0$ 时,由式(5.70)可以得到图5.11所示的双片分别紧靠波导左右两窄壁情况下的传播常数的超越方程式为

$$P\cot(K_\perp t_f) - P_0\tan(K_{0\perp}l) - q = 0 \tag{5.73}$$

5.3.5　置有旋磁介质矩形波导中的差相移效应

应当指出,式(5.69)是电磁波沿 $+y$ 方向传播时的特征方程。在式(5.69)中,左边第二项的 Γ_y 是一次幂,若传播方向沿 $-y$ 方向,则应将式(5.69)中的第二项前的正号改为负号,

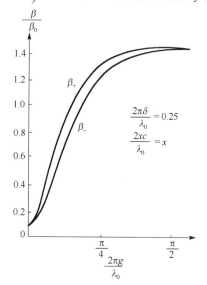

图5.12　置有旋磁介质片的矩形波导中的约化相位常数 $\frac{\beta_{y\pm}}{\beta_{y0}}$ 与铁氧片在波导中的约化位置的关系 $\frac{2\pi g}{\lambda_0}$

于是得到沿 $-y$ 方向传播的特征方程。如果将沿 $\pm y$ 方向的相位传播常数分别写为 $\beta_{y\pm}$,则显然 β_{y+} 和 β_{y-} 不同,即含有旋磁介质的矩形波导中的传播特性是非互易的。将式(5.69)中的 β_y 展开成 $t_f=0$ 附近的泰勒级数,就可以得到差分相移 $(\beta_{y+}-\beta_{y-})$ 的有用的近似结果:

$$\Delta\beta = \beta_{y+}-\beta_{y-} \approx -\frac{\mu_a}{\mu}\frac{2\pi}{a}\frac{t_f}{a}\sin\left(2\pi\frac{g}{a}\right)$$

上式对 $\frac{t_f}{a} < 0.01$ 是精确的。

设 $\frac{2\pi t_f}{\lambda_0} = 0.25$,$\frac{2\pi a}{\lambda_0} = 0$,$\frac{\mu_a}{\mu} = 0.25$,自由空间中的相位常数 $\beta_{y0} = \frac{2\pi}{\lambda_0}$($\lambda_0$ 是自由空间电磁波的波长),通过数值解法可求得 $\frac{\beta_{y\pm}}{\beta_{y0}} \sim \frac{2\pi g}{\lambda_0}$ 的函数关系,如图5.12所示。

5.3.6　置有旋磁介质矩形波导中的场移效应

从超越方程式(5.68)或超越方程式(5.69)求出 Γ_y 后，然后经过较繁杂的运算就能求出各个区域的电场 e_z 和磁场 h_x, h_y。图 5.13 给出了电磁波在 y 方向和$-y$ 方向传播时电场 e_z 在 x 方向的分布图。

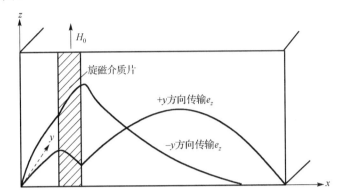

图 5.13　含有旋磁介质片的矩形波导中，电场强度 e_z–x 的关系曲线

从图 5.13 中可看出，在$+y$ 和$-y$ 两个方向传输的波，e_z 的分布有很大区别。为什么出现这种情况呢？图 5.14 给出了无旋磁介质片矩形波导中 TE_{10} 模的场分布图，图 5.14 中虚线是微波磁场分布。从图 5.14 中可以看出，在无旋磁介质的矩形波导中，不同位置的磁场的极化方向是不同的。如果在传输基波的矩形波导管的圆极化位置上安放一块较厚的旋磁介质片，恒磁场仍是沿 z 轴方向作用于该片的，则旋磁介质片内的磁矩就会围绕着恒磁场而进动。当电磁波沿正 y 方向传播时，旋磁介质片所在位置处的圆极化磁场是右旋的，那么沿负 y 方向传播时该处的圆极化磁场就是左旋的。大家知道，在共振点以下，旋磁介质对右旋波和左旋波显示不同的磁导率，其中，μ_- 为正并大于 μ_0，而 μ_+ 为负并小于 μ_0，如图 2.5 所示。当波沿正 y 方向传播时，旋磁介质显示的磁导率 μ_+ 为负值，比波导管内空气部分的磁导率 μ_0 还小，因而电磁波都喜欢在空气区域内传播，这时旋磁介质所起的作用就好像是将电磁能量往旋磁介质外面排斥似的，因此电场的 e_z 分量在旋磁介质与空气的分界面上有

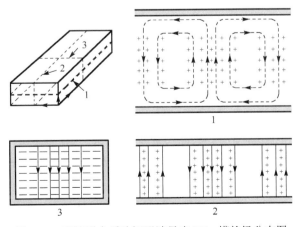

图 5.14　无旋磁介质片矩形波导中 TE_{10} 模的场分布图

最小值，如图 5.13 所示（图中的曲线代表沿正、负 y 方向传播时电场 e_z 的分布状态）。反之，当波沿负 y 方向传播时，旋磁介质显示的磁导率 μ'_- 为正值并比空气区域的 μ_0 大，这时电磁波喜欢在旋磁介质区域内传播，旋磁介质片所起的作用就好像是将电磁能量尽量地往旋磁介质内集中似的，在此情况下旋磁介质与空气分界面上的 e_z 分量出现最大值。由图 5.13 可见，正反两个传播方向下的电场分布形式有很大的差别，如果将其和空波导内基波的电场分布做一个比较的话，那么无论是正向传播还是反向传播时的电场分布形式都发生了移动，一个是移出旋磁介质区，另一个则是移入旋磁介质区，人们就把这种现象称为场移效应。

图 5.15 为 TE_{10} 模的相对电场分布随旋磁介质片的位置的变化图。当旋磁介质片逐渐远离波导壁时，场型的畸变变得严重，当旋磁介质片在 $x=a/4$ 处时，Γ_y^- 变得很大，这样反向波的 $K_{0\perp}$ 可能变为虚数，所以电场强度在旋磁介质的外部迅速下降。在极端情况下，约有一半的微波能量集中在旋磁介质中，这时磁场大小对电场的分布影响不大。

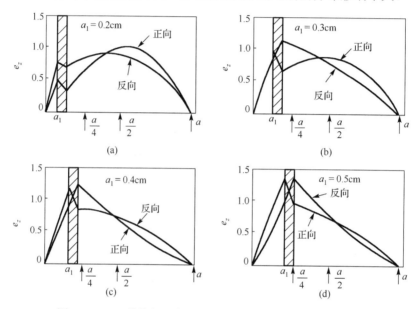

图 5.15　TE_{10} 模的相对电场分布随旋磁介质片位置的变化图

5.4　填充有旋磁介质的圆波导

5.4.1　全填满旋磁介质的圆波导的特性

原则上讲，对于填充有旋磁介质圆波导中的电动力学问题，也可以采用如同前面处理矩形波导问题一样方法，即在一定边界条件下求解场方程的办法来求解，只不过对于圆波导这样的几何形状，采用圆柱坐标系更恰当。这里，仅讨论边界条件最为简单的情形——圆波导管内完全填满旋磁介质的情况，如图 5.16 所示。在图 5.16 中 r 是径向单位矢量，ϕ 是切向单位矢量，z 是轴向单位矢量。讨论时认为波导管壁由良导体制成，恒磁场在 z 轴方向上。

全填满旋磁介质的圆波导管，边界条件只要满足波导管壁上电场的切线分量为零即

可。具体地说，边界条件应是

$$e_z = 0, \quad e_\phi = 0, \quad 在 r=r_0 上 \qquad (5.74)$$

式中，r_0 是圆波导管的内半径。

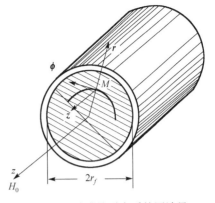

由于场方程求解法处理圆波导问题较为繁杂，这里只简单地介绍求解过程与结果，详细过程请参照相关文献。在圆柱坐标系中，可以写出用纵向分量(z 方向)表示的横向场圆柱分量，然后代入上述两个边界条件得到线性齐次方程组，令此线性齐次方程组的系数行列式为零，然后再将行列式展开就可

图 5.16　填满旋磁介质的圆波导

导出下列关于传播常数 Γ_z 的超越方程式：

$$\left(\frac{\omega^2 \varepsilon \mu_\perp - \Gamma_z^2}{K_1} - K_1\right)\frac{J'_m(K_1 r_0)}{J_m(K_1 r_0)} - \left(\frac{\omega^2 \varepsilon \mu_\perp - \Gamma_z^2}{K_2} - K_2\right)\frac{J'_m(K_2 r_0)}{J_m(K_2 r_0)} + \frac{\mu_a}{\mu}\Gamma_z^2 \frac{m}{r}\left(\frac{1}{K_1^2} - \frac{1}{K_2^2}\right) = 0 \quad (5.75)$$

式中

$$K_{1,2}^2 = \frac{1}{2}\left[\omega^2 \varepsilon(\mu_\perp + \mu_{//}) - \left(1 + \frac{\mu_{//}}{\mu}\right)\Gamma_z^2\right] \pm \left\{\frac{1}{4}[\omega^2 \varepsilon(\mu_\perp - \mu_{//})\right.$$
$$\left. - \left(1 - \frac{\mu_{//}}{\mu}\right)\Gamma_z^2]^2 + \Gamma_z^2 \omega^2 \varepsilon \mu_{//}\left(\frac{\mu_a}{\mu}\right)^2\right\}^{\frac{1}{2}} \qquad (5.76)$$

式中，+/−号分别对应 K_1 和 K_2，$m=0, \pm 1, \pm 2, \cdots$，代表电磁波的不同模式，$J_m(x)$ 为第一类贝塞尔函数。

由式(5.75)首先可以看出，m 是以一次方出现的，因此 m 符号的改变，即圆极化波极化旋转方向的改变，式(5.75)最后一项的符号随之而变，结果由式(5.75)解出的传播常数 Γ_z 是不相同的，这意味着在填满纵向磁化旋磁介质的圆波导内，左旋波和右旋波仍然具有不同的传播常数，这一结论与纵向磁化无界旋磁介质情况下得到的结果一致，由此可以断定，目前情况下同样存在着法拉第旋转效应。其次，式(5.75)中的 μ_a 也以一次方出现，它的符号改变(相当于恒偏磁场反向)也会使 Γ_z 随之改变，这意味着当恒磁场反向时法拉第旋转方向也跟着反向。除此以外，式(5.75)中的 Γ_z 却总是以二次方出现的，因此 Γ_z 符号的改变(即传播方向反向)对超越方程式并无影响，所得的解也不变，这说明法拉第旋转效应与传播方向是无关的。最后，式(5.75)中的 m 与 μ_a 总是以乘积形式出现的，这说明当两者同时改变符号时传播特性是不变的。综上所述，可以清楚地看出，在填满纵向旋磁介质的圆波导管内电磁波具有显著的非互易传播特性。

要求出法拉第旋转角的表达式，首先必须在 m 为正和负两种情况下分别从式(5.75)解出 Γ_{z+} 和 Γ_{z-}，然后将其代入式(5.25)就可求出 ϕ。然而，欲从超越方程式(5.75)中解出 Γ_z 是很困难的，只有借助计算机才能求得数值结果。

需要说明的是，从实用的观点来看，完全填满纵向磁化旋磁介质的圆波导对电磁波有很大的反射作用，为了减小反射，常采用置有小直径的纵向磁化旋磁介质棒的圆波导，当棒的半径为某一最佳值时便可有效地减小反射达到良好的匹配。在这种结构下的边界条件却要复杂得多，除了在波导管壁上要满足电场的切线分量为零，还应当满足旋磁介质与空气的分界面上(即 $r=r_f$ 为旋磁介质棒的半径)电场与磁场的切线分量连续的条件，即总共要满足下列六个边界条件：在 $r=r_0$ 上：$e_{z0}=0$，$e_{\phi0}=0$，其中，r_0 是圆波导的内半径；在 $r=r_f$ 上：$e_z=e_{z0}$，$e_\phi=e_{\phi0}$；$h_z=h_{z0}$，$h_\phi=h_{\phi0}$，其中有"0"下标的表示圆波导内旋磁介质棒以外的空气区域内($r_f<r<r_0$)的切线场分量；没有"0"下标的则是旋磁介质区域内($r<r_f$)的切线场分量。由此可见，要满足上述六个边界条件就会有六个线性齐次方程式，令此线性齐次方程组的系数行列式为零，然后再将行列式展开就可求得关于传播常数的超越方程式。可以想象，这定是一个十分复杂的超越方程，写出它已十分不易，欲从该式解出 Γ_z 则更为困难，一般只有借助于计算机来求出数值解。

5.4.2　微扰法求解填充旋磁介质的圆波导的传输特性

前面已知道，直接应用场方程求解边界问题原则上都能得到传播常数的超越方程，但是超越方程复杂，一般需要数值法求解，特别是对旋磁介质形状复杂的波导问题求解就更困难了，甚至是不可行。为此就不得不寻求某种近似的方法来处理这一问题，其中最著名的就是微扰法，其基本思想是这样的：当旋磁介质的截面 S_f 与空波导的截面 S 相比满足 $S_f \ll S$ 时，可以认为旋磁样品的引入对空波导的传播常数是个微扰，这样放入旋磁介质样品后波导系统中的波形(微扰后的波形)和放入旋磁介质样品前波导系统总的波形(微扰前的波形)就可以假定是一样的，这就可以应用已知空波导系统的场分布来求解传播常数的微扰值。

下面以法拉第效应为例来说明这种方法[1]48-63。

假设有两种电磁过程，一种是不含有旋磁介质的非微扰系统内的电磁过程，以后在它的各个参数上均注有"0"下标；另一种是含有旋磁介质的微扰系统内的电磁过程，以后在它的所有参加上均无"0"下标，以示区别。下面就用上述区分方法来分别写出适用于这两种电磁过程的麦克斯韦方程组中的两个旋度方程：

$$\nabla \times e + j\omega[\mu]h = 0 \tag{5.77a}$$

$$\nabla \times h - j\omega\varepsilon e = 0 \tag{5.77b}$$

$$\nabla \times e_0 + j\omega_0\mu_0 h_0 = 0 \tag{5.78a}$$

$$\nabla \times h_0 - j\omega_0\varepsilon_0 e_0 = 0 \tag{5.78b}$$

式(5.78)的共轭复数方程式为

$$\nabla \times e_0^* - j\omega_0\mu_0 h_0^* = 0 \tag{5.79a}$$

$$\nabla \times h_0^* + j\omega_0\mu_0 e_0^* = 0 \tag{5.79b}$$

式中，注有"*"上标的是共轭值。

为了使微扰与非微扰两种电磁过程互相耦合起来，可以通过数学运算来实现。现在取 h_0^* 与式(5.77a)，$(-e_0^*)$ 与式(5.77b)，h 与式(5.79a)，$(-e)$ 与式(5.79b)的标积，然后再将这四个式子相加，并使用下列公式：

$$\begin{cases} \nabla \cdot (\boldsymbol{e} \times \boldsymbol{h}_0^*) = \boldsymbol{h}_0^* \nabla \times \boldsymbol{e} - \boldsymbol{e} \nabla \times \boldsymbol{h}_0^* \\ \nabla \cdot (\boldsymbol{e}_0^* \times \boldsymbol{h}) = \boldsymbol{h} \nabla \times \boldsymbol{e}_0^* - \boldsymbol{e}_0^* \nabla \times \boldsymbol{h} \end{cases} \tag{5.80}$$

可求得

$$\nabla \cdot (\boldsymbol{e} \times \boldsymbol{h}_0^* + \boldsymbol{e}_0^* \times \boldsymbol{h}) + \mathrm{j}(\omega \boldsymbol{h}_0^* [\mu] \boldsymbol{h} - \omega_0 \mu_0 \boldsymbol{h}_0^* \boldsymbol{h} + \omega \varepsilon \boldsymbol{e}_0^* \boldsymbol{e} - \omega_0 \varepsilon_0 \boldsymbol{e}_0^* \boldsymbol{e}) = 0 \tag{5.81}$$

式 (5.81) 就是微扰法的基本公式。从式 (5.81) 出发可以进行波导的微扰计算 (即计算规则波导的传播常数和规则波导的不规则处的通过系数与反射系数) 以及谐振腔的微扰计算 (计算谐振腔的复数谐振频率)。

下面就从式 (5.81) 出发,求出含有旋磁介质的任意截面的波导内传播常数的微扰公式。

假定非微扰时,波导内充满了参数为 μ_0 和 ε_0 的各向同性介质波导的截面积为 S_0,如图 5.17 所示,图中 $\boldsymbol{n}$ 是圆周 L 上沿法线方向的单位矢量。

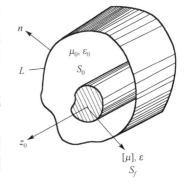

图 5.17 充有介质的波导

现在取非微扰波导内的电场和磁场具有下列形式:

$$\boldsymbol{e}_0 \exp(-\mathrm{j}\Gamma_{0z}z) \text{和} \boldsymbol{h}_0 \exp(-\mathrm{j}\Gamma_{0z}z) \tag{5.82}$$

其共轭值为

$$\boldsymbol{e}_0^* \exp(\mathrm{j}\Gamma_{0z}z) \text{和} \boldsymbol{h}_0^* \exp(\mathrm{j}\Gamma_{0z}z) \tag{5.83}$$

式中,Γ_{0z} 是非微扰波导内电磁波的传播常数。

当在波导内引入参数为 $[\mu]$ 和 ε 而截面积为 S_f 的张量介质后,如果 $S_f \ll S_0$ 的话,则可认为波导内的场仅受到微扰,经微扰后的场具有下列形式:

$$\boldsymbol{e} \exp(-\mathrm{j}\Gamma_z z) \text{和} \boldsymbol{h} \exp(-\mathrm{j}\Gamma_z z) \tag{5.84}$$

其共轭值为

$$\boldsymbol{e}^* \exp(\mathrm{j}\Gamma_z z) \text{和} \boldsymbol{h}^* \exp(\mathrm{j}\Gamma_z z) \tag{5.85}$$

式中,Γ_z 是微扰波导内电磁波的传播常数。

讨论波导中的传播常数时,有 $\omega = \omega_0$,因此式 (5.81) 可改写成下列形式:

$$\nabla \cdot (\boldsymbol{e} \times \boldsymbol{h}_0^* + \boldsymbol{e}_0^* \times \boldsymbol{h}) + \mathrm{j}\omega(\boldsymbol{h}_0^* [\Delta\mu] \boldsymbol{h} + \boldsymbol{e}_0^* \Delta\varepsilon \boldsymbol{e}) = 0 \tag{5.86}$$

式中,$\Delta\varepsilon = \varepsilon - \varepsilon_0$,$[\Delta\mu] = [\mu] - \mu_0[I]$。其中,$[\Delta\mu]$ 的对角分量应是 $\Delta\mu = \mu - \mu_0$,$\Delta\mu_\| = \mu_\| - \mu_0$,而 $[I]$ 是单位张量。

式 (5.86) 还可以写成下列分量形式:

$$\nabla_\perp \cdot (\boldsymbol{e} \times \boldsymbol{h}_0^* + \boldsymbol{e}_0^* \times \boldsymbol{h}) + \frac{\partial}{\partial z}(\boldsymbol{e}_\perp \times \boldsymbol{h}^* + \boldsymbol{e}_0^* \times \boldsymbol{h}_\perp)\boldsymbol{k} + \mathrm{j}\omega(\boldsymbol{h}_0^* [\Delta\mu] \boldsymbol{h} + \boldsymbol{e}_0^* \Delta\varepsilon \boldsymbol{e}) = 0 \tag{5.87}$$

式中,$\boldsymbol{k}$ 是波导轴线方向上的单位矢量;下标 "⊥" 表示垂直于波导轴截面内的横向分量。

如果将式 (5.87) 的场取式 (5.83) 和式 (5.84) 所示的形式,则有

$$\nabla_\perp \cdot (\boldsymbol{e} \times \boldsymbol{h}_0^* + \boldsymbol{e}_0^* \times \boldsymbol{h}) - \mathrm{j}(\Gamma_z - \Gamma_{z0})(\boldsymbol{e}_\perp \times \boldsymbol{h}^* + \boldsymbol{e}_0^* \times \boldsymbol{h}_\perp)\boldsymbol{k} + \mathrm{j}\omega(\boldsymbol{h}_0^* [\Delta\mu] \boldsymbol{h} + \boldsymbol{e}_0^* \Delta\varepsilon \boldsymbol{e}) = 0 \tag{5.88}$$

将式 (5.88) 对波导截面 S_0 积分,运算时应注意到只是在旋磁介质区域 S_f 内 $[\Delta\mu]$ 和 $\Delta\varepsilon$ 才

不为零，与此同时还要应用高斯定理。

$$\int_S \nabla \cdot A \mathrm{d}S = \oint_L A \cdot n \mathrm{d}L \tag{5.89}$$

式中，A 是任意矢量。结果得

$$\int_L (e \times h_0^* + e_0^* \times h) \cdot n \mathrm{d}L - \mathrm{j}(\varGamma_z - \varGamma_{0z}) \int_{S_0} (e_\perp \times h_{0\perp}^* + e_{0\perp}^* \times h_\perp) k \mathrm{d}S$$

$$+ \mathrm{j}\omega \int_{S_f} (h_0^*[\Delta\mu]h + e_0^* \Delta\varepsilon e) \mathrm{d}S = 0 \tag{5.90}$$

式中，L 是 S_0 截面的周长；n 是垂直于 L 的单位矢量。

在波导管壁上应满足边界条件 $e_0 \times n = 0$，$e \times n = 0$，故式(5.90)中的线积分项应为零，从而可求得下列关于传播常数的微扰公式。

$$\varGamma_z - \varGamma_{0z} = \frac{\omega \int_{S_f} (h_0^*[\Delta\mu]h + e_0^* \Delta\varepsilon e) \mathrm{d}S}{\int_{S_0} (e_\perp \times h_{0\perp}^* + e_{0\perp}^* \times h_\perp) k \mathrm{d}S} \tag{5.91}$$

显然，这个微扰公式是严格的，但是存在的问题是式中沿 S_f 和 S_0 积分号内的微扰场均是未知的，而且很难将它们求出，结果 $\varGamma_z$ 仍无法求出。这里采用近似方法求解。如果在波导内置入的旋磁介质的尺寸很微小，即 $S_f \ll S_0$，那么它只会局部地微微扰动波导内的场分布，从整个波导截面来看，可以近似地认为微扰过的场与非微扰场的差别是不大的，于是式(5.91)分母中沿 S_0 积分号内的全部微扰场都可以近似地用已知空波导内的非微扰场来取代。经代换后的式(5.91)可改写成下列形式：

$$\varGamma_z - \varGamma_{0z} = \frac{\omega\rho_0}{2} \frac{\int_{S_f} (h_0^*[\Delta\mu]h + e_0^* \Delta\varepsilon e) \mathrm{d}S}{\int_{S_0} |e_{0\perp}|^2 \mathrm{d}S} \tag{5.92}$$

式中，$\rho_0 = |e_{0\perp}/h_{0\perp}|$ 是非微扰波导的波阻抗。原则上讲，式(5.92)适合于任意截面的均匀波导系统，并且置入的样品尺寸越小，则式(5.92)越精确。

至此，S_0 积分号内的微扰场已经用上述近似方法处理了，那么沿 S_f 积分号内的微扰场又如何决定呢？大家知道，当旋磁介质样品的尺寸比电磁波长小得多时，样品内的电场和磁场可看作均匀的，因而可以用静态场来取代样品内的场，但这种取代是准静态近似的，下面就来导出这些准静态近似内场。

考虑退磁场作用后，椭球样品的内外磁场之间的关系，写为分量形式为

$$h_{0x} = h_x + N_x m_x \tag{5.93a}$$

$$h_{0y} = h_y + N_y m_y \tag{5.93b}$$

$$h_{0z} = h_z + N_z m_z \tag{5.93c}$$

式中，h_{0x}、h_{0y} 和 h_{0z} 是外磁场分量；h_x、h_y 和 h_z 是内磁场分量；$N_x m_x$、$N_y m_y$ 和 $N_z m_z$ 则是退磁场分量，其中 N_x、N_y 和 N_z 分别是三个坐标轴上的退磁系数。

为计算方便起见，现将式(2.22)改写成下列形式：

$$m_x = \frac{\chi}{\mu_0} h_x - \mathrm{j}\frac{\chi_a}{\mu_0} h_y \tag{5.94a}$$

$$m_y = \mathrm{j}\frac{\chi_a}{\mu_0} h_x + \frac{\chi}{\mu_0} h_y \tag{5.94b}$$

$$m_z = 0 \tag{5.94c}$$

式中

$$\chi = \frac{M_0}{H_0}\frac{\mu_0\omega_0^2}{\omega_0^2 - \omega^2}, \quad \chi_a = \frac{M_0}{H_0}\frac{\mu_0\omega\omega_0}{\omega_0^2 - \omega^2} \tag{5.95}$$

而

$$\omega_0 = \gamma H_0 \tag{5.96}$$

式中，γ 为旋磁比，H_0 和 M_0 分别是外加稳恒磁场和稳态磁化强度。

将式(5.94)代入式(5.93)，可解得

$$h_x = \frac{\mu_0(\mu_0 + N_y\chi)h_{0x} + \mathrm{j}\mu_0 N_x\chi_a h_{0y}}{(\mu_0 + N_y\chi)(\mu_0 + N_x\chi) - N_x N_y\chi_a^2} \tag{5.97a}$$

$$h_y = \frac{\mu_0(\mu_0 + N_x\chi)h_{0y} + \mathrm{j}\mu_0 N_y\chi_a h_{0x}}{(\mu_0 + N_y\chi)(\mu_0 + N_x\chi) - N_x N_y\chi_a^2} \tag{5.97b}$$

$$h_z = h_{0z} \tag{5.97c}$$

对于圆柱形旋磁介质样品而言，$N_x = N_y = \frac{1}{2}$，$N_z = 0$。将此代入式(5.97)，在圆柱坐标下，得

$$h_r = 2\mu_0\frac{(\mu + \mu_0)h_{0r} + \mathrm{j}\mu_a h_{0\phi}}{(\mu + \mu_0)^2 - \mu_a^2} \tag{5.98a}$$

$$h_\phi = 2\mu_0\frac{(\mu + \mu_0)h_{0\phi} - \mathrm{j}\mu_a h_{0r}}{(\mu + \mu_0)^2 - \mu_a^2} \tag{5.98b}$$

$$h_z = h_{0z} \tag{5.98c}$$

式中，$\mu = \mu_0 + \chi$，$\mu_a = \chi_a$。

在式(5.98)中，只要将全部磁参数改写成对应的电参数，就可写出旋磁介质圆柱内电场的表达式：

$$e_r = \frac{2\varepsilon_0}{\varepsilon + \varepsilon_0} e_{0r} \tag{5.99a}$$

$$e_\phi = \frac{2\varepsilon_0}{\varepsilon + \varepsilon_0} e_{0\phi} \tag{5.99b}$$

$$e_z = e_{0z} \tag{5.99c}$$

如上面所述，式(5.92)中的非微扰场可以直接引用空波导管内的电磁场。对于圆波导

管而言，已知其基波场分量为

$$e_{0r} = \mp \frac{\omega\mu_0}{r} J_1\left(\frac{1.84}{r_0}r\right)e^{\mp j\phi} \tag{5.100a}$$

$$e_{0\phi} = j\omega\mu_0 \frac{1.84}{r_0} J_1'\left(\frac{1.84}{r_0}r\right)e^{\mp j\phi} \tag{5.100b}$$

$$E_{0z} = 0 \tag{5.100c}$$

$$e_{0r} = -j\Gamma_{0z}\frac{1.84}{r_0}J_1'\left(\frac{1.84}{r_0}r\right)e^{\mp j\phi} \tag{5.100d}$$

$$h_{0\phi} = \mp \Gamma_{0z}\frac{1}{r}J_1\left(\frac{1.84}{r_0}r\right)e^{\mp j\phi} \tag{5.100e}$$

$$h_{0z} = (K_0^2 - \Gamma_{0z}^2)J_1\left(\frac{1.84}{r_0}r\right)e^{\mp j\phi} \tag{5.100f}$$

式中，$K_0^2 = \omega^2\varepsilon_0\mu_0$；$J_1$是第一阶贝塞尔函数；$J_1'$是$J_1$的导数，$\Gamma_{0z}$是空波导内沿$z$方向（即轴向）传播时的传播常数。式(5.100a)～式(5.100f)中的振幅乘数及$e^{j\alpha}$乘数均已略去。式(5.100a)～式(5.100f)中上面的符号对应于右旋模而下面的符号则对应于左旋模。

由圆柱函数的理论可知，当贝塞尔函数的阶取$n=1$时，则递推公式为$xJ_1'(x) + J_1(x) = xJ_0(x)$；而当$x \to 0$时，由贝塞尔函数的曲线可查知：$J_0(x) \cong 1$，$J_1(x) \cong \frac{x}{2}$，将此代入上述递推公式可得$J_1'(x) \cong \frac{1}{2}$。考虑到这些关系后，在旋磁介质区域($r<r_f$区域)内可将式(5.100)简化成下列形式：

$$e_{0r} = \mp\frac{1}{2}\omega\mu_0\frac{1.84}{r_0}e^{\mp j\phi} \tag{5.101a}$$

$$e_{0\phi} = \frac{1}{2}j\omega\mu_0\frac{1.84}{r_0}e^{j\phi} \tag{5.101b}$$

$$e_{0z} = 0 \tag{5.101c}$$

$$h_{0r} = -\frac{1}{2}j\Gamma_{0z}\frac{1.84}{r_0}e^{\mp j\phi} \tag{5.101d}$$

$$h_{0\phi} = \mp\frac{1}{2}\Gamma_{0z}\frac{1.84}{r_0}e^{\mp j\phi} \tag{5.101e}$$

$$h_{0z} = 0 \tag{5.101f}$$

现在先将式(5.92)分子中的第一项写成下列分量形式：

$$\int_{S_f}([\bar\mu] - \mu_0)\boldsymbol{h}\boldsymbol{h}_0^*\mathrm{d}S = \pi r_f^2[(\mu-\mu_0)(h_r h_{0r}^* + h_\phi h_{0\phi}^*) \\ + j\mu_a(h_r h_{0\phi}^* - h_\phi h_{0r}^*) - (\mu_\| - \mu_0)h_z h_{0z}^*] \tag{5.102}$$

将式(5.98)代入式(5.102)得

$$\int_{S_f} ([\overline{\mu}] - \mu_0) \boldsymbol{h} \boldsymbol{h}_0^* \mathrm{d}S = \pi r_f^2 \frac{2\mu_0}{(\mu+\mu_0)^2 - \mu_a} [(\mu^2 - \mu_0^2 - \mu_a^2)(|H_{0r}|^2$$
$$+ |h_{0\phi}|^2 + 2\mathrm{j}\mu_a\mu_0(h_{0r}h_{0\phi}^* - h_{0\phi}h_{0r}^*)] + \pi r_f^2(\mu_{\parallel} - \mu_0)|H_{0z}|^2 \quad (5.103)$$

同理，将式(5.99)代入式(5.92)分子中的第二项，可得

$$\int_{S_f} (\varepsilon - \varepsilon_0) \boldsymbol{e} \boldsymbol{e}_0^* \mathrm{d}S = \pi r_f^2 \left[2\varepsilon_0 \frac{\varepsilon - \varepsilon_0}{\varepsilon + \varepsilon_0}(|e_{0r}|^2 + |e_{0\phi}|^2) \right] \quad (5.104)$$

然后再将式(5.92)分别代入式(5.103)及式(5.104)，可得

$$\int_{S_f} ([\overline{\mu}] - \mu_0) \boldsymbol{h} \boldsymbol{h}_0^* \mathrm{d}S = \pi r_f^0 \mu_0 \left(\frac{1.84}{r_0} \right)^2 \gamma_{0z}^2 \frac{\mu \pm \mu_a - \mu_0}{\mu \pm \mu_a + \mu_0} \quad (5.105)$$

$$\int_{S_f} (\varepsilon - \varepsilon_0) \boldsymbol{e} \boldsymbol{e}_0^* \mathrm{d}S = \pi r_f^2 K_0^2 \mu_0 \left(\frac{1.84}{\Gamma_0} \right) \frac{\varepsilon - \varepsilon_0}{\varepsilon + \varepsilon_0} \quad (5.106)$$

在计算式(5.103)~式(5.106)时，认为在 $0 \sim r_f$ 积分限内的场 $\boldsymbol{e}_0$ 和 $\boldsymbol{h}_0$ 与坐标 r 无关，所以积分就可以用 πr_f^2 来取代。显然，这只有当旋磁介质圆柱半径很小($r_f \ll r_0$)时才正确。

式(5.92)的分母部分是 $\frac{2}{\omega\rho_0}\int_{S_0} |e_{0\perp}|^2 \mathrm{d}S$，其中，$\rho_0$ 用式(5.92)求出，而 $E_{0\perp}$ 则用式(5.91)代入，结果得

$$\frac{2}{\omega\rho_0}\int_{S_0} |e_{0\perp}|^2 \mathrm{d}s = 1.6\pi\Gamma_{0z}\mu_0 \quad (5.107)$$

最后，将式(5.97)、式(5.106)和式(5.107)一起代入式(5.92)，结果求得了下列传播常数的表达式：

$$\Gamma z_{\pm} = \Gamma_0 + 2.1\Gamma_{0z}\left(\frac{\mu \pm \mu_a - \mu_0}{\mu \pm \mu_a + \mu_0} + \frac{K_0^2}{\Gamma_{0z}^2}\frac{\varepsilon - \varepsilon_0}{\varepsilon + \varepsilon_0} \right)\left(\frac{r_f}{r_0} \right)^2 \quad (5.108)$$

式中，±符号分别对应于右旋波和左旋波。

由上面可知，在所研究的置有旋磁介质圆柱的圆波导系内，线性极化 H_{11} 主模式波可以分解成上述两个具有不同传播常数的圆极化波，它们以不同的传播常数向前传播，结果合成波的极化面就不断地旋转，证明在这种纵向磁化的旋磁介质圆波导系统内仍然存在着法拉第旋转效应。

将式(5.108)代入式(5.26)，就可以求出法拉第转角 ϕ 的表达式：

$$\phi = 4.2\Gamma_{0z}\left(\frac{r_f}{r_0} \right)^2 \frac{\mu_a\mu_0}{(\mu_+ + \mu_0)(\mu_- + \mu_0)} l \quad (5.109)$$

式中，已用 $z=l$ 代入，l 是旋磁介质圆柱的长度。

式(5.109)表明，ϕ 与旋磁介质圆柱半径的平方成正比，与其长度 l 则呈线性关系。

在弱场区，$\omega_0 \ll \omega$，式(5.109)可以简化为

$$\phi \cong 4.2\Gamma_{0z}\left(\frac{r_f}{r_0}\right)^2 \frac{\omega\omega_m}{4\omega^2 - \omega_m^2} l \tag{5.110}$$

以上是用准静态近似微扰法所做的理论分析，得到的结果仅对小尺寸的旋磁介质样品才是准确的，而且尺寸（指 r_f）越小就越精确。

5.5　带线微波磁性器件的边导模

微带线是一种最流行的平面传输线，易与其他无源和有源的微波器件集成[7]。微带线的几何结构如图 5.18(a) 所示。宽度为 a 的薄导体印制在厚度为 h、相对介电常数为 ε_r 的接地电介质基片上，其场力线的示意图如图 5.18(b) 所示。

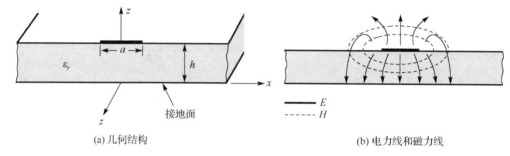

(a) 几何结构　　　　　　　　　　　(b) 电力线和磁力线

图 5.18　微带线

若电介质不存在（$\varepsilon_r=1$），则可以将微带线想象成一对双传输线，此时其为一个简单的 TEM 传输线。然而当电介质存在后，特别是电介质没有填充带的上边的区域（$z>h$）的实际情况，使得基片上方的空气区域只有少部分场力线，从而微带线不能支持纯的 TEM 波。原因是假设微带线能传输 TEM 波，则在电介质区域的 TEM 场的相速是 $c/\sqrt{\varepsilon_r}$，但是在空气域中的 TEM 场的相速却是 c，这样，在电介质-空气分界面上不可能实现 TEM 波的相位匹配。

实际上，微带线的严格场解是由混合 TM-TE 波组成的。然而在实际应用中，绝大多数情况下都满足电介质的基片非常薄的要求，即 $h\ll\lambda$，其场是准 TEM 的。换言之，场基本上与静态情形相同。因此相速、传播常数和特征阻抗可以由静态或准静态解获得。相速和传播常数的表达式为

$$v_p = \frac{c}{\sqrt{\varepsilon_e}} \tag{5.111}$$

$$\beta = \sqrt{\omega^2 \mu_0 \varepsilon_0}\sqrt{\varepsilon_r} \tag{5.112}$$

式中，ε_e 是微带线的有效介电常数。因为部分场线在电介质区域，部分场线在空气区域，所以有效介电常数满足关系 $1<\varepsilon_e<\varepsilon_r$，并且与基片的厚度 h 和导体的宽度 a 有关[8]。

当微带线的介质基板换成旋磁介质后，其场分布该如何变化呢？下面来讨论。

如图 5.19 所示基于旋磁介质的微带线，其中旋磁介质衬底沿 z 轴方向磁化，将旋磁基

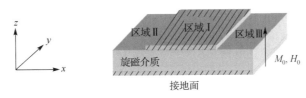

图 5.19　旋磁介质微带线

板的微带线分为三个区域，如图 5.19 所示。同时假定图 5.19 中的上导体的宽度远比横向磁化旋磁介质衬底的厚度大得多，那么大部分微波能量就都集中在区域 I 内，h_z 很小近似可认为 $h_z=0$。还要假设旋磁介质基片很薄(厚度必须小于半波长)时，这时可认为所有场量的 $\dfrac{\partial}{\partial z}=0$。则在区域 I 仅存在 TE 模，此时由纵向场方程——式(5.47)可得

$$\frac{\partial^2 e_z}{\partial x^2}+\frac{\partial^2 e_z}{\partial y^2}+\omega^2\varepsilon\mu_\perp e_z=0 \tag{5.113}$$

同时可得到磁场的分量的表达式为

$$h_x=\frac{1}{\omega\mu_\perp}\left(\mathrm{j}\frac{\partial e_z}{\partial y}+\frac{\mu_a}{\mu}\frac{\partial e_z}{\partial x}\right) \tag{5.114a}$$

$$h_y=\frac{1}{\omega\mu_\perp}\left(\frac{\mu_a}{\mu}\frac{\partial e_z}{\partial y}-\mathrm{j}\frac{\partial e_z}{\partial x}\right) \tag{5.114b}$$

式(5.113)的解可取下列形式：

$$e_x=[A\exp(-\Gamma_x x)+B\exp(\Gamma_x x)]\exp(-\Gamma_y y) \tag{5.115}$$

式中，A、B 为任意常数，Γ_x 和 Γ_y 分别为 x 方向和 y 方向上的传播常数并分别具有下列形式：

$$\Gamma_x=\alpha_x+\mathrm{j}\beta_x \tag{5.116a}$$

$$\Gamma_y=\alpha_y+\mathrm{j}\beta_y \tag{5.116b}$$

式中，α_x、α_y 为衰减常数；β_x 和 β_y 是相位常数。

式(5.115)的解应当满足式(5.113)，将其代入可得

$$\Gamma_x^2+\Gamma_y^2+\omega^2\varepsilon\mu_\perp=0 \tag{5.117}$$

再将式(5.115)的 E_z 代入式(5.114)，可得到磁场分量

$$h_x=\frac{1}{\omega\mu_\perp}\left[-A\left(\frac{\mu_a}{\mu}\Gamma_x+\mathrm{j}\Gamma_y\right)\exp(-\Gamma_x x)+B\left(\frac{\mu_a}{\mu}\Gamma_x-\mathrm{j}\Gamma_y\right)\exp(\Gamma_x x)\right]\exp(-\Gamma_y y) \tag{5.118a}$$

$$h_y=\frac{1}{\omega\mu_\perp}\left[A\left(-\frac{\mu_a}{\mu}\Gamma_y+\mathrm{j}\Gamma_x\right)\exp(-\gamma_x x)-B\left(\frac{\mu_a}{\mu}\Gamma_y+\mathrm{j}\Gamma_x\right)\exp(\Gamma_x x)\right]\exp(-\Gamma_y y) \tag{5.118b}$$

对于具有相当宽度的中心导体的旋磁介质基片而言，在边场区域内只包含了微波能量的一小部分，尤其是在与中心导体有镜像对称性的带状线情况下，中心导体边缘只有很小

的横向电流，因此可将 $x=0$ 和 $x=a$ 处的边界条件确定为

$$h_y = 0 \tag{5.119}$$

应当指出，这一边界条件对微带情况是不够精确的，但在大多数情况下仍具有定性的意义。

将式(5.119)的边界条件应用于式(5.118)，可得

$$A\left(\mathrm{j}\varGamma_x - \frac{\mu_a}{\mu}\varGamma_y\right) - B\left(\mathrm{j}\varGamma_x + \frac{\mu_a}{\mu}\varGamma_y\right) = 0 \tag{5.120a}$$

$$A\left(\mathrm{j}\varGamma_x - \frac{\mu_a}{\mu}\varGamma_y\right)\exp(-\varGamma_x a) - B\left(\mathrm{j}\varGamma_x + \frac{\mu_a}{\mu}\varGamma_y\right)\exp(\varGamma_x a) = 0 \tag{5.120b}$$

联立方程式(5.120)有非零解的条件是 A、B 的系数行列式为零，将该行列式展开，可得

$$\left(\mathrm{j}\varGamma_x - \frac{\mu_a}{\mu}\varGamma_y\right)\left(\mathrm{j}\varGamma_x + \frac{\mu_a}{\mu}\varGamma_y\right)(\exp(\varGamma_x a) - \exp(-\varGamma_x a)) = 0 \tag{5.121}$$

根据式(5.121)，可分下列两种情况进行讨论。

1. $\mathrm{j}\varGamma_x = \pm\dfrac{\mu_a}{\mu}\varGamma_y$ 情况

将此条件代入式(5.117)，可解得

$$\varGamma_x = \pm\omega\mu_a\sqrt{\frac{\varepsilon}{\mu}} = \pm\alpha_x \tag{5.122a}$$

$$\varGamma_y = \pm\mathrm{j}\omega\sqrt{\varepsilon\mu} = \pm\mathrm{j}\beta_y \tag{5.122b}$$

式(5.122b)中的±号代表±y 方向上传输的波。

由式(5.122)可见，$\varGamma_x$ 为纯实数，其虚部 β_x 为 0；$\varGamma_y$ 为纯虚数，其实部 α_y 为 0。对于无损耗的单向波而言，可取 $B=0$，在此情况下将 $\alpha_y=0$ 和 $\beta_x=0$ 代入式(5.111)和式(5.114)，分别得

$$e_z = A\exp(-\alpha_x x)\exp(-\mathrm{j}\beta_y y) \tag{5.123a}$$

$$h_x = \frac{A}{\omega\mu}\left(-\frac{\mu_a}{\mu}\alpha_x + \beta_y\right)\exp(-\alpha_x x)\exp(-\mathrm{j}\beta_y y) \tag{5.123b}$$

$$h_y = \mathrm{j}\frac{A}{\omega\mu_\perp}\left(\alpha_x - \frac{\mu_a}{\mu}\beta_y\right)\exp(\alpha_x x)\exp(-\mathrm{j}\beta_y y) \tag{5.123c}$$

由式(5.123)可见，各个场分量沿 x 方向都是按指数律衰减的，意味着微波电磁场就沿中心导体的一边集中，在另一边的电磁场基本上已衰减到可忽略不计的程度。由此可见，在这类传输线里主模电磁波是沿中心导体的边缘传播的，因此常把这种电磁场模式称作边导模，其分布如图 5.20 所示。

将 $\beta_x = 0$ 和 $\alpha_y = 0$ 代入条件 $\mathrm{j}\varGamma_x = \dfrac{\mu_a}{\mu}\varGamma_y$，可得 $\alpha_x = \dfrac{\mu_a}{\mu}\beta_y$。在此情况下由式(5.123c)

明显地看出，y 方向上的磁场分量 $H_y=0$，所以这种边导模是 TEM 波，由式（5.122b）可知，它是当 $\mu>0$ 时才存在的波。

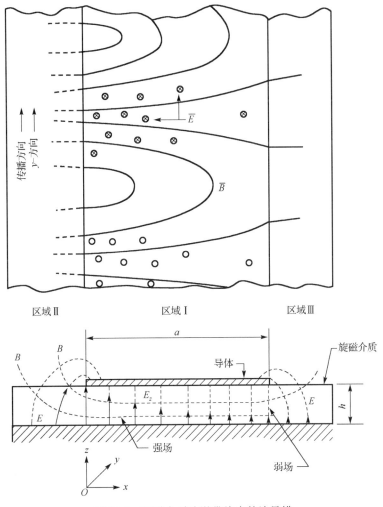

图 5.20　旋磁介质片微带线中的边导模

2. $\exp(\Gamma_x a) - \exp(-\Gamma_x a) = 0$ 的情况

在此情况下，由式（5.117）可解得

$$\Gamma_x = j\frac{m\pi}{a} \tag{5.124a}$$

$$\Gamma_y = \pm j\sqrt{\omega^2 \varepsilon \mu_\perp - \left(\frac{m\pi}{a}\right)^2} \tag{5.124b}$$

式中，m 为不等于零的整数。

这个波是 TE 波，它是高次模，由式（5.124b）可知，当 $\mu_\perp < 0$ 时，这个波是不存在的。

边导模的色散关系由式（5.122b）给定，将 μ 代入可得

$$\beta_y = \omega \sqrt{\varepsilon \mu_0 \left(\frac{\omega_i^2 - \omega^2 + \omega_i \omega_m}{\omega_i^2 - \omega^2} \right)} \tag{5.125}$$

式中，$\omega_i = \gamma \boldsymbol{H}_{0i}$（$\boldsymbol{H}_{0i}$ 是内恒磁场）。

式（5.125）的色散关系如图 5.21 所示。由图 5.21 可见，边导模有一个截止频带，它取决于恒磁场强度。

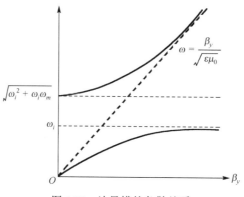

图 5.21　边导模的色散关系

由前面已知有效磁导率为 $\mu_\perp = \dfrac{\mu^2 - \mu_a^2}{\mu}$，其中，对角分量 $\mu = \mu' - \mathrm{j}\mu''$，非对角分量 $\mu_a = \mu'_a - \mathrm{j}\mu''_a$，将式（2.33）中的 μ'、μ''、μ_a' 和 μ_a'' 代入，并假定 $\omega_r \ll \omega_0$，然后再将实部和虚部分开即可求得 $\mu'_\perp$ 和 $\mu''_\perp$，当角频率 ω 固定时，它们和 $\omega_i = \gamma H_i$（H_i 为内稳恒磁场）之间的关系曲线如图 5.22 所示。图 5.22 中 A、B 两点分别为 $\mu'_\perp$ 等于零和无限大时的内磁场，其中 A 点的 $\omega_i = \omega - \omega_m$，而 B 点的 $\omega_i \approx \dfrac{1}{2}\left(\sqrt{\omega_m^2 + 4\omega^2} - \omega_m \right)$。很明显，$\mu'_\perp$ 是以 A、B 两点为界而改变符号的，由此形成 Ⅰ、Ⅱ、Ⅲ 三个区域，其中 Ⅰ 和 Ⅲ 区内的 $\mu'_\perp > 0$，而 Ⅱ 区内的 $\mu'_\perp < 0$。另外，当角频率 ω 和内磁场 H_i 同时变化时，图 5.22 的各个区域就变成了图 5.23 的情况，图 5.22 中的虚线是铁磁共振点 $\omega = \omega_i$。

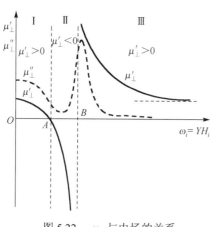

图 5.22　$\mu_\perp$ 与内场的关系

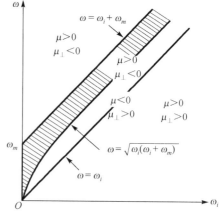

图 5.23　边导模存在的条件

　　上面已经阐明，边导模存在的条件是$\mu > 0$，而要不产生高次模则要求$\mu_\perp < 0$。由图 5.23 可见，能够同时满足这两个条件的区域是图中斜线所示的部分，它就是能够利用边导模的频率范围，因为斜线部分的边界可由$\omega = \omega_i + \omega_m$和$\omega = \sqrt{\omega_i(\omega_i + \omega_m)}$给定，故欲在宽频带上利用边导模就必须选用大的$\omega_m$值，即选用饱和磁化强度大的旋磁旋磁介质。然而在低内场下和远低于ω_m的那些频率上，旋磁介质材料有很大的损耗，使得低微波频段的运用受到限制。

　　应当指出，边导模的运用频带虽然仍将受到种种因素的制约（频率低端受到低场损耗的限制，高端则受到高次模的影响），但是利用边导模制成的非互易旋磁介质器件却仍具有特别宽的频带，例如，边导模隔离器的频带宽度就可达到几个倍频程。

参 考 文 献

[1]　陈巧生. 微波与光磁性器件. 成都: 成都电讯工程学院出版社, 1988.

[2]　陈抗生. 电磁场与电磁波. 北京: 高等教育出版社, 2003: 421.

[3]　AULD B A. Walker modes in large ferrite samples. Journal of Applied Physics, 1960, 31: 1642.

[4]　STANCIL D D. Theory of Magnetostatic Waves. New York Springer, 1993: 79.

[5]　BAYARD B, SAUVIAC B, VINCENT D. The Wiley Encyclopedia of RF and Microwave Engineering. Hoboken: Johh Wiley & Sons, Inc. 2004.

[6]　GUREVICH A G, MELKOV G A. Magnetization Oscillations and Waves. Boca Raton: CRC Press, 1996: 125.

[7]　廖绍彬. 铁磁学(下册). 北京: 科学出版社, 1988: 320-326.

[8]　POZAR D M. 微波工程. 3 版. 张肇仪, 等译. 北京: 电子工业出版社, 2009.

第6章　微波旋磁器件的工作原理

微波旋磁器件是利用电磁波在磁场作用下的旋磁介质(目前多数为微波铁氧体)中传播时产生旋磁效应、铁磁共振效应和非线性效应等制成的各种非互易和互易的微波/毫米波器件。这类非互易和互易元器件在微波/毫米波系统通道中，主要完成信号产生、选频滤波、级间隔离、系统去耦、天线共用、通道切换、相位控制、极化变换、幅度调制、频率变换、功率控制等基本功能，是现代微波/毫米波电子设备中不可缺少的一大类基本电子元器件[1]。

由于微波旋磁器件种类繁多，可以采用多种方案实现同一种功能器件，所以本章只选取几种典型的微波旋器件介绍其工作原理。

6.1　微波旋磁器件概述

20世纪三四十年代，在铁氧体材料中发现了铁磁共振与吸收效应、法拉第旋转效应、场移效应、非互易相移效应，引发了微波旋磁器件的研究。20世纪50年代初，出现了世界上第一个利用法拉第旋转效应制成的微波铁氧体环行器，随后出现了共振式隔离器、场移式隔离器、差相移式环行器、Reggia-Spencer互易移相器等第一代微波旋磁器件，奠定了产品的技术基础。20世纪60年代，微波铁氧体理论与技术全面发展，先后设计出波导、带线和微带环行器、集中参数隔离器、单晶磁调滤波器、锁式非互易移相器和边导模宽带隔离器等一系列第二代微波旋磁器件，并形成了产品的实用化和商品化，是微波旋磁器件发展的第一个黄金时期。20世纪七八十年代，微波旋磁器件开始大规模研发和应用，相继出现了双模互易移相器、旋转场移相器、多极化移相器、静磁波延迟线、静磁波信噪比增强器等新型器件。20世纪90年代到现在，在相控阵雷达和移动通信市场的迅猛推动下，微波/毫米波磁性元器件不断创新日趋成熟并进入大批量生产和工程应用，进入了微波旋磁器件发展的第二个黄金时期。在经历了萌芽、试探性探索、高速发展、日趋成熟、大规模应用等阶段，目前，微波/毫米波磁性元器件应用频率从数十MHz至300GHz均已有实用器件，广泛地应用于雷达、通信、导航、电子对抗、导弹制导、航空航天、遥控遥测、深空探测及精密测量等系统中，已经成为微波/毫米波技术的一大门类。

微波旋磁器件种类繁多，有多种分类方法。按旋磁介质(微波/毫米波铁氧体)材料结构划分为多晶铁氧体器件和单晶铁氧体器件两大类。多晶铁氧体器件以石榴石(钇铁 YIG、钇铝 YAlIG、YGaIG、钙钒 YCaVIG、BiCaVIG)、尖晶石(锂 Li、镁 Mg、镍 Ni 系)和磁铅石(六角晶系 M、W 型等)三种系列铁氧体的多晶材料为基础，主要有环行器、隔离器、衰减器、吸收负载、限幅器、移相器、变极化器、开关和调制器等器件；单晶铁氧体器件以上述三种系列氧体的单晶材料为基础，主要有磁调谐振荡器、磁调谐滤波器、磁调谐频谱发生器、磁调谐倍频器、单晶环行器/隔离器、单晶限幅器等。在工程应用上更为方便地将微波/毫米波磁性器件分为恒场器件和变场器件两大类。恒场器件即加在旋磁介质上的磁场恒定不变的器件；变场器件则是加在旋磁介质上的磁场可调可变的器件，如表 6.1 所示[1]。

　　微波旋磁器件的工作原理往往离不开圆极化概念[2]。磁化方向的正圆极化波的磁导率出现谐振奇点(因损耗存在，数学上的奇点转化为取决于损耗高低的有限极点)，而负圆极化波磁导率没有谐振特性。正是由于正负圆极化波作为非互易张量磁导率的本征极化模式，两者之间有着最大化的非互易特性，成为大多数微波旋磁器件赖以存在和设计优化的基础。器件功能形成与否和性能指标优劣相当程度上取决于器件能否构成足够多有效的圆极化区域。而具有足够多有效的圆极化区域这一条件的微波旋磁器件尺寸一般受波长比拟规则的限制，这也是传统微波旋磁器件尺寸难以压缩的重要原因。微波旋磁器件按设计原理又可分为两大类结构，即传输线类型和中心结类型。传输线类型的器件主要有横场非互易移相器、双模纵场互易移相器、法拉第旋转式环行器、隔离器、场移式隔离器、铁磁共振式隔离器等。中心结类型的微波旋磁器件有波导、带线、微带等三端口、四端口及多端口(直接的四端口或多端口，而非由多个三端口拼接而成)中心结环行器、隔离器和结式开关等，由关于中心结原点具有三度、四度或多度旋转对称的传输线(铁氧体介质)在中心区域交叠构成，中心区域放置垂直磁化的微波铁氧体。无论传输线类型还是中心结类型，这些设计结构本质上都是围绕圆极化波做文章，圆极化区域在铁氧体器件中所占比例越大，那么就越能方便地实现器件的功能设计和性能优化。

　　随着微波技术的迅猛发展，系统对元器件小型化的要求越来越迫切，而目前的微波旋磁器件的体积远高于其他元器件，因此其小型化、轻量化的任务尤为重要。具有高饱和磁化强度和高电阻率的金属磁性多层薄膜技术、磁性微机械系统(MEMS)技术以及低温共烧陶瓷(LTCC)技术等是实现新一代小型化和集成化的微波旋磁器件的重要途径。

表 6.1 常见微波/毫米波磁性器件的分类

种类	名称	按工作原理(或结构)
恒场器件	环行器	法拉第旋转式环行器、差相移式环行器、场移结式环行器、双模式环行器、转门式环行器、变极化式环行器；波导环行器、同轴环行器、带线环行器、微带环行器、集总参数环行器、鳍线环行器
	隔离器	场移式隔离器、谐振式隔离器，以及由上述环行器接负载构成的隔离器
	限幅器	非线性效应铁氧体限幅器、分时式铁氧体开关限幅器
	无源模块	基于恒场旋磁介质的微波/毫米波集成组件和功能模块
变场器件	移相器	闭锁式移相器、双模互易式移相器、非互易式移相器、磁化态(模拟)式移相器、数字式移相器、多极化式移相器
	变极化器	闭锁式变极化器、互易式变极化器、非互易式变极化器、磁化态(模拟式)变极化器、数字式变极化器
	调制器	幅度调制器、频率调制器、相位调制器、极化调制器
	开关	结式铁氧体开关、差相移式铁氧体开关、变极化式铁氧体开关、法拉第旋转式开关、共振吸收式开关
	磁调谐器件	磁调带通滤波器、磁调带阻滤波器、磁调振荡器、磁调谐波发生器、磁调多倍频器、磁调谐组件与功能模块、静磁表面波器件、静磁体波器件

6.2 隔　离　器

　　隔离器是一种无源的非互易二端口器件，它允许电磁波从一个方向传播时，几乎无损耗通过，而从另一个方向传播时则不能通过。应用比较广泛的隔离器大致有如下几种：法拉第旋转隔离器、场移式隔离器、谐振式隔离器和边导模隔离器。另外，也可以将三端口环行器中第三端口接上匹配吸收负载，构成隔离器。

6.2.1　隔离器的性能指标

首先无论隔离器还是后面要讲的环行器，总是希望器件在一定的带宽内，插入损耗越小越好，通常小于 0.5dB。反向衰减越大越好，通常大于 20dB 以上。其次要求器件的输入端口的驻波系数越接近于 1 越好。隔离器的主要技术指标[3]71-93 包括以下几方面。

1. 带宽 Δf

带宽表示器件的工作范围，一般表示为

$$\Delta f = f_2 - f_1 \tag{6.1}$$

式中，f_2 表示器件的上限频率；f_1 表示器件的下限频率，那么器件的中心工作频率可表示为

$$f_0 = \frac{f_1 + f_2}{2} \tag{6.2}$$

因此，器件的百分比带宽定义为

$$\%\Delta f = \frac{\Delta f}{f_0} \times 100\% \tag{6.3}$$

2. 插入损耗 α_+

插入损耗的定义为

$$\alpha_+ = 10\lg \frac{P_1}{P_2} \text{(dB)} \tag{6.4}$$

式中，P_1 为信号源提供的最大额定功率；P_2 为插入隔离器后负载所得的功率。

3. 反向损耗 α_-

反向损耗表示反向传输时衰减量的大小，定义与正向插入损耗相同。

4. 驻波比 VSWR

驻波比全称为电压驻波比（voltage standing wave ratio，VSWR）。驻波比为驻波波腹电压与波谷电压幅度之比，又称为驻波系数、驻波比。驻波比等于 1 时，表示馈线和器件的阻抗完全匹配，此时高频能量全部通过器件辐射出去，没有能量的反射损耗；驻波比为无穷大时，表示全反射，能量完全没有辐射出去。

6.2.2　法拉第旋转隔离器

法拉第旋转隔离器如图 6.1 所示，中间是一段置有纵向磁化旋磁铁氧体棒的圆波导，铁氧体圆棒应设计成能产生 45° 旋转角并具有良好的匹配。在圆棒的左右两端各置入一片

薄膜电阻片，其中左边的一片是水平安置的，右边的那片则和它互成 45°角，圆波导管的两端都和方-圆波导变换器连接，以便使 H_{10} 波逐渐变成波 H_{11} 波，或反之。器件的输入口和输出口都是矩形波导并互成 45°。

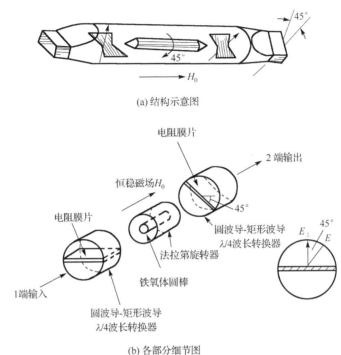

(a) 结构示意图

(b) 各部分细节图

图 6.1　法拉第旋转隔离器

当 H_{10} 波自左端输入，经方-圆变换器后就由 H_{10} 波逐渐转换成 H_{11} 波，其电场矢量垂直于左边的电阻片的平面；经纵向磁化的铁氧体圆棒后就按恒磁场方向右旋 45°(指在共振点以下)，传播到右边那片电阻片时，其电场矢量正好仍与该电阻片平面垂直而能顺利通过，最后经由右边的圆-方变换器使 H_{11} 波逐渐复原成 H_{10} 波而自右端矩形波导口输出。可见在这种系统中，由左至右方向传输的波是能够以很小的衰减传播的。反之，当 H_{10} 波自右端输入时，其电场矢量与右边的电阻片平面垂直而能通过，经铁氧体圆棒后仍以恒磁场方向为轴而右旋 45°；H_{11} 波传播至左边那片电阻片时，其电场矢量与该片平面平行而被它吸收，结果转变成热能而耗散掉，在左端的矩形波导口就没有输出。由此可见，电磁波自左至右是能够传播的，自右至左却受到很大的衰减而不能传播，即这个传播方向是隔离的，故将这种器件称作隔离器或单向器，它具有明显的非互易衰减特性。

由图 6.1 清楚地看到，这种结构的缺点是输入和输出端口不是在同一平面上，而是互相扭转了 45°，这使得它在微波电路内与其他微波器件连接时很不方便。

图 6.2 是一种改进了的结构，为简单起见，图 6.2 中只画出了中间圆波导段的内部布置，两端的方-圆过渡变换器并未画出。由图 6.2 可见，在此结构中使用了两根相反的纵向磁化的铁氧体圆棒和三片电阻片。两根圆棒均设计成具有 45° 转角，但两者的法拉第旋转方向却相反；三片电阻片中的左右两片是水平安置的，中间的那片与之互成 45°角。

　　自左端转入的 H_{10} 波经方-圆过渡变换器后进入圆波导时即变换成 H_{11} 波，其电场矢量因垂直于左面的那片电阻片平面而能通过它，经两根反向磁化的铁氧体棒后就按相反的方向各旋转 $45°$，结果电场矢量仍维持原来的取向并与右边的电阻片平面垂直而顺利地从器件的右端口输出。反之，自右端输入而进入圆波导的 H_{11} 波经过右边的那根铁氧体棒后，其极化面就按恒磁场方向右旋 $45°$，这恰好与中间的电阻片处在同一平面内而被吸收掉，结果在左边端口就没输出。由此可见，这种器件仍具有良好的单向传输特性，而且其输入和输出矩形波导口是在同一平面内，正好克服了上述那种结构的缺点。

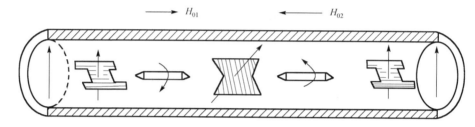

图 6.2　改进的法拉第旋转隔离器

　　法拉第旋转隔离器在饱和磁化条件下工作，器件的性能几乎与磁场无关。法拉第转角与饱和磁化强度、铁氧体圆棒的半径和长度有关。法拉第旋转式隔离器具有良好的隔离性能，但该器件的结构较复杂，只能承受小功率，实际使用受到限制。不过，这种器件要求的外加恒偏磁场较弱，这在毫米波频段是个优点。

6.2.3　场移式隔离器

　　如果在传输基波的矩形波导管的圆极化位置上安放一块较厚的旋磁铁氧体片，恒磁场仍是沿 z 轴方向作用于该片的，则铁氧体片内的磁矩就会围绕着恒磁场而进动，如图 6.3 所示[4]80-86。当电磁波沿正 y 方向传播时，铁氧体片所在位置处的圆极化磁场是右旋的，那么沿负 y 方向传播时该处的圆极化磁场就是左旋的。大家知道，在共振点以下，铁氧体对右旋波和左旋波显示不同的磁导率，其中，μ'_- 为正并大于 μ_0，而 μ'_+ 为负并小于 μ_0，如图 2.5 所示。当波沿正 y 方向传播时，铁氧体显示的磁导率 μ'_+ 为负值，比波导管内空气部分的磁导率 μ_0 还小，因而电磁波都喜欢在空气区域内传播，这时铁氧体所起的作用就好像是将电磁能量往铁氧体外面排斥似的，因此电场的 E_z 分量在铁氧体与空气的分界面上有最小值，如图 6.3 所示(图中的曲线代表沿正、负 y 方向传播时电场 E_z 的分布状态)。反之，当波沿负 y 方向传播时，铁氧体显示的磁导率 μ'_- 为正值并比空气区域的 μ_0 大，这时电磁波喜欢在铁氧体区域内传播，铁氧体片所起的作用就好像是将电磁能量尽量往铁氧体内集中似的，在此情况下铁氧体与空气分界面上的 E_z 分量出现最大值。由图 6.3 可见，正反两个传播方向下的电场分布形式有很大的差别，如果将其和空波导内基波的电场分布做一个比较的话，那么无论是正向传播还是反向传播时的电场分布形式都发生了移动，一个是移出铁氧体区，另一个则是移入铁氧体区，人们就把这种现象称为场移效应。

　　根据上述场移效应，可以设想，如果在电场有很大差别的那个铁氧体与空气分界面上敷上一层能吸收电磁波的衰耗物质(如电阻膜)，那么在正 y 传播方向下分界面上的 e_z^+ 就很小，因此电磁波基本上不会被衰耗物质吸收而能顺利地通过并从另一端口输出；反之，对于反向传播而言，在分界面上的 e_z^- 很大，结果绝大部分电磁波被衰耗物质吸收掉，转化成热能而散失，反向波也随之消失了，由此可见，这样一种置有横向磁化铁氧体片的波导结构仍然具有隔离作用，它只允许沿一个方向传播。考虑到这种隔离器是利用场移效应设计而成的，故称其为场移式隔离器。

在实际使用的场移式隔离器中，铁氧体片的高度不是满高度的，一般比矩形波导窄边(b 边)小，而且铁氧体片一头磨尖，以改善匹配，减小隔离器的输入驻波。铁氧体片在场移式隔离器中的位置如图 6.4 所示。电磁波正、反向传播时，传播常数 β_+ 和 β_- 不相同，且是铁氧体片位置 g 的函数，其关系如图 6.5 所示。

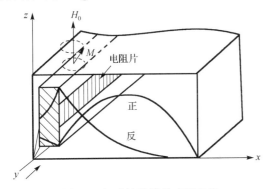

图 6.3　矩形波导场移式隔离器

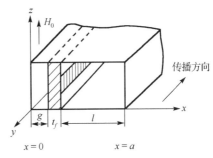

图 6.4　铁氧体片在场移式隔离器中的位置

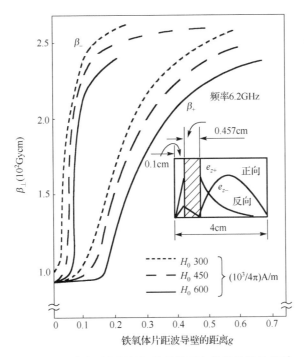

图 6.5　场移式隔离器铁氧体片位置与传播常数的关系

由图 6.5 可见：

(1) 铁氧体片靠近波导壁 $g=0$，传播常数 β_+ 和 β_- 值差别特别小。随着 g 的增加，β_+ 和 β_- 差值越来越大。

(2) 当铁氧体片的位置 g 变化很小时，传播常数 β_- 变化很大。这表明场的变化很大，反向衰减很大。

(3) 随着稳恒磁场 H_0 增大，传播常数 β_+ 和 β_- 曲线相差很大，便于得到大的反向衰减和小的正向损耗。当 H_0 继续增加时，这时 β 趋向饱和，变化反而很小。因此，稳恒磁场 H_0 有一个最佳值。

(4) 随着铁氧体片位置 g 的增加，传播常数 β_+ 和 β_- 都要增加，不过变化的速度不一样。在实际调试时，若要反向衰减大一些，铁氧体片位置离矩形波导窄壁 (b 边) 远一些。反之，要使正向损耗小一些，铁氧体片位置离矩形波导窄壁 (b 边) 近一些。

要获得最小的正向损耗，理想情况下，应使铁氧体表面电阻膜片上的电磁 e_z 分量为零。由此可见，想要获得最小的正向损耗，应满足 $\mu_\perp/\mu_0<0$ 的条件，在铁氧体片满高度时即满足 $|\mu|<|\mu_a|$ 的条件。由第 2 章可知，在共振点以上的区域内根本不存在 $|\mu|<|\mu_a|$ 的条件，在弱磁场区域也不存在这一条件，只有在这两个区域之间的范围内才满足 $|\mu|<|\mu_a|$ 条件，这样就把场移隔离器具有最佳性能的恒磁场范围大体上划定了，不过具体的恒磁值 (或工作点) 还应当由实验来确定。

场移式隔离器的结构简单，所需外偏磁场也较低，性能良好，在微波测量和中继系统中获得了广泛的应用。它的主要缺点是依靠电阻膜来吸收反向波，因而不能承受高功率，只适宜于小功率运用。

6.2.4 谐振式隔离器

这种形式的隔离器是铁磁共振 (或谐振) 吸收特性和矩形波导管内 TE_{10} 波的磁场分布特性有机地结合起来设计而成的，通常简称为共振 (或谐振) 式隔离器。

1. 工作原理[4]63-74

由旋磁理论知道，旋磁材料内的所有自旋磁矩在饱和的恒磁场和微波磁场的右旋分量共同作用下会围绕着恒磁场不断地一致进动，当右旋分量的角频率与进动角频率相等时，磁矩就不断地从微波磁场那里吸收能量用于克服磁矩进动过程中所遇到的阻尼力以维持稳定的进动，可见此时损耗的能量是最大的，这种现象是在右旋微波磁场的角频率与磁矩的进动角频率达到共振 (或谐振) 时出现的，称为铁磁共振 (或谐振) 现象。由图 2.5 可见，共振时右旋磁导率的虚部达到最大值，表明在此情况下有最大的磁损耗。对于左旋波来说，圆极化磁场的旋转方向与磁矩的进动方向相反，故不会发生共振吸收现象，反映在图 2.5 上则是左旋磁导率的虚部始终保持很小的数值。

另外，由微波理论已知，在传播 H_{10} 主模式波的矩形波导管内，微波磁场在波导宽平面内的分布状况如图 6.6 所示。如果在宽平面的中心线两侧分别选取两个观察点 A 和 B，同时假定电磁波先从左向右传播 (这相当于图 6.6 中的磁力线回环一个接着一个地通过 A 和 B 点)，那么在 A 点观察时微波磁场矢量是逆时针旋转的，而在 B 点观察时则正好相反，是顺时针旋转的，这表明 H_{10} 波在波导管宽的左右两个区域内可分裂成旋转方向相反的两个圆极化波。事实上，理论分析已经指明，只是在波导宽边的某两个对称点的位置上才是纯圆极化的(图 6.6)偏离这两点后就成为椭圆极化，而且离得越远椭圆度越大，至波导管左右两窄壁和中心线处就成为线极化。反之，当电磁波自右向左传播时，在 A、B 两点观察到的微波磁场的旋转情况恰好与上述情况相反。

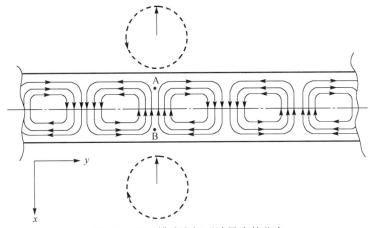

图 6.6　TE_{10} 模式在矩形波导中的分布

综上所述，磁矩围绕着恒磁场不断地进动需要有圆极化的微波磁场作用在磁矩上才行，然而在矩形波导管内又恰好存在着这样的圆极化磁场，因此若将一块旋磁介质片安置在图 6.6 的圆极化点 A 上，如果作用于片子上的恒磁场垂直于纸面并且是向上的话，那么电磁波自左向右传播时，铁氧体是处于右旋状态的；而当电磁波自右向左传播时，情况恰好相反，旋磁介质片是处于左旋状态的。由铁磁共振理论已知，如果这时将恒偏磁场调节到铁磁共振值，则电磁波自左向右传播时，因发生铁磁共振而被旋磁介质片吸收，结果转换成热能耗散掉，这样在矩形波导管的右边端口就没有输出了。反之，电磁波自右向左传播时，旋磁介质片处于左旋状态而不会发生铁磁共振现象，电磁波只会受到很小的损耗而能顺利地通过，结果在矩形波导管左边的端口上就有很大的输出。由此可见，在铁磁共振条件下，上述置有横向磁化旋磁介质片的矩形波导只允许电磁波沿一个方向通过，沿相反方向是不能通过的(或者是隔离的)，因此该结构具有隔离器的功能。考虑到这种横场式的隔离器主要是利用铁磁共振原理设计而成的，故取名为铁磁共振吸收式隔离器，通常简称共(谐)振式隔离器。

2. 器件的结构

从结构上说，谐振式隔离器可分成 E 面结构和 H 面结构两大类，如图 6.7 所示，其中 E 面结构是指旋磁介质片与电场矢量处在同一平面内，而 H 面结构则是指旋磁介质片与微波磁场处在同一平面内。

最简单的谐振式隔离器如图 5.10 所示，只要适当地选择铁氧体材料的参数及样品尺寸，并将旋磁介质片固定在矩形波导内的最佳位置上，外加的恒磁场由永磁材料(如铝镍钴磁钢)制成的磁路来提供，其值应达到铁磁共振所需的恒磁场值。但图 5.10 用于理论讨论

的是一种满高度的 E 面结构，对电磁波会产生很大的反射，不可能获得良好的器件性能，故没有实用价值。改进的方法是采用图 6.7(a) 所示的未满高度的 E 面结构，片子高度降低至最佳值(约为窄边尺寸的 80%)后，就可使驻波比大大地下降。这种器件使用了截面较大的旋磁介质片，单位长度上的反向损耗比较大，但由于正向损耗峰和反向损耗峰靠得比较近，因此在共振点上的正向损耗也是比较大的，结果隔离比(指反向损耗与正向损耗之比)却并不大。改进的方法是采用图 6.7(b) 所示的单片 E 面窄片结构，其特点是正向损耗峰与反向损耗峰相互错开得比较远，结果可使隔离比大大地提高。这种结构下的旋磁介质片紧贴波导壁，散热较好，有利于高功率运用。但是窄片结构下使用的旋磁介质片的截面积较小，对减少正向损耗虽然有利，但反向损耗也小，或者说，在相同的反向损耗下，窄片的

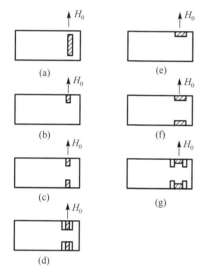

图 6.7　铁磁共振吸收式隔离器结构

长度比宽片下的长度大得多，结果势必使器件的长度也相应地加长，这是缺点。进一步改进的方法是采用双片 E 面窄片结构和附加电介质片的结构，分别如图 6.7(c) 和 (d) 所示。双片结构下的正、反向损耗几乎都增加一倍，而紧贴着窄旋磁介质片附加的电介质片却都可以使更多的电磁能量集中到铁氧体内，并使反向损耗显著地增加，只要电介质的介电损耗角 $\tan\cdot\delta$ 为 $10^{-4}\sim 10^{-3}$，那么它们对器件的正向损耗的影响就不大。

除了 E 面结构，还可以采用 H 面结构，其截面如图 6.7(e)～(g) 所示。这些结构形式除了具有优良的隔离性能，其主要特点是铁氧体片与波导壁的接触面进一步加大，散热性更好，故大功率器件一般都采用这种结构。和上述 E 面窄片情况一样，想要加大隔离，仍可采用双片结构形式。

6.2.5　边导模隔离器

边导模隔离器是一种宽频带隔离器，它的频带极宽，超过一个倍频程，甚至可以达到两个倍频程。边导模隔离器属于场移式隔离器，其性能对于外加稳恒磁场强度 H_0、铁氧体材料参数及尺寸的依赖关系均不十分严格。这种器件内导体采用带状线，结构简单、重复性好，适合于微波集成电路做宽带隔离器应用。

依据消除反向波的方式不同，边导模隔离器大致有三种类型，如图 6.8 所示。

图 6.8(a) 是一种早期设计的并广泛使用的边导模隔离器，腔体内铁氧体基片上面的内导体由模式变换的锥形部和宽边部构成。在宽中心导体的一边置入一块吸收体来吸收反向波。宽中心导体的两端都做成指数式或其他合适形式的缓变过渡形状，这是为了能和器件两端的 50Ω 同轴接头取得良好的宽带匹配。吸收体可以采用云母或有机玻璃膜片上蒸发电阻层，作为电磁波的吸收体，也可以采用磁性吸收体。磁性吸收体不仅可以吸收电场，而且还可以吸收磁场，提高吸收效率。其工作原理为，如果电磁波自右向左传播，那么电磁能量主要集中在中心导体的下边缘传输，它不会受到损耗物质的吸收，结果自右端输入的波就可以从左端输出。反之，当波自左向右传播时，这时电磁能量都集

中在中心导体的上边缘，结果被吸收物质大量地吸收后转化成热能而耗散掉，因此右端口就没有输出。

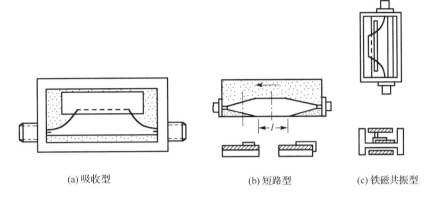

(a) 吸收型　　　　　　　　　　(b) 短路型　　　　　　(c) 铁磁共振型

图 6.8　边导模隔离器的结构

图 6.8(b)是短路型的边导模隔离器，其特点是将损耗物质移去，然后使中心导体的一边与接地外导体短路，中心导体的另一边则仍为开路，因此这种结构常常又称作短-开型的结构。

第三种是铁磁共振型的边导模隔离器，如图 6.8(c)所示，这种结构下的主要特点是利用铁磁共振吸收来取代损耗物质对反向波的吸收。由图 6.8(c)可见，旋磁铁氧体基体是靠上、下两块永磁体来磁化的，但是在中心导体的一边，两块永磁体之间置入了一块长条形软磁材料，由于两磁板间的气隙减小而使这一边缘处的永磁场加强到铁磁共振值，而铁氧体基片其他部分所受到的永磁场由于磁极间的距离较大而远离共振值，结果使反向波受到强烈的共振吸收而衰减掉，正向波则不受影响。理论研究指出，在铁磁共振式的隔离器里，为使较高次模的截止频率提高，位于永磁体下面的软磁体的极面宽度应当大些为宜。

需要注意的是，边导模隔离器中的内导体宽边尺寸有一个最佳值，过窄电磁波不能充分偏移向一侧边，过宽就要产生不必要的高次模。内导体锥形部的形状必须能使横向电磁波圆滑地向边导模转换。

6.3　环　行　器

环行器是一种重要的铁氧体微波非互易器件，其突出特点是单向传输高频信号能量。它控制电磁波沿某一环行方向传输，如图 6.9 所示。这种单向传输高频信号能量的特性，多用于高频功率放大器的输出端与负载之间，起到各自独立，互相隔离的作用。负载阻抗在变化甚至开路或短路的情况下都不影响功放的工作状态，从而保护了功率放大器。根据器件结构的特点，环行器可分为差相移式环行器、波导结环行器、带线结环行

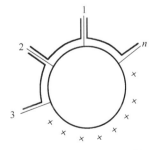

图 6.9　具有 n 个端口的环行器功能示意图

器、微带结环行器、集中元件结环行器和结型锁式环行器等，下面介绍部分环行器的工作原理。

6.3.1　法拉第旋转式环行器

法拉第旋转式环行器如图 6.10 所示，中间是一段置有纵向磁化铁氧体圆棒的圆波导，它是一个 45° 的法拉第旋转器，铁氧体棒一般是用泡沫聚苯乙烯支架支承在圆波导轴线上的。这段圆波导的左右两端分别和 T 型波导结构相连，该波导结是由正交的矩形波导和圆波导构成的，由图 6.10 可见，左右两个单 T 波导结中的矩形波导轴线在空间互成 45° 交角。最后，两个 T 结波导又各与一个方-圆波导过渡变换器相连接，而两个过渡变换器的矩形波导口之间也互成 45° 角。由此可见，整个结构形成了一个具有四个矩形波导口的器件。

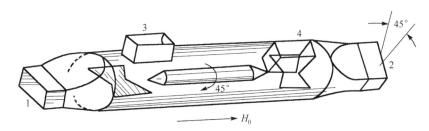

图 6.10　法拉第旋转式环行器

现在假定来自信号源的 H_{10} 波自 1 端口(图 6.10)输入，其电场矢量应垂直于 1 端口矩形波导的宽边，经方-圆变换器后即转换成 H_{11} 波，其电场矢量仍维持原方向并与左边的那片金属薄片垂直而能顺利地通过它。到 3 端口处，电场矢量与该端口的矩形波导轴线方向一致，故不能从 3 端口输出。进入铁氧体区域后电场矢量(它和传播方向组成极化面)就按右磁场方向右旋 45°，此时电场矢量与 4 端口的轴线平行而不能从该端口输出，但是它却和右边的那片金属薄片垂直而能通过它，最后经右端的变换器复原成 H_{10} 波后从 2 端口输出，这是因为复原后的 H_{10} 波的电场矢量是垂直于该端口的宽边的。由此可见，自 1 端口输入的波只能从 2 端口输出而不能从 3、4 两个端口输出。

当 H_{10} 波自 2 端口输入时，它不能从 4 端口输出，经 45° 法拉第旋转后电场矢量正好与 3 端口矩形波导的宽边垂直，而从该端口输出，结果由 2 端口输入的波就只能从 3 端口输出，而不能从 1、4 两个端口输出。

同理，自 3 端口输入的波一定只能从 4 端口输出。而自 4 端口输入的波也一定只能从 1 端口输出。由此可见，电磁波在这种器件内的传播路径是按照 1→2→3→4→1 的次序而环行的，故称它为环行器。

在微波电路里，环行器一般用图 6.9 所示的简单框图来示意。如果波是按照 1→2→3→4→1 的次序环行的话，那么常把 1→2、2→3、3→4、4→1 称作传输端，除此以外的其他任何传输路径都称作非传输器，例如，2→1、1→4、1→3 等。显然，对于一个性能优良的环行器来说，要求器件的传输端损耗(也称正向损耗)越小越好，非传输端的隔离则越大越好，其他的技术指标基本上与隔离器的相似，不再赘述。

法拉第旋转式环行器具有优良的环行性能，也能承受较大的功率，但它的主要缺点是器件的结构复杂和在微波电路里连接不方便。为了克服连接不方便的缺点,早期曾有人利用法拉第旋转原理和转门式波导结制成了转门式环行器,这种环行器的特点是四个矩形波导口相互以 90°角位于同一平面内,但由于它的频带极窄和结构仍较复杂而未能推广应用。

6.3.2　差相移环行器

差相移式环行器的结构大致可以分为三种类型:一类是由一个三分贝定向耦合器、一个差相移相器、一个双 T(魔 T)组成的;另一类是由两个三分贝定向耦合器和一个差相移器组成的;再有一类是由两个双 T、一个差相移器组成的。

这里以四端差相移环行器(由一个三分贝定向耦合器、一个双 T、一个 π/2 差相移器组成)的结构来讲述其工作原理[3]95-101,其中,图 6.11(a)为总体结构,图 6.11(b)为差相移器的结构。

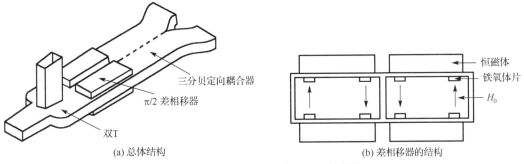

(a) 总体结构　　　　　　　　　　(b) 差相移器的结构

图 6.11　四端差相移式环行器的结构

先介绍各组成的作用。①三分贝定向耦合器的主要作用是将功率平分,并且相位相差 π/2。三分贝定向耦合器的形式多样,这里介绍常用的短缝隙三分贝定向耦合器,图 6.12 为三分贝定向耦合器的功率平分特性。从 1 端口输入一份能量 E_1,经过耦合窗孔 A、B,则在 2 端口和 4 端口能量平分,各得 $(1/\sqrt{2})E_1$,进入 4 端口的相位改变 π/2,3 端口无能量输出。②双 T 的结构如图 6.13 所示。图 6.13(a)为折叠双 T,图 6.13(b)为 3、4 两端口各转 90°排列。当能量由 1 端口输入时,在 3、4 端口等幅等相输出,2 端口无能量输出。反之,3、4 端口等幅同相输入的能量由 1 端口输出。能量由 2 端口输入时如图 6.13(b)所示,在 3、4 端口等幅输出,但相位差 180°。反之,3、4 端口等幅反相输入的能量由 2 端口输出。1 端口和 2 端口是完全隔离的,称为隔离端口。③差相移移相器一般采用 H 面结构来提高承受功率容量。

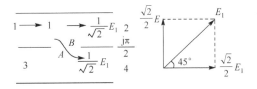

图 6.12　三分贝定向耦合器的功率平分特性

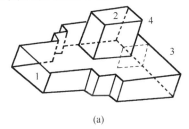

(a)

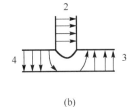

(b)

图 6.13　双 T 示意图

紧接着介绍由一个双 T、一个三分贝定向耦合器、一个 $\pi/2$ 差相移器构成的四端差相移式环行器的工作原理，如图 6.14 所示。当 1 份能量（采用归一化能量 1）由 1 端口输入，经双 T 后到参考面 1 时，在 A 波导和 B 波导等幅同相，能量分别为 $(1/\sqrt{2})\mathrm{e}^{\mathrm{j}0°}$。波导在 A 波导的能量为 $(1/\sqrt{2})\mathrm{e}^{\mathrm{j}90°}$，在 B 波导能量为 $(1/\sqrt{2})\mathrm{e}^{\mathrm{j}0°}$。通过三分贝定向耦合器，在 A 波导，能量为 $(1/\sqrt{2})\mathrm{e}^{\mathrm{j}90°}$ 加上 B 波导能量 $(1/\sqrt{2})\mathrm{e}^{\mathrm{j}0°}$，合成为 1 份能量，从 2 端口输出。而在 B 波导，能量为 $(1/\sqrt{2})\mathrm{e}^{\mathrm{j}0°}$ 加上 A 波导的能量为 $(1/\sqrt{2})\mathrm{e}^{\mathrm{j}180°}$，因为能量相等，而相位相反，合成为零，所以，4 端口无输出。

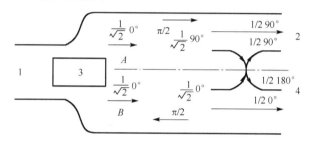

图 6.14　双 T+差相移段+三分贝电桥差相移式环行器工作原理图

当 1 份能量由 2 端口输入，通过三分贝定向耦合器，在 A 波导能量为 $(1/\sqrt{2})\mathrm{e}^{\mathrm{j}0°}$，在 B 波导能量为 $(1/\sqrt{2})\mathrm{e}^{\mathrm{j}90°}$。通过 $\pi/2$ 差相移器，在 A 波导能量为 $(1/\sqrt{2})\mathrm{e}^{\mathrm{j}0°}$，在 B 波导能量为 $(1/\sqrt{2})\mathrm{e}^{\mathrm{j}180°}$。通过双 T，因能量等幅反相，故能量合成为 1 份从 3 端口输出，1 端口无输出。

当 1 份能量由 3 端口输入，通过双 T，在 A 波导能量为 $(1/\sqrt{2})\mathrm{e}^{\mathrm{j}180°}$，在 B 波导能量为 $(1/\sqrt{2})\mathrm{e}^{\mathrm{j}0°}$。通过 $\pi/2$ 差相移器，在 A 波导能量为 $(1/\sqrt{2})\mathrm{e}^{\mathrm{j}270°}$，在 B 波导能量为 $(1/\sqrt{2})\mathrm{e}^{\mathrm{j}0°}$。通过三分贝定向耦合器，在 A 波导能量为 $(1/2)\mathrm{e}^{\mathrm{j}270°}$ 加上 B 波导的能量 $(1/2)\mathrm{e}^{\mathrm{j}90°}$，因能量相等，相位相反，故合成为零，2 端口无输出。而在 B 波导能量为 $(1/2)\mathrm{e}^{\mathrm{j}0°}$ 加上 A 波导能量 $(1/2)\mathrm{e}^{\mathrm{j}0°}$ 合成为 1 份能量，从 4 端口输出。

当 1 份能量由 4 端口输入，通过三分贝定向耦合器，在 A 波导能量为 $(1/\sqrt{2})\mathrm{e}^{\mathrm{j}90°}$，在 B 波导能量为 $(1/\sqrt{2})\mathrm{e}^{\mathrm{j}0°}$。通过 $\pi/2$ 差相移器，在 A 波导能量为 $(1/\sqrt{2})\mathrm{e}^{\mathrm{j}90°}$，在 B 波导能量为 $(1/\sqrt{2})\mathrm{e}^{\mathrm{j}90°}$，通过双 T，A 波导和 B 波导因等幅同相，能量合成为 1 份从 1 端口输出，3 端口无输出。

因此，该四端差相移式环行器的环行方向为 1→2→3→4→1。

6.3.3　结环行器

结型环行器由一个铁氧体加载的中心区域所组成，并有三个或多个传输线与之相耦合。图 6.15 表示了结环行器的基本几何形状，其三个相交 120° 的传输线连接于一个公共中心区域，铁氧体置于中心结内。各传输线或端口，可以是波导、带线、微带线和同轴线。结环行器有 Y 结波导环行器、T 型结波导环行器、带线结环行器、微带结环行器、集总参数结环行器等多种。集总参数环行器适合于低频段（10MHz～1GHz）使用；波导结环行器适合于高频段（1～40GHz）使用；带线结环行器适用在 300MHz～10GHz 频段内使用。结环行器不仅结构简单、重量轻、体积小，并且还具有很宽的带宽。波导结环行器可以达到满波段带宽，带线结环行器可以做到一个倍频程带宽。另外，结环行器还承受适当大的功率容量。因此，结环行器得到了日益广泛的应用。

下面以带线结环行器为例，从场理论的角度来说明结环行器的工作原理[3,4]。

带线结环行器是应用得最普遍的一种三端结环行器，它由一个 Y 型结内导体所构成，所以又称带线 Y 型环行器，如图 6.16 所示。该环行器由两层铁氧体圆片组成，铁氧体圆片由对称的三个互成120°的传输线馈电的圆盘形中心导体隔开。环行器还包括两个平行中心导体的接地板。稳恒磁场 H_0 垂直于铁氧体圆片平面方向磁化。

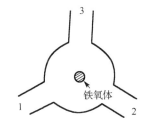

图 6.15　结环行器的基本几何形状

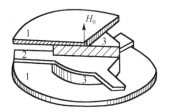

图 6.16　带线结环行器的基本结构

1-接地板；2-中心导体；3-铁氧体

图 6.17 是带线结环行器的圆柱坐标系统，图 6.17 中的 R 为中心导体的半径。由于铁氧体圆结对于中心导体平面具有镜像对称性，所以在中心导体上部和下部的电磁场可以认为是相同的，但相位相反。带线中只传输 TEM 模，其电场强度 e 垂直于中心导体，即 z 方向。磁场强度 h 平行于中心导体，并且垂直于传播方向，即 φ 方向。假定铁氧体内电磁场分布不随 z 方向而变化，则 $\dfrac{\partial}{\partial z}=0$。而铁氧体内电场强度只有 z 分量，表示为 $e_z(r,\varphi)$，从麦克斯韦方程很容易求得电场强度 $e_z(r,\varphi)$ 满足齐次亥姆霍兹（Helmholtz）方程式：

$$\frac{\partial^2 e_z}{\partial r^2}+\frac{1}{r}\frac{\partial e_z}{\partial r}+\frac{1}{r^2}\frac{\partial^2 e_z}{\partial \phi^2}+K^2 e_z=0 \tag{6.5}$$

式中，$K^2=\omega^2\varepsilon\mu_\perp$。

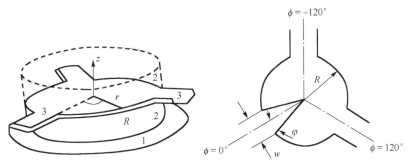

(a) 带线结环行器的圆柱坐标系统　　　(b) 带状传输线Y结环行器的结构示意图

图 6.17　带线结环行器的圆柱坐标系统

在铁氧体圆盘中，磁场强度没有轴向 z 分量，其磁场强度的径向和切向分量与电场强度 $e_z(r,\Phi)$ 有关，其值也可以从麦克斯韦方程组求得

$$h_r = \frac{\dfrac{1}{r}\dfrac{\partial e_z}{\partial \phi} - \mathrm{j}\dfrac{\mu_a}{\mu}\dfrac{\partial e_z}{\partial r}}{-\mathrm{j}\omega\mu_\perp} \tag{6.6a}$$

$$h_\phi = \frac{\dfrac{\partial e_z}{\partial r} + \mathrm{j}\dfrac{1}{r}\dfrac{\mu_a}{\mu}\dfrac{\partial e_z}{\partial \phi}}{\mathrm{j}\omega\mu_\perp} \tag{6.6b}$$

由于反相条件,中心导体两面的电磁场匹配得很好。因此,磁场强度的径向分量可能围绕中心导体的边缘闭合,径向分量对带线没有耦合。

式(6.5)是一个二阶的偏微分方程式,是可解的,通常都是使用分离变数法将其转化成若干个常微分方程式后再求解的。经过求解可得

$$e_{zn} = \mathrm{J}_n(Kr)(a_{+n}\mathrm{e}^{\mathrm{j}n\phi} + a_{-n}\mathrm{e}^{-\mathrm{j}n\phi}) \tag{6.7}$$

式中,$\mathrm{J}_n(Kr)$ 是 n 阶贝塞尔函数,±号分别对应于两个极化旋转方向相反的圆极化波,n 代表波的模次。a_{+n}、a_{-n} 为成对出现的,相对磁化方向呈正、负圆极化方向旋转的 n 次模式振幅。

进而导出 $h_{\phi n}$ 分量的表达式

$$h_{\phi n} = -\mathrm{j}Y_{\mathrm{eff}}\left\{ a_{+n}\mathrm{e}^{\mathrm{j}n\phi}\left[\mathrm{J}_{n-1}(Kr) - \frac{n\mathrm{J}_n(Kr)}{Kr}\left(1+\frac{\mu_a}{\mu}\right) \right] - a_{-n}\mathrm{e}^{-\mathrm{j}n\phi}\left[\mathrm{J}_{n-1}(Kr) - \frac{n\mathrm{J}_n(Kr)}{Kr}\left(1-\frac{\mu_a}{\mu}\right) \right] \right\} \tag{6.8}$$

式中,$Y_{\mathrm{eff}} = \sqrt{\dfrac{\varepsilon}{\mu_\perp}}$ 称作铁氧体的有效波导纳。

从式(6.7)和式(6.8)可知,a_{+n}、a_{-n} 为成对出现的,相对磁化方向呈正、负圆极化方向旋转的 n 次模式振幅。这说明铁氧体圆盘中存在着两种极化波,右旋圆极化波和左圆极化波,分别对应的磁导率为 $\mu_\pm = \mu \pm \mu_a$。

先讨论一下简单的情况,在此情况下假定铁氧体圆片的直径与 Y 形中心导体圆结的直径是相等的,同时还假定铁氧体圆结区与三条带状线端口之间是处于非耦合状态的,即图6.17(b)中所示的耦合角 $\Psi=0$。既然中心圆结与三个端口的带状线中心导体是不连接的,那么就可以认为中心结的边缘上沿径向(即坐标 r 方向)是不会有电流流通的,因此在圆结的边界上不可能存在磁场的 ϕ 分量 h_ϕ,即

$$h_\phi(r = R) = 0 \tag{6.9}$$

式中,R 是铁氧体圆片的半径。

很明显,式(6.9)可看成一个边界条件,在确定此边界条件时忽略了边缘场的影响。毫无疑问,利用这一边界条件来说明非耦合状态下铁氧体圆片内场的模式是足够的。将式(6.8)代入边界条件式(6.9),可导出下列两个方程式:

$$\mathrm{J}_{n-1}(KR) - \frac{n\mathrm{J}_n(KR)}{KR}\left(1+\frac{\mu_a}{\mu}\right) = 0 \tag{6.10a}$$

$$\mathrm{J}_{n-1}(KR) - \frac{n\mathrm{J}_n(KR)}{KR}\left(1-\frac{\mu_a}{\mu}\right) = 0 \tag{6.10b}$$

不难看出，式(6.10a)和式(6.10b)中分别含有 $(\mu + \mu_a)$ 和 $(\mu - \mu_a)$ 的因子，由此可以断定前者代表右旋模，而后者代表左旋模。

利用递推公式 $x\mathrm{J}'_n(x) + n\mathrm{J}_n(x) = x\mathrm{J}_{n-1}(x)$，其中 $\mathrm{J}'_n(x)$ 的导数，可将式(6.10)转换成下列形式：

$$\frac{\mu_a}{\mu}\frac{n}{x}\mathrm{J}_n(x) \pm \mathrm{J}'_n(x) = 0 \tag{6.11}$$

式中

$$x = KR \tag{6.12}$$

将式(6.5)中的 K 代入式(6.12)即可解出上述两个旋性模的谐振角频率，它是

$$\omega_\pm = \frac{x_\pm}{R\sqrt{\varepsilon\mu_\perp}} \tag{6.13}$$

式中，"+"、"−"号分别对应右旋模和左旋模。

根据式(6.11)可做出图 6.18，该图说明铁氧体圆片内存在本征谐振时 x 与 $\dfrac{\mu_a}{\mu}$ 之间的关系，它是以模数 n 做参变数的。要说明的是图 6.18 中的数字如 1.1 的第一个 1 表示共振模式 $n=1$，第 2 个 1 表示式(6.11)的第一个正根解。以基模 $n=\pm1$ 为例，由图 6.18 可见，对各向同性介质来说 $\mu_a = 0\left(\text{或}\dfrac{\mu_a}{\mu} = 0\right)$，两个模是简并的。在旋磁介质情况下 $\mu_a \neq 0$，随着 $\dfrac{\mu_a}{\mu}$ 的增加，进入铁氧体圆片内的电磁波就分裂成右、左两个旋性模。$\dfrac{\mu_a}{\mu}$ 越大，模的分裂也越大,两个旋性模的谐振频率的分离也越大，其中，$n=-1$ 模的 x 随 $\dfrac{\mu_a}{\mu}$ 的增加而上升，而 $n=+1$ 模的 x 随 $\dfrac{\mu_a}{\mu}$ 的增加而下降。

在实际的器件里，铁氧体中心圆结部分总是和三个端口的带状线中心导体连接

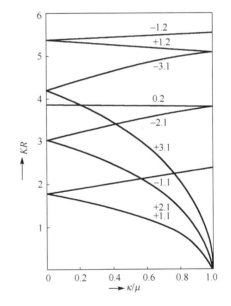

图 6.18　几种圆盘共振膜的 x 值与 $\dfrac{\mu_a}{\mu}$ 之间的关系

在一起的，因此很有必要再进一步地研究一下耦合情况(即 $\varPsi \neq 0$)下的一些理论问题。

在耦合情况下，首先须要确定一下边界条件。根据上述非耦合情况下的讨论，可以认为，除去中心圆结与三条带线端口相噪上连接处的边界区域外，在 $r=R$ 的其余周界上仍可取用非耦合状态下所确定的边界条件，即式(6.9)。而三个端口上的边界条件依据环行原理可确定成下列形式：

$$\begin{cases} -\Psi < \phi < \Psi, & h_\phi = h_1 \\ \dfrac{2\pi}{3} - \Psi < \phi < \Psi + \dfrac{2\pi}{3}, & h_\phi = h_1 \\ -\dfrac{2\pi}{3} - \Psi < \phi < \Psi - \dfrac{2\pi}{3}, & h_\phi = 0 \end{cases} \tag{6.14}$$

和

$$\begin{cases} \phi = 0, & e_z = e_1 \\ \phi = \dfrac{2\pi}{3}, & e_z = -e_1 \\ \phi = -\dfrac{2\pi}{3}, & e_z = 0 \end{cases} \tag{6.15}$$

式中，h_ϕ和e_z是耦合处铁氧体圆片边界上的场分量；h_1和e_1则是边界上耦合带状线内的场分量。

考虑到高次模（$n=2,3,\cdots$）的电场振幅是很微小的，下面我们先讨论只有基模的情况。当$n=1$时，式(6.7)具有下列形式：

$$e_z = J_1(Kr)(a_+ e^{j\phi} + a_- e^{-j\phi}) \tag{6.16}$$

由边界条件式(6.15)可得到下列一组方程式：

当$\phi=0$时

$$J_1(KR)(a_+ + a_-) = e_1$$

当$\phi = \dfrac{2\pi}{3}$时

$$J_1(KR)\left[\frac{1}{2}(a_+ + a_-) - j\frac{\sqrt{3}}{2}(a_+ - a_-)\right] = e_1$$

当$\phi = -\dfrac{2\pi}{3}$时

$$J_1(KR)\left[\frac{1}{2}(a_+ + a_-) + j\frac{\sqrt{3}}{2}(a_+ - a_-)\right] = 0$$

由以上三式立即可解得

$$a_+ = \frac{e_1}{2J_1(KR)}\left(1 + \frac{j}{\sqrt{3}}\right) \tag{6.17a}$$

$$a_- = \frac{e_1}{2J_1(KR)}\left(1 - \frac{j}{\sqrt{3}}\right) \tag{6.17b}$$

将已求得的a_+和a_-代入式(6.16)就可求得下列总电场：

$$e_z = e_1 \frac{J_1(Kr)}{J_1(KR)}\left(\cos\phi - \frac{1}{\sqrt{3}}\sin\phi\right) \tag{6.18}$$

式(6.18)表明，总电场是正弦驻波形式的，在铁氧体圆片周围的e_z是一种周期性的，而且是正弦驻波曲线分布的，如图 6.19 所示。电场矢量沿 z 轴取向并垂直于铁氧体圆片平面。磁场分量是处于铁氧体圆片平面内，并平行于圆片平面。

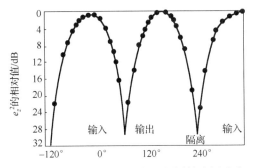

图 6.19　耦合时带线结环行器周围的电场分布

图 6.20(a) 和 (b) 分别是未磁化与磁化后环行器中铁氧体圆片内的驻波场结构，其中，电场矢量沿 z 轴取向并垂直于铁氧体圆片平面，而磁场力线则分布在圆片平面内。从图 6.20(a) 可以看出，当没有外加偏磁场时，自 1 端口输入的电磁能量在 2 和 3 两个端口是等分的，并且 2、3 两端口的电场取向均与 1 端口的电场相反。

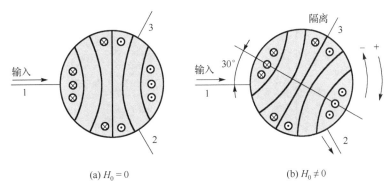

(a) $H_0 = 0$　　　　　　　　　　　　　(b) $H_0 \neq 0$

图 6.20　铁氧体圆片内驻波场

如图 6.20(b) 所示，当有适当的横向偏磁场作用于铁氧体基片并达到环行时，基片内的电磁场图形就会旋转 30°，使得驻波节点正好位于 3 端口上，该端口就没有能量输出。电磁场图旋转 30° 后使得 1 端口和 2 端口的能量密度完全相同，但两者的电场矢量却相反，结果自 1 端口输入的能量就全部从 2 端口输出。按照同样的原理，自 2 端口输入的能量只能从 3 端口输出，此时当 3 端口接入射频功率负载，电磁能量将完全被射频功率负载吸收，而 1 端口则没有能量输出，即对能量隔离起到保护输入口前端系统的作用。

要说明的是，图 6.20(b) 表示的是工作于低场区的环行器情况。在低场区，因为 μ_a 值为负值，所以驻波场型旋转为右旋，环行方向为左旋，也就是电磁波的传播方向为左旋 "−" 模方向。高场区工作的环行器，其环行方向相反，为右旋 "+" 模方向。图 6.20 中所有的场是随 $e^{j\omega t}$ 变化的。在铁氧体圆片内，这一对相反旋转的场型在圆片中心处为圆极化，随着半径的逐渐增加而变为椭圆极化，在圆片的边缘为线性极化。

6.4 移 相 器

铁氧体移相器的种类繁多，任何一种分类方法都概括不了其特性[5,6]。这里给出几种分类方法。以铁氧体移相器所用微波传输线来看，分为波导与 TEM（微带线和同轴线等）型传输线两大类，前者可以制作高功率器件，后者一般只有做低功率器件时才使用。按传输特性分为互易和非互易移相器。互易移相器可用反射式与通过式两种形式。而非互易只能采用通过式工作。产生非互易移相器的根本点在于铁氧体处于圆极化磁场位置时，由于正负圆极化磁导率不同，两个不同传输方向有不同的传播常数。按铁氧体磁性的工作状态来分，有闭锁式（剩磁态）和连续式（非剩磁态），前者开关时间短，后者开关时间长，控制功率大。从移相器的控制方式分，又有模拟与数字式两种。前者，器件设计简单，控制精度高，温度稳定性好，但控制电路复杂。后者器件制作复杂，控制电路设计简单，但器件的温度稳定性不如前者。

图 6.21 包含了各类铁氧体移相器的族谱。下面介绍几种移相器的工作原理。

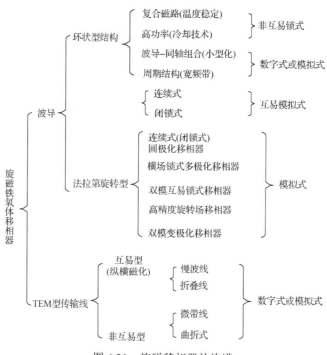

图 6.21 旋磁移相器的族谱

6.4.1 非互易性法拉第旋转移相器

非互易性法拉第旋转移相器如图 6.22 所示。在左边进入的矩形波导 TE_{10} 模通过一段过渡区后，被转换成圆波导 TE_{11} 模。随后，与电场矢量成 45° 的 1/4 波长介质使与板平行和垂直的场分量之间出现 90° 相移，从而把原来的波转换成右旋圆极化（RHCP）波。在加载有铁氧体的区域中产生相位延迟 $\beta_+ l$（l 是铁氧体棒的长度），它可用偏置场强控制其大小。

第二个 1/4 波长板则把波转换回线性极化场。对于在右边进入的波，其作用是类似的，只是此时相延变为 β_-1；这表明相移是非互易的。铁氧体棒是沿传播方向纵向加偏置的，偏置场用一个螺旋线圈产生。这类相移器也可以制成互易的，只要采用两块非互易性 1/4 波长板把两个传播方向上的线性极化波都转换成同方向的圆极化波。

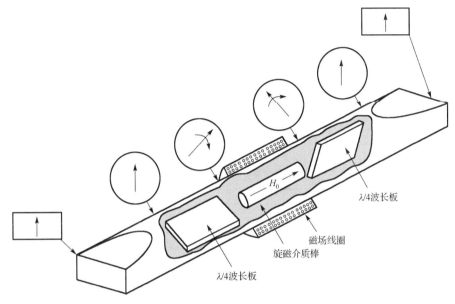

图 6.22　非互易性法拉第旋转移相器

6.4.2　横场式差相移移相器

横场式相移器仍可分成 E 面和 H 面两种结构形式，这和谐振式隔离器有类似之处，但对各种参数的具体要求两者是不相同的。

第 5 章讨论了 E 面单片横场移相器的两个相反传播方向上的相位常数 β_+ 和 β_- 与铁氧体片位置之间的关系。讨论表明，选用合适的铁氧体材料，在某一个最佳片位置上并在适当的偏磁场作用下，正向波的相位常数与反向波的相位常数有很大的差别。

在高功率下为了便于散热，时常选用 H 面结构，而且实际设计的横场相移器，为了获得良好的匹配，铁氧体片都是未满高度的，其最佳高度值与场移隔离器的最佳高度值相近。图 6.23 所示的就是置有单片未满高度铁氧体片的 H 面横场移相器。

想用精确的方法从含有传播常数的超越方程中解出相位常数的表达式是十分困难的，一般采用微扰理论来估算移相量。对图 6.23 所示的差相移移相器，沿正向及反向传播的行波的非互易相移为

$$\Delta\beta = \beta_+ - \beta_- = -2\frac{\mu_a}{\mu}\frac{t_f}{ab}\sin\left(\frac{\pi}{a}t_1\right)\sin\frac{\pi}{a}(2g+t_1) \tag{6.19}$$

式中，t_1 为铁氧体横截面长度；t_f 为铁氧体横截面高度；g 为铁氧体与波导一窄边的距离；铁氧体与波导另一窄边的距离为 l。图 6.24 是根据式 (6.19) 在不同片宽下绘制的差相移与片位置之间的关系曲线。由图 6.24 可见，最大的差相移随片宽增加而加大，并且还移向波

导壁。这个结果仅对薄片情况是准确的；至于厚片情况，上述曲线的变化规律仍具有指导意义，但具体数值却有较大的误差。

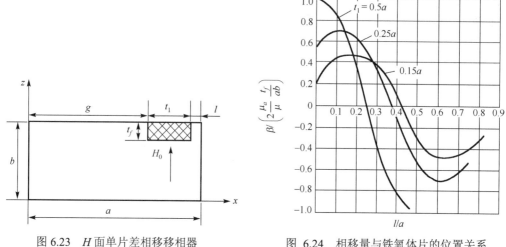

图 6.23　H 面单片差相移移相器　　　　图 6.24　相移量与铁氧体片的位置关系

横场相移器可以采用单片形式，也可采用双片形式，甚至还可采用四片铁氧体并附加电介质场的结构形式。显然，铁氧体片多相移量可大些，但插入损耗和驻波比会略有增加。

6.4.3　锁式移相器[7]

单环锁式移相器如图 6.25 所示，其由 E 面双片横场相移器演变而来。它包括一个环形铁氧体磁芯，对称地安置在波导内，偏置导线穿过环中央。当导线内通过正脉冲电流或负脉冲电流时就可以使矩形铁氧体磁芯沿着顺时针方向磁化或沿逆时针方向磁化，当脉冲电流消失后磁芯不是锁定在正的剩磁状态就是锁定在负的剩磁状态。由此可见，在这种结构下，矩形环状磁芯的左、右两条磁路内的磁通是反向的，且与 RF 场的圆极化平面垂直。由于波导两侧的圆极化性质也相反，所以在高频场与铁氧体之间可产生强烈的相互作用。

为了达到锁定的目的，锁式相移器里的矩形环状样品通常都是使用旋矩材料制作的，例如，镍锌铁氧体、锂铁氧体、钇钆石榴石以及用二价钴置换的钇钆石榴石等。实际使用时一般要求磁滞回线的矩形比 $M_r/M_s>0.7$，其中，M_r 和 M_s 分别是剩余磁化强度和饱和磁化强度，如图 6.26 所示。上面已经说过，在锁式相移器的励磁导线中一般都是通过正脉冲电流或负脉冲电流的，由图 6.26 可见，当正脉冲电流(其振幅应大到足以使材料磁化到饱和)通过时，磁环被磁化到正饱和状态，正脉冲电流消失后，磁环就处于正 M_r 状态，或者被锁定在正 M_r 状态上。这是一个稳定的物理状态，如果没有任何其他的脉冲电流作用于磁环，则它始终处于正 M_r 状态并保持相移量不变，这种状态可称作闭锁状态，锁式相移器也由此而得名。同理，在一个足够强的负脉冲作用下，磁环就从正 M_r 状态反复磁化到负饱和状态，当负脉冲消失后，磁环就锁定在负 M_r 状态上。由此可见，这种相移器并不需要用一个恒流源来维持其相移量，这是它比半导体二极管微波相移器的优越之处。

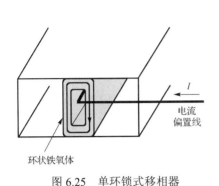

图 6.25　单环锁式移相器

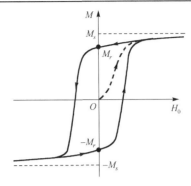

图 6.26　铁氧体环的磁滞回线

6.5　微波单晶磁调器件

微波单晶铁氧体器件已有近 50 年的发展历史。石榴石铁氧体由稀土金属氧化物和 Fe_2O_3 化合而成，分子式为 $3Me_2O_3 \cdot 5Fe_2O_3$，其中，Me 代表钇(Y)、钆(Gd)、铽(Tb)、镝(Dy)、钬(Ho)等稀土元素。与目前常见的尖晶石铁氧体相比，石榴石铁氧体具有铁磁共振线宽极窄、电阻率高、磁损耗和介电损耗很低等优点，被广泛地应用于微波器件和系统。目前微波单晶磁调器件，大多是采用钇铁石榴石(Yttrium Iron Garnet，YIG)单晶材料制成的，所以微波单晶磁调器件常常又称为 YIG 调谐器件。YIG 调谐器件分为 YIG 调谐滤波器(YTF)和振荡器(YTO)，这些器件的核心是单晶 YIG 铁氧体谐振器。

YIF 及 YTO 单晶器件具有以下优点。

(1)可借改变外加偏置磁场在宽频带内实现快速电调(可达几个倍频程)。

(2)无活动部件、结构紧凑、坚固，可靠性高。

(3)YIG 谐振器的谐振频率与其尺寸大小无关。

(4)YIG 的化学稳定性好(与蓝宝石相同)，不会因时间而使性能(如 Q 值)变差。

本节介绍 YIG 单晶谐振器的特点，以及 YIF 和 YTO 的工作原理[4,8]。

6.5.1　YIG 单晶谐振器

1. YIG 单晶体的铁磁共振条件

从晶体结构上来看，YIG(钇铁石榴石)单晶属立方晶系，它有[100]、[110]、[111]三个主晶轴，如图 6.27 所示。实际上，每个立方晶体有三个[100]轴、六个[110]轴和四个[111]轴。图 6.27 中阴影面是(110)面，该面包含了上述三个主晶轴。如图 6.28 所示，如果取一旋转轴，该轴垂直于(110)面并通过三个主晶轴的交点，当在(110)面内与[100]轴成 θ 角的方向作用上恒磁场 H_0 时，则由实验可知，当 $\theta = 0°$ 时，饱和磁化所需的 H_0 最大，故称[100]轴为难磁化轴；当 H_0 旋转到[111]轴($\theta = 54°$)时所需的恒磁场最小，故称[111]轴为易磁化轴；当 H_0 处于其他角度时所需的恒磁场则介于上面两者之间。由此可见，沿不同晶轴方向磁化时的难易程度是不同的，或在相同的 H_0 下不同晶轴磁化时的磁性能也是不同的，这就是单晶 YIG 的磁晶各向异性特点。

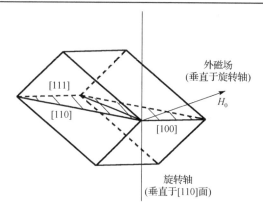

图 6.27　YIG 旋转轴与晶体结构的关系

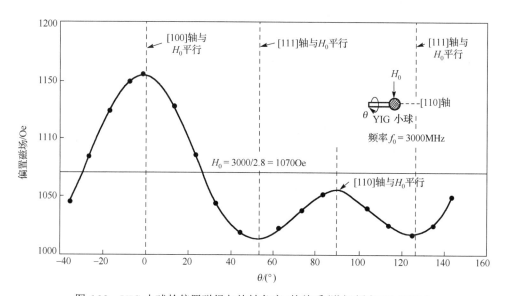

图 6.28　YIG 小球的偏置磁场与旋转角度θ的关系(谐振频率@f=3GHz)

　　磁性物质中磁晶各向异性的作用一般可用有效场 H^a 来表达，当磁化矢量偏离平衡位置即受到一转矩的作用时，此转矩可写成 $MH^a\sin\varepsilon$，其中，ε 是对原方位的偏离角。

　　理论上，H^a 可定义成

$$H^a = \left(\frac{1}{M\sin\varepsilon}\frac{\partial E_k}{\partial \varepsilon}\right)_{\varepsilon \to 0} \tag{6.20}$$

式中，E_k 是单位体积的磁晶能密度，可用式(6.21)表示：

$$E_K = K_1(\alpha_1^2\alpha_2^2 + \alpha_2^2\alpha_3^2 + \alpha_3^2\alpha_1^2) + K_2(\alpha_1^2\alpha_2^2\alpha_3^2) \tag{6.21}$$

式中，$\alpha_i(i=1,2,3)$ 是磁化强度矢量 M 相对于立方边的方向余弦；K_1 和 K_2 分别是第一各向异性常数和第二各向异性常数。

　　同时考虑 YIG 的磁晶各向异性与形状各向异性等效场，采用 Smit-Suhl 法求得单晶 YIG 的共振频率为

$$\omega_r^2 = \gamma[H_0 + H_x^a + (N_x - N_z)M_s][H_0 + H_y^a + (N_y - N_x)M_s] \tag{6.22}$$

式中，H_0 是恒磁场；N_x、N_y、N_z 分别是退磁场的因子；H_x^a 和 H_y^a 分别代表偏离角在 x 和 y 方向上的 H^a。在 (011) 面，式 (6.22) 中的 H_x^a 和 H_y^a 为

$$H_x^a = 2\left(1 - 2\sin^2\theta - \frac{3}{8}\sin^2 2\theta\right)\frac{K_1}{M_s} - \frac{1}{2}\sin^2\theta\cos^2\theta(3\cos^2\theta + 2)\frac{K_2}{M_s} \tag{6.23a}$$

$$H_y^a = 2(1 - 2\sin^2\theta - 3\sin^2 2\theta)\frac{K_1}{M_s} + \frac{1}{2}\sin^2\theta(6\cos^4\theta - 11\sin^2\theta + \sin^4\theta)\frac{K_2}{M_s} \tag{6.23b}$$

式中，θ 是 M 与 [100] 轴之间的夹角；H_x^a 是偏离角在 (011) 面时所产生的磁晶各向异性有效场；H_y^a 是偏离角垂直于 (011) 面时所产生的磁晶各向异性有效场。

由式 (6.22) 明显可见，在不同的晶轴方向上产生共振所需的外磁场 H_0 是不同的。当要避免形状各向异性的影响时，可将样品磨成圆球状，在此形状下的退磁系数为 $N_x = N_y = N_z$，则式 (6.22) 可简化成

$$\omega_r = \gamma[(H_0 + H_x^a)(H_0 + H_y^a)]^{\frac{1}{2}} \tag{6.24}$$

如果选定几个适当的晶轴方向，实测出单晶样品出现共振吸收现象时的 H_0，那么就可推算出 K_1/M_s 和 K_2/M_s，同时还可以测定旋磁比 γ 中所包含的 g 值。

2. YIG 单晶体的谐振频率的温度漂移与温度稳定轴

当外界环境温度变化时，会引起 YIG 单晶铁氧体谐振器的谐振频率变化，其原因概括起来不外乎有内、外两方面。内部原因指谐振器本身的原因，主要是样品的材料、形状、饱和磁化强度以及各向异性场等因素随温度而改变引起的。而外部原因指谐振器样品以外的电路(例如，耦合结构、磁铁和励磁电路)的温度响应。这里只讨论 YIG 小球谐振器内部原因引起的频移及稳定措施。

当 YIG 谐振小球较大且不是正圆时，此时谐振频率公式就应该是式 (6.22)，显然 YIG 的饱和磁化强度随温度的变化会带来谐振频率的漂移，所以谐振器必须采用尽可能小的 YIG 球体。在 YIG 球形谐振器小而圆的情况下，YIG 材料的饱和磁化强度的温度响应对谐振频率的影响就可略去。在这时，YIG 小球谐振器谐振频率的温度漂移将主要取决于磁晶各向异性场随温度的变化。图 6.29 给出了单晶 YIG 的磁晶各向异性等效场随温度的变化关系，可见，磁晶各向异性场的温度响应所引起的频率漂移是十分明显的，由此而引起的 YIG 小球谐振器的谐振频率随温度有极大的变化。但在实际器件设计中，可通过 YIG 小球在磁场中恰当取向来将这一影响减至最小。也就是说，存在着温度稳定轴，当外

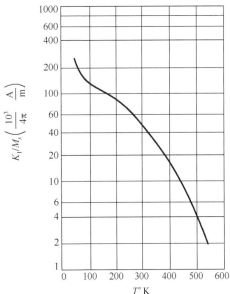

图 6.29　单晶 YIG 的磁晶各向异性等效场随温度的变化关系

磁场沿该轴取向时，YIG 小球谐振频率的温度漂移极小。

下面就简单地讨论一下这个问题。通常情况下第一磁晶各向异性常数 K_1 远大于第二磁晶各向异性常数 K_2，即 $K_1 \gg K_2$，因此式(6.23)中的第二项均可略去，结果得

$$H_x^a = \left(2 - 4\sin^2\theta - \frac{3}{4}\sin^2 2\theta\right)\frac{K_1}{M_s} \tag{6.25a}$$

$$H_y^a = (2 - \sin^2\theta - 3\sin^2\theta)\frac{K_1}{M_s} \tag{6.25b}$$

将式(6.25)代入式(6.24)，可得

$$\omega_r = \gamma \left[H_0^2 + \left(4 - 5\sin^2\theta - \frac{5}{4}\sin^2 2\theta\right)H_0\frac{K_1}{M_s} \right.$$

$$\left. + \left(2 - 4\sin^2\theta - \frac{3}{4}\sin^2 2\theta\right)(2 - \sin^2\theta - 3\sin^2 2\theta)\left(\frac{K_1}{M_s}\right)^2 \right]^{\frac{1}{2}} \tag{6.26}$$

如果 $H_0 \gg \dfrac{K_1}{M_s}$，则式(6.26)中含有 $(K_1/M_s)^2$ 的项可略，结果得

$$\omega_r = \gamma \left[H_0^2 + \left(4 - 5\sin^2\theta - \frac{15}{4}\sin^2 2\theta\right)H_0\frac{K_1}{M_s} \right]^{\frac{1}{2}} \tag{6.27}$$

就温度对铁磁共振角频率 ω_r 的影响而论，在式(6.27)中只有 K_1/M_s 是温度的迅变函数，两者之间的关系如图 6.29 所示。不言而喻，要获得良好的温度稳定性，很希望 ω_r 不受温度变化的影响，为此可令式(6.27)中的第二项为零，即

$$4 - 5\sin^2\theta - \frac{15}{4}\sin^2 2\theta = 0 \tag{6.28}$$

由式(6.28)可解得 $\theta = 29°44'$。这就是说，如果使外加恒磁场在(110)平面内沿着与[100]轴成 $29°44'$ 的方向作用于单晶 YIG 上，就能够使铁磁共振频率不随温度而变，因此(110)面内与[100]轴成 $29°44'$ 的方向可认为是一个温度稳定轴。事实上，温度稳定轴并不止上述一个，而是存在着一个连续区，它们在每个[100]轴周围都形成一个锥形，在这些方向上磁晶各向异性场随温度的变化对共振频率的影响极小。由此可见，在单晶 YIG 铁氧体内存在着一系列的温度稳定轴，但是在众多的温度稳定轴中并不都是最佳的，业已证明，在(110)面内与[100]轴成 $31°43'$ 的方向是温度稳定性最佳的取向。

3. 铁磁谐振子的无载 Q

和任何谐振系统一样，除了谐振频率，另一个描述其特性的参数是它的无载 Q 值，即无载品质因数，该因子直接决定着铁磁谐振子的频率响应或选择性。

按定义，Q 值可用式(6.29)表示：

$$Q = \omega\frac{总储能}{消耗的功率} \tag{6.29}$$

实际上，铁磁谐振子是通过耦合结构联向负载的，因此其消耗的功率可分成两部分，一是谐振子本身损耗的功率 P_u，二是负载吸收的功率 P_1，故有载 Q-Q_1 与无载 Q-Q_u 不相同，两者的关系是

$$\frac{1}{Q_1} = \frac{P_u + P_1}{\omega W} = \frac{P_u}{\omega W} + \frac{P_1}{\omega W} = \frac{1}{Q_u} + \frac{1}{Q_e} \quad\quad (6.30)$$

或

$$Q_1 = \frac{Q_u Q_e}{Q_u + Q_e} \quad\quad (6.31)$$

式中，W 是铁磁谐振子内的储能；ω 为角频率；$Q_e = \omega W / P_1$ 是单独由负载损耗所决定的 Q 值，称作外 Q 值，$Q_u = \omega W / P_u$ 则是谐振子本身的 Q 值，即本节所讨论的无载 Q 值。

铁磁共振曲线与微波谐振腔的谐振曲线是非常相似的，因此还可以参照谐振腔中 Q 的定义，将铁磁共振子的无载 Q 定义成下列形式：

$$Q_u = \frac{H_i}{\Delta H} \quad\quad (6.32)$$

式中，ΔH 是铁磁共振线宽；$H_i = \dfrac{\omega_r}{\gamma}$ 是铁磁共振内磁场，γ 是旋磁比，ω_r 是铁磁共振角频率，它等于电磁波的角频率 ω。

由式 (6.32) 可见，Q_u 是 ω 和 ΔH 的函数，Q_u 与 f 基本上呈线性关系。当频率高于 1GHz 时，铁磁谐振子的 Q_u 与微波谐振腔的 Q 值不相上下，而且铁磁谐振子可借助于外磁场(或产生该磁场的电磁铁线圈中的电流)来调节其谐振频率，即可以实现电调或磁调，其调谐速度要比机械调谐式的微波谐振腔快得多。

6.5.2　磁调滤波器

磁调滤波器和其他形式的滤波器一样，也可分成带通和带阻两种类型，其基本原理是利用单晶小球的铁磁共振特性。

磁调带通滤波器一般由两条正交的耦合传输线构成，两条传输线是通过单晶小球样品来实现耦合的，如图 6.30(a) 所示。这是一种最简单的环耦合式磁调带通滤波器，它由两个正交的耦合环组成，其中一个环套在另一个上，两者是绝缘的，aa 环位于 xOz 平面内，bb 环则位于 yOz 平面内，单晶铁氧体小球被安置在两环轴线的交点上并且沿 z 轴作用上恒磁场。显而易见，单晶小球未置入时，若在其中任一个线圈内通过高频电流，则在另一个线圈内是不会有感应信号的。当置入单晶小球，且在 z 方向作用上恒磁场，这时若在 bb 单匝线圈内通过高频电流，它在 x 方向上产生的高频磁场就会使磁矩围绕着恒磁场而进动，由磁动力学方程式求得的交变磁化强度和交变磁场强度之间由张量磁化率联系，但目前情况下只存在 h_x，而 $h_y = h_z = 0$，结果得

$$m_x = \chi h_x \quad\quad (6.33a)$$

$$m_y = \mathrm{j} \chi_a h_x \quad\quad (6.33b)$$

式 (6.33) 表明，置入单晶铁氧体小球后虽然只有平行于 aa 环的高频磁场 h_x，可是它不仅在 x 方向上引起了交变磁化强度 m_x(或交变磁感应强度 b_x)，而且还在 y 方向上引起了

m_y(或 b_y)，后者显然会在 aa 线圈中感应起信号电压，结果信号自 bb 线圈输入经 YIG 单晶小球耦合而从 aa 线圈输出。在铁磁共振点上(即当 $\omega=\omega_r$ 时)，χ_a 达到最大值，m_y 也相应地达到最大，结果 aa 线圈中输出也最大；偏离共振点后 χ_a 值迅速下降，随着 m_y 的下降 aa 线圈中的输出也很快地减小，如图 6.30(b)所示。不难看出，这是一条典型的带通滤波特性曲线，在通频带内输出很大，通频带以外的带外衰减则急剧地增大。

　　磁调带阻滤波器只需要一条传输线，是依靠单晶小球样品的铁磁共振特性来实现阻带衰减的，如图 6.31 所示。当传输线上的信号频率远离单晶小球样品的铁磁共振频率 ω_r 时，信号可以从 A 向 y 正常传输。而当传输信号频率 ω 与 ω_r 接近时，则会发生铁磁共振现象，旋磁单晶小球强烈地吸收传输信号的电磁场能量，阻碍信号的传输，形成阻带响应。在实际设计中，由于单级带阻滤波器的阻带等特性不能满足实际应用的要求，通常要采用多个带阻滤波器进行级联构成实用的磁调带阻滤波器。

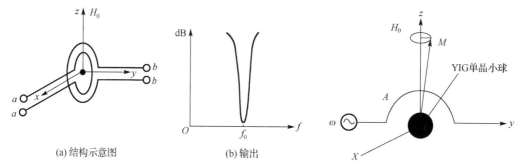

(a) 结构示意图　　　　　　　(b) 输出

图 6.30　磁调带通滤波器的工作原理　　　　　图 6.31　磁调带阻滤波器的工作原理

　　磁调滤波器可以按照功能和结构两种方式进行分类，按功能分为常规滤波器、超宽带滤波器、高选择性滤波器、宽瞬时通(阻)带滤波器、跟踪滤波器、多功能滤波器等，按结构区分为常规滤波器、小型化滤波器、永磁偏置滤波器、表贴式滤波器、多通道滤波器等。磁调谐滤波器中的单晶小球一般采用 YIG(yttrium iron garnet)单晶小球，所以又称为 YIG 调谐滤波器，简称 YTF(YIG tuned filter)，是一种线性很好的磁场调谐滤波器，可以在超宽带(0.2～75GHz)微波/毫米波频率范围内连续无间断地对信号选通或阻隔，其作用是大幅度地提高微波/毫米波设备的接收灵敏度和抗干扰能力，广泛地用于宽带电子对抗、微波测量仪器领域。

6.5.3　磁调振荡器

　　与磁调谐滤波器一样，磁调谐振荡器大多也是用 YIG 制备的，所以磁调谐振荡器又称为 YIG 调谐振荡器，简称 YTO(YIG tuned oscillator)。YTO 的基本工作原理是利用 YIG 的铁磁共振特性，即 YIG 小球谐振耦合结构在偏置磁场作用下发生特定的电磁共振，经微波正反馈电路产生特定振荡微波信号，再经微波放大而输出，就形成由偏置磁场可控的微波信号源。由于其共振频率与外加偏置磁场呈线性关系，从而可以实现宽带的线性频率输出。

　　为了更好地理解磁调谐振荡器的工作原理，先来分析图 6.32 所示的置有单晶铁氧体小球的单匝线圈，图 6.32 中小球的中心和线圈的中心都与直角坐标的原点重合，并假定单匝线圈是位于 yOz 平面内的，恒磁场 H_0 仍在 z 轴方向上。

现假定有高频电流 $i=i_0\mathrm{e}^{\mathrm{j}\omega t}$ 通过线圈，那么该电流就会产生一交变磁场 h_x 作用于小球，h_x 具有下列形式：

$$h_x = \frac{i}{2R_0} = \frac{i_0}{2R_0}\mathrm{e}^{\mathrm{j}\omega t} \tag{6.34}$$

式中，R_0 是单匝线圈的半径。

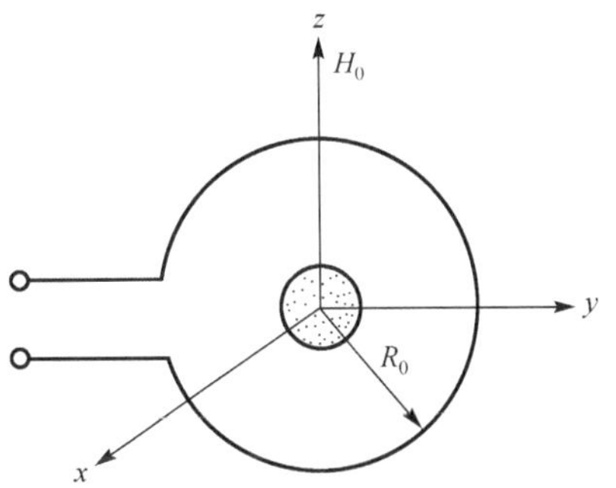

如果单晶小球的直径远小于电磁波长，则可认为小球内的交变磁场和交变磁感应强度是均匀的，两者之间的关系仍由式(2.27)来决定。不过目前情况下只存在 h_x，而 $h_y=h_z=0$，结果式(2.27)便简化成下列形式：

图 6.32　磁调谐振荡器的工作原理

$$b_x = \mu_0\mu h_x \tag{6.35a}$$

$$b_y = \mathrm{j}\mu_0\mu_a h_y \tag{6.35b}$$

$$b_z = 0 \tag{6.35c}$$

将式(6.34)代入式(6.35a)并考虑到 $\mu = \mu' - \mathrm{j}\mu''$，可得

$$b_x = \frac{\mu_0}{2R_0}\mu'i - \mathrm{j}\frac{\mu_0}{2R_0}\mu''i \tag{6.36}$$

穿过线圈平面的磁通量可分成两部分，一部分是通过小球 yOz 截面上的磁通量 $b_x\pi R_f^2$，其中，R_f 是单晶小球的半径；另一部分则是穿过线圈其余部分的磁通量，如果圆环状线圈平面上各点的高频磁场是均匀的并且都是 h_x，那么这部分的磁通量就可以写成 $(\pi R_0^2 - \pi R_f^2)\mu_0 h_x$。然而这部分线圈内的高频磁场通常并不均匀，在此情况下可用一个等效面积 A(在此面积内磁场是均匀分布的)来代替 πR_0^2，结果穿过线圈平面的总磁通量为上述两者之总和并可用式(6.37)表示：

$$\phi = (\pi R_f^2\mu' + A - \pi R_f^2)\frac{\mu_0}{2R_0}i - \mathrm{j}\pi R_f^2\mu''\frac{\mu_0}{2R_0}i \tag{6.37}$$

式中

$$\mu' = 1 + \chi' = 1 + \frac{1}{2}\chi'_+ + \frac{1}{2}\chi'_- \tag{6.38a}$$

$$\mu'' = \frac{1}{2}\chi''_+ + \frac{1}{2}\chi''_- \tag{6.38b}$$

考虑到共振点上 $|\chi'_+| = |\chi'_-|$，$|\chi''_+| \gg |\chi''_-|$，则可将上述 μ' 和 μ'' 分别写成下列形式：

$$\mu' = 1 + \chi'_+ \tag{6.39a}$$

$$\mu'' = \frac{1}{2}\chi''_+ \tag{6.39b}$$

将式(6.39)代入式(6.38)可得

$$\phi = (\pi R_f^2\chi'_+ + A)\frac{\mu_0}{2R_0}i - \mathrm{j}\pi R_f^2\frac{1}{2}\chi''_+\frac{\mu_0}{2R_0}i$$

将 $i = i_0\mathrm{e}^{\mathrm{j}\omega t}$ 代入上式，取微分就可求得作用于线圈两端的电压为

$$V = \frac{\mathrm{d}\phi}{\mathrm{d}t} = \omega\pi R_f^2 \cdot \frac{1}{2}\chi_+'' \frac{\mu_0}{2R_0}i + \mathrm{j}\omega(\pi R_f^2 \chi_+' + A)\frac{\mu_0}{2R_0}i = Ri + \mathrm{j}Xi \tag{6.40}$$

式中

$$R = \omega\pi R_f^2 \frac{\mu_0}{4R_0}\chi_+'' \tag{6.41a}$$

$$X = \omega\pi R_f^2 \frac{\mu_0}{4R_0}(\chi_+' + r) \tag{6.41b}$$

而

$$r = \frac{A}{\pi R_f^2} \tag{6.42}$$

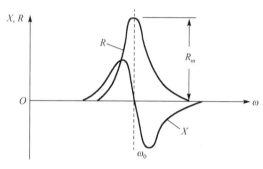

图 6.33　铁磁谐振子的谐振曲线

不难看出，式 (6.40) 中的 R 相当于电阻部分而 X 则相当于电抗部分，两者分别和 χ_+''、χ_+' 成比例。进而可画出 R、X 对角频率 ω 之间的变化曲线，如图 6.33 所示。不难看出，图 6.33 与并联谐振电路的电阻和电抗频响曲线是十分相似的，因此可以把两者看成等效的，即可以把并联谐振电路看作置有单晶亚铁磁共振子的单环线圈的等效电路。

实际的 YTO 由 YIG 谐振结构、振荡放大电路及调谐磁路组成，如图 6.34 所示。其中谐振结构由 YIG 小球及耦合环组成，由恒流源驱动磁路内线圈在自屏蔽磁路内产生高均匀性的磁场，整个 YIG 耦合结构及电路就放置在此区间内，YIG 小球及耦合结构完全处于可以线性变化的磁场中，而器件的磁场和频率的产生与变化是由数字或模拟控制的恒流源决定的。

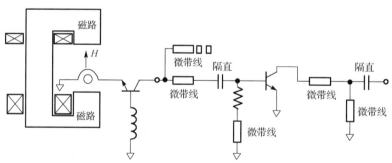

图 6.34　YIG 振荡器工作原理

YTO 可以按照功能和结构两种方式进行分类，按功能分为常规振荡器、超宽带振荡器、低相噪振荡器、低谐振波振荡器、多功能振荡器等，按结构区分为常规振荡器、小型化振荡器、永磁偏置振荡器、表贴式振荡器等。YTO 是一类可以宽带调谐的低相位噪声固态信号源，由于其单只器件可以覆盖工作到 2～20GHz 以及相位噪声可以达到 –108dBc/Hz@10kHz，所以广泛地用于不定期宽电子对抗、微波测量仪器的各种领域，作为频率综合器基础源和雷达本振使用。

参 考 文 献

[1]　总装备部电子信息基础部. 军用电子元器件. 北京: 国防工业出版社, 2009: 618-634.

[2]　刘强, 蒋运石, 许天奇. 微波旋磁器件现状及新一代集成化微波旋磁器件展望. 磁性材料及器件, 2017, 48(1): 52-59.

[3]　张国荣. 微波铁氧体材料与器件. 北京: 电子工业出版社, 1995.

[4]　陈巧生. 微波与光磁性器件. 成都: 成都电讯工程学院, 1988.

[5]　魏克珠, 李士根, 蒋仁培. 微波铁氧体新器件. 北京: 国防工业出版社, 1995: 60-186.

[6]　魏克珠, 李士根, 蒋仁培. 微波铁氧体新技术与应用. 北京: 国防工业出版社, 2013: 190-261.

[7]　Pozar D M. 微波工程. 3 版. 张肇仪, 周乐柱, 吴德明, 等译. 北京: 电子工业出版社, 2009: 405-408.

[8]　甘本祓, 吴万春. 微波单晶铁氧体磁调滤波器. 北京: 科学出版社, 1972: 1-44.

第 7 章　旋磁器件的非线性效应

描述磁化动力学的 Landau-Lifshitz 方程本身是非线性的，只有当交变磁场和交变磁化强度很小时，才能利用线性化近似处理，从而得到交变磁场和交变磁化强度各分量之间的线性关系，这是线性微波磁性器件的工作基础。而当交变磁场和交变磁化强度的各分量强度增大时，这种线性关系被破坏，将出现非线性效应。

7.1　非线性效应的分类

按与自旋波的相关性，旋磁介质的非线性效应分为第一类非线性效应和第二类非线性效应。

在低功率下，一致进动的能量通过旋磁介质内部的不均匀性而耦合到简并态的自旋波，这种自旋波在传播过程因阻尼而很快消失，此时，张量磁化率不随微波磁场 h 而改变，即交变磁化强度 m 与 h 之间存在线性关系。但当微波磁场超过某一临界值时，某些自旋波获得的能量足以抵消其传播过程中的损耗，微波磁场所激励的一致进动经过复杂的非线性耦合，将微波功率传送给自旋波，引起自旋波的激发，此时，自旋波不必再借助于旋磁介质的不均匀性也可以在介质内长期传播，出现非线性现象，这称为第一类非线性效应。第一类非线性效应的典型特征是存在临界的阈场，只有当微波场强超过一定的阈值时才突然出现。

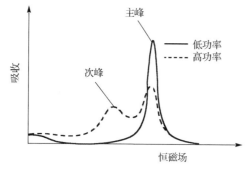

图 7.1　低功率和高功率下的铁磁共振曲线

两种泵浦激励都会引起高功率下损耗的第一类非线性效应。一种是垂直泵浦激励，即内稳恒磁场与外加高频磁场相垂直时的这种情况；另一种是平行泵浦激励，即内稳恒磁场与外加高频磁场相平行时的情况。图 7.1 给出了高功率与低功率情形下旋磁介质的铁磁共振曲线示意图。从图 7.1 可以看出，在高功率情形，出现了两个新现象：一是铁磁共振的峰值高度下降且峰宽展宽，这种现象称

为铁磁共振的过早饱和(premature saturation)或共振饱和(resonance saturation)；二是在低于铁磁共振场的区域出现次吸收峰(subsidiary absorption)。以上两个反常现象在垂直泵浦激励情形中均会出现。对于平行泵浦情形，则只会出现类似于次峰吸收的现象，即在稳恒磁场小于共振磁场的区域，吸收会显著增加。

高功率工作的旋磁器件中出现第一类非线性效应时，会对器件的性能造成显著影响。例如，对于非谐振式器件，即铁磁样品的基特尔圆频率 ω_r 不等于微波圆频率(即 $\omega_r \neq \omega$)的器件(如利用法拉第旋转效应的器件，利用场移效应的器件)来说，当微波信号峰值功率高于某一临界值 P_c(又称门阈值)时，器件的插入损耗 α_+ 急剧增加；而对于谐振吸收器件(即工

作点 $\omega_r=\omega$ 的器件)来说,当微波信号峰值功率高于某一临界值 P_c 时,反向损耗急剧减小,使器件性能变坏。

当然,随着微波功率的增加,微波旋磁器件除了与自旋波的非线性激发引起的第一类非线性效应引起损耗增加,还会出现以下高功率现象[1]213-214。

(1)打火现象。当微波旋磁器件通过高功率微波时,在微波旋磁器件内将产生火花放电现象。火花放电现象的出现不但会产生大量的热量,使磁性介质片及胶合剂的温度急剧上升,从而严重损坏器件性能。更严重时会形成短路,使电磁波的大部分甚至全部反射回去,使微波系统根本无法工作。打火现象与微波的峰值功率有关。

(2)过热现象。当通过微波旋磁器件的微波功率增大时,磁性介质从微波信号吸收的功率也相应地增加。这种被磁性介质所吸收的功率将转化为热能。其中,一部分热能向外散发,其余散发不出去的热能,将使磁性介质的温度升高。随着温度的升高,磁性介质的饱和磁化强度 M_s 就会下降,到达居里点时,M_s 就会变为零,因而严重损坏器件的性能,甚至使器件的旋磁特性完全消失。显然,这种过热现象与微波信号的平均功率是有关的。

第二类非线性效应与自旋波无关,是一致进动本身存在某种调制进动或障动(nutation)引起的,大都发生于磁矩进动矢量的轨迹为椭圆时,由此产生了倍频二次谐波、混频,及其复合效应和三阶交调(互调)等现象。这种非线性效应的实质是磁化动力学 Landau-Lifshitz 方程非线性的体现,是在稳恒磁场和强交变磁场共同作用下,高次交变项不能忽略时,交变磁化强度与交变磁场之间出现了非线性关系。第二类非线性效应的特征是无临界的阈场。利用这种非线性效应设计的器件常称作非线性微波磁性器件,典型的有倍频器、混频器、检波器、放大器和振荡器等。

7.2　自旋波线宽

自旋波的激发和弛豫在自旋波器件和微波高功率旋磁器件中都是一个重要的问题。对自旋波器件,人们希望将电磁波的能量能有效地转换成自旋波,以便发挥自旋波的作用;而高功率工作的微波旋磁器件中,激发的自旋波往往会损坏微波器件的电磁性能,这种场合自旋波的产生就成了不利因素,因此人们要求有效地抑制自旋波的产生。自旋波的激发和弛豫与自旋波线宽密切相关。

7.2.1　自旋波线宽的定义

波数为 k 的自旋波 $m_k^0 e^{i(\omega_k t - k \cdot r)}$,由于阻尼作用,其振幅 m_k^0 将衰减,振幅衰减到初始振幅的 $1/e$ 所需要的时间,称为自旋波的弛豫时间 τ_k,根据这一弛豫时间,可定义波数为 k 的自旋波线宽 ΔH_k 为[1]184-185

$$\Delta H_k = \frac{2}{\gamma \tau_k} \tag{7.1}$$

式中,γ 为材料的旋磁比。而 τ_k 与波数为 k 的自旋波阻尼系数 α_k 和自旋波频率 ω_k 的关系为 $\tau_k = 1/(\alpha_k \omega_k)$,则自旋波线宽又可以表示为

$$\Delta H_k = \frac{2\alpha_k \omega_k}{\gamma}$$

$$(7.2)$$

微波旋磁材料的自旋波线宽 ΔH_k 不仅反映了其高功率性能和高功率承受能力，而且还反映了磁性材料在远离共振区的损耗特性。对高功率旋磁材料来说，要求自旋波线宽 ΔH_k 大一些好，可达到 $10\sim40$Oe，以防止高功率器件在使用中出现非线性激发，使器件的损耗增加而无法使用。

为获得高自旋波线宽的铁氧体旋磁材料，第一种方法是加入快弛豫等杂质离子。通常在石榴石结构的铁氧体材料中加入快弛豫离子 Tb^{3+}、Sm^{3+}、Ho^{3+}、Dy^{3+} 等离子，而在尖晶石结构的铁氧体材料中加入 Co^{2+} 等阳离子。快弛豫杂质 Tb^{3+}、Dy^{3+}、Ho^{3+}、Sm^{3+} 等稀土离子和 Co^{2+} 离子都具有较大的轨道角量子数和较强的自旋-轨道耦合，能很快地将自旋波的能量耦合给晶格。这就使得自旋波的弛豫时间 τ_k（自旋波的寿命）变短，自旋波线宽增大。根据实验测定，ΔH_k 与晶粒尺寸成反比，所以第二种提高自旋波线宽的方法就是细化晶粒，晶粒细化可采用复杂的热压工艺实现。

7.2.2　自旋波线宽的表征

在垂直泵浦激励下，铁磁共振会干扰自旋波共振，使得测量较为困难。20 世纪 60 年代初，Schlömann 首次在平行泵浦激励下观察到同样的自旋波非线性激发现象，这使得避开铁磁共振的影响，准确测量自旋波线宽变得可能。因为在平行泵浦激励下，只有当加载在样品上的射频磁场强度超过某一临阈值 h_c 时，样品的磁损耗才会出现急剧增加的现象。而且虽然大部分微波铁氧体器件是在垂直泵浦激励下工作的，但平行泵浦下所测得结果仍然能表征材料的高功率特性[2,3]。

在 7.3 节会看到，自旋波非线性激发的临界值 h_c 与外加的激励静磁场密切相关。当外加静磁场 H_0 足够小时，自旋波的波数 $k^2>0$；随着 H_0 不断增加，k^2 不断减小，临界值 h_c 也不断降低，当 k^2 减小至零时，h_c 减小到一个最小值。此时的自旋波线宽最窄，铁氧体材料的功率容量最低，自旋波的传播方向与外加静磁场 H_0 方向垂直，频率等于激励信号频率的一半。当 H_0 继续增加时，$k^2<0$，即 k 为虚数，此时自旋波不再被激发，表现为临界值 h_c 迅速增长。由此可见，对于固定磁化的旋磁器件，其功率容量由于自旋波共振的影响，与外加静磁场密切相关，设计器件时必须考虑到。而最窄的自旋波线宽表征了在不同磁场激励下的最小功率容量。因此国际电工委员会技术委员会和国家标准推荐用平行泵浦激励方式，将这一最窄的自旋波线宽作为标识材料高功率性能的参数。其测试系统如图 7.2 所示。

测试中，通过观测在不同脉冲宽度 t_d 下射频脉冲波形后沿发生畸变的射频场临界值 h_{ct}，绘出 $h_{ct}\sim1/t_d$ 直线，外推至无限脉冲宽度从而获得材料高功率临界场 h_c。

当样品处于测试腔的中心位置时，某一脉冲宽度下的临界射频场 h_{ct} 由式 (7.3) 确定[4]

$$h_{ct} = 4\sqrt{\frac{P_{in}Q_L}{(1+\rho)\mu_0\pi f_0 abd[1+(d/na)^2]}}$$

$$(7.3)$$

式中，ρ 为共振时测试腔的输入电压驻波比；P_{in} 为共振时输入的峰值功率；Q_L 为测试腔的有载品质因数；μ_0 为真空磁导率常数；a、b、d 分别为测试腔的宽、高和长；f_0 为测试腔的共振频率；n 为沿测试腔的半波数。

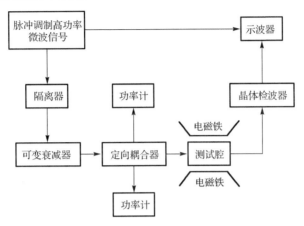

图 7.2　自旋波线宽测试系统框图

自旋波线宽 ΔH_k 与高功率临界场 h_c 的关系为

$$\Delta H_k = h_c \frac{\gamma \mu_0 M_s}{\omega} \tag{7.4}$$

式中，γ 为旋磁比；M_s 为饱和磁化强度；ω 为工作角频率。

测试过程如下：将球形样品放置在测试腔中心，将一平行于微波磁场的静磁场置于球形样品上。改变输入到测试腔中的微波功率，由示波器观察脉冲波形的变化。当微波功率较低时，即微波磁场 h_{rf} 小于射频率临界场 h_c 时，样品只有低的铁磁损耗，当微波功率增大到某一定值，即 $h_{rf} \approx h_c$ 时，样品的自旋波受到参量激发。这时可通过示波器观察到脉冲波形的后沿发生了畸变，如图 7.3 所示，当脉冲波形刚发生畸变，用功率计测出

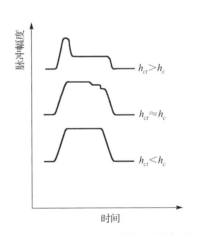

图 7.3　微波射频功率与脉冲波形(畸变)的关系

入射功率 P_{in} 和反射功率 P_r，计算出电压驻波比，由式(7.3)计算出该脉冲宽度下的临界射频磁场 h_{ct}。通过调节高功率微波信号的脉冲宽度，可以得到相应脉冲宽度下的射频临界磁场 h_{ct}。外推得到在无限宽脉冲条件下的射频临界场则获得 h_c，从式(7.4)到得 ΔH_k。

7.3　第一类非线性效应

7.3.1　第一类非线性效应产生的机理

根据 Suhl[5]提出的自旋波不稳定性理论，上述在高功率发生的非线性效应是自旋波的

阻尼运动和参量激发两个过程的竞争结果。我们知道，磁有序介质中存在许多热激发自旋波。平衡状态时，这些热激发自旋波的特点是幅度小、频率分布宽。由于自旋系统的非线性，热激发自旋波会与交变磁场激励的一致进动模式自旋波（即 $k=0$ 的自旋波）发生耦合。当交变激励磁场的幅度较小时，热激发的自旋波通过正常的弛豫过程失去能量，自旋波的幅度维持在热平衡态水平。当交变激励磁场的幅度大于某个阈值时，$k \neq 0$ 的自旋波通过耦合从交变激励磁场处获得的能量就会补偿自旋波的损耗，自旋波的幅度被参量激发到高于热平衡态的水平，随着交变磁场幅度进一步增加，发生自旋波的不稳定性（instability）现象，即自旋波的幅度开始呈指数增长。

在旋磁介质中，交变磁场所携带的微波能量耦合给自旋波模式的方式，要么是通过垂直泵浦时的一致进动模式，要么是通过平行泵浦时的 z 方向（即稳恒磁场方向）磁化强度分量的摇摆（wobble），也有观点认为就是平行于稳恒磁场的交变磁场引起的。图 7.4 总结了三种不稳定过程中激发的临界模式与耦合方法[6]，图 7.4 中波浪线表示微波光子，空心和实心圆分别表示 $k=0$ 和 $k \neq 0$ 的自旋波或磁振子。对共振饱和过程（又称为二阶 Suhl 不稳定过程（2nd order Suhl instability process）），两个微波光子激励出两个 $k \approx 0$ 频率为 $\omega_0 = \omega_p$ 的一致进动模式，这些一致进动模式进而激励出两个方向相反、频率 $\omega_k = \omega_p$ 的自旋波，如图 7.4(a) 所示。对次峰吸收（又称一阶 Suhl 不稳定过程（1st order Suhl instability process））和平行泵浦过程，都是一个微波光子产生两个频率为 $\omega_k = \omega_p/2$ 且方向相反的磁振子。不同之处在于，对次峰吸收过程，是通过 $k \approx 0$ 的磁振子间接发生的，而对平行泵浦过程则是直接微波光子激励发生的。为什么会出现这种情况呢？原因在于三种不稳定过程中都遵从动量和能量守

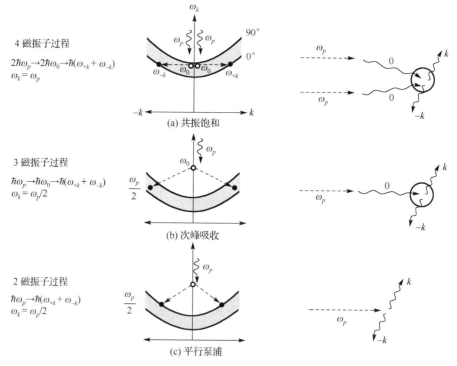

图 7.4　三种不稳定过程中激发的临界模式与耦合方法

恒定律。从动量守恒的角度看，由于微波激励场的波长大，所以其波矢近似等于零，这样都产生了幅度相等、方向相反的一对波矢为 $\boldsymbol{k}$ 和 $-\boldsymbol{k}$ 的磁振子，这就意味着这两个磁振子的频率相同。从能量守恒的角度，在平行泵浦和一阶 Suhl 不稳定过程中激发的磁振子的频率为 $\omega_p/2$，而二阶 Suhl 不稳定过程激发的磁振子频率为 ω_p。

显然，从线性响应到非线性响应的过渡点(临界点)是耦合入自旋波的微波能的速率与自旋波的弛豫速率相当点。在临界点，激发的特定自旋波模式称为临界模式。上面讨论已经知道，对共振饱和过程，自旋波临界模的频率等于微波泵浦频率 ω_p；而对次峰吸收和平行泵浦过程，自旋波临界模的频率则为 $\omega_p/2$。自旋波临界模式的波数和传播方向与泵浦方式、工作频率、样品尺寸、各向异性、静态磁场以及自旋波的弛豫过程有关。图 7.4 中给出的是各向同性的块体材料中的临界模式。

7.3.2　第一类非线性效应产生的临界场

1. 求解临界场的思路

通过求解非线性磁化动力学方程，可解决以下问题：①激励非线性自旋波幅度指数增长的临界场解析表达式；②确定在临界点激励的自旋波；③计算激励自旋波的弛豫速率。由于计算过程复杂，下面仅简要介绍其求解思路。

将磁化动力学方程

$$\frac{\mathrm{d}\boldsymbol{M}}{\mathrm{d}t}=-\gamma\boldsymbol{M}\times\boldsymbol{H}_{\mathrm{eff}}+\frac{\alpha}{M}\boldsymbol{M}\times\frac{\mathrm{d}\boldsymbol{M}}{\mathrm{d}t} \tag{7.5}$$

中的磁化强度和有效磁场分别写为

$$\boldsymbol{M}=\boldsymbol{M}(\boldsymbol{r},t)=\boldsymbol{M}_0+\boldsymbol{m}_0(t)+\boldsymbol{m}_k(\boldsymbol{r},t) \tag{7.6}$$

$$\boldsymbol{H}_{\mathrm{eff}}=\boldsymbol{H}_0+\boldsymbol{H}_d+\boldsymbol{H}_{\mathrm{dip}}+\boldsymbol{H}_{\mathrm{ex}}+\boldsymbol{h} \tag{7.7}$$

式中，$\boldsymbol{H}_0$ 为外加直流磁场；$\boldsymbol{H}_d$ 为面退磁场，对于以 $\boldsymbol{H}_0$(沿 z 轴向)为对称轴的旋转椭球体来说，对平行泵浦有

$$\boldsymbol{H}_d=\begin{pmatrix}-N_x m_x\\-N_y m_y\\-N_z(M_0+m_z)\end{pmatrix},\quad N_x=N_y=N_\perp \tag{7.8}$$

对垂直泵浦

$$\boldsymbol{H}_d\approx\begin{pmatrix}-N_x m_x\\-N_y m_y\\-N_z m_z\end{pmatrix},\quad N_x=N_y=N_\perp \tag{7.9}$$

$\boldsymbol{H}_{\mathrm{dip}}$ 为体退磁场或称为偶极作用等效场。由波矢为 $\boldsymbol{k}$ 的自旋波所引起的体退磁场为

$$\begin{cases}\boldsymbol{H}_{\mathrm{dip}}=-k^{-2}(\boldsymbol{k}\cdot\boldsymbol{m}_k)\boldsymbol{k}\\\boldsymbol{m}_k=\boldsymbol{m}_k(\boldsymbol{r},t)=\boldsymbol{m}_k^0\mathrm{e}^{\mathrm{i}(\omega_k t+\boldsymbol{k}\cdot\boldsymbol{r})}\end{cases} \tag{7.10}$$

$\boldsymbol{H}_{\mathrm{ex}}$ 为由于在样品内存在磁化强度 $\boldsymbol{M}$ 的不均匀性所引起的附加交换作用等效场，其表示式为

$$\boldsymbol{H}_{\mathrm{ex}} = \lambda_{\mathrm{ex}} \nabla^2 \boldsymbol{M} = -\lambda_{\mathrm{ex}} k^2 \boldsymbol{m}_k \tag{7.11}$$

式中，λ_{ex} 为交换作用场因子，其定义见第 3 章。

$\boldsymbol{h}$ 为外加微波磁场，对平行泵浦

$$\boldsymbol{h} = \begin{pmatrix} 0 \\ 0 \\ h_0 \cos \omega t \end{pmatrix} \tag{7.12}$$

对垂直泵浦

$$\boldsymbol{h} = \begin{pmatrix} h_x \\ h_y \\ 0 \end{pmatrix} \tag{7.13}$$

在假设 $m_k^0 < m_0^0$，$m_0^0 \ll M_s$ 的情况下求解磁化动力学方程得到一致进动和自旋波运动的方程，进而得到自旋波振幅的表达式，再根据该表达式得到临界场。具体求解过程可参考文献[1]和[7]，下面直接给出结果。

2. 平行泵浦情况下的临界场 $h_{0c}^{//}$

当 $\omega_k = \omega_p / 2$ 得到平行泵浦激励下的最低阈值振幅为

$$h_{0c}^{//} = \min \left\{ \frac{\omega_p \Delta H_k}{\omega_m \sin^2 \theta_k} \right\} \tag{7.14}$$

式中，θ_k 为波矢与稳恒磁场的夹角。当 $\theta_k = 90°$，即垂直于 H_0 方向传播的自旋波，$h_{0c}^{//}$ 最小，所以临界场为

$$h_{0c}^{//} = \frac{\omega}{\omega_m} \Delta H_k \tag{7.15}$$

当外加微波场的振幅 h_0 大于 $h_{0c}^{//}$ 时，自旋波振幅随时间呈指数增加，并因此而使得微波能量损耗急剧增加。从式(7.15)中可以看出，当工作频率为一定时，可通过提高自旋波线宽 ΔH_k 和降低饱和磁化强度 M_s 来提高 $h_{0c}^{//}$。

下面研究临界场 $h_{0c}^{//}$ 与外加稳恒场 H_0 的关系。由式(3.76)得

$$\begin{aligned} \omega_k &= \sqrt{(\omega_0 - N_z \omega_m + \omega_{\mathrm{ex}})(\omega_0 - N_z \omega_m + \omega_{\mathrm{ex}} + \omega_m \sin^2 \theta_k)} \\ &= \sqrt{\left(\omega_0 - N_z \omega_m + \omega_{\mathrm{ex}} + \frac{1}{2} \omega_m \sin^2 \theta_k \right)^2 - \left(\frac{1}{2} \omega_m \sin^2 \theta_k \right)^2} \end{aligned} \tag{7.16}$$

式中，$\omega_{\mathrm{ex}} = \gamma \lambda_{\mathrm{ex}} k^2 M_s$。进而由 $\omega_k = \omega_p / 2$ 可得

$$\left(\omega_0 - N_z \omega_m + \omega_{\mathrm{ex}} + \frac{1}{2} \omega_m \sin^2 \theta_k \right)^2 = \frac{\omega_p^2}{4} + \frac{1}{4} \omega_m^2 \sin^4 \theta_k \tag{7.17}$$

因此

$$\gamma\lambda_{ex}k^2M_s = \frac{1}{2}(\omega_m^2\sin^4\theta_k+\omega_p^2)^{1/2} - \frac{1}{2}\omega_m\sin^2\theta_k - \omega_0 + N_z\omega_m \tag{7.18}$$

当 ω_0 足够小时(即 H_0 足够小时)，$k^2>0$；若 H_0 不断增加，则 k^2 不断减小，当 k^2 减小到零时，有

$$\omega_0 = \frac{1}{2}(\omega_m^2\sin^4\theta_k+\omega_p^2)^{1/2} - \frac{1}{2}\omega_m\sin^2\theta_k + N_z\omega_m \tag{7.19}$$

令 $\theta_k=90°$，得到

$$\omega_0 = \frac{1}{2}(\omega_m^2+\omega_p^2)^{1/2} - \frac{1}{2}\omega_m + N_z\omega_m \tag{7.20}$$

由式(7.20)可得到 $k^2=0$ 时对应外加稳恒磁场为

$$H_{0c} = \frac{\omega_0}{\gamma} = \frac{1}{2}\left[M_s^2+\left(\frac{\omega_p}{\gamma}\right)^2\right]^{1/2} - \frac{1}{2}M_s + N_zM_s \tag{7.21}$$

当 H_0 增加到超过 H_{0c} 时，$k^2<0$，即 k 为虚数。也就是说，此时不能激发自旋波了。因而当外加稳恒磁场超过式(7.21)所示的值时，$h_{0c}^{//}$ 急剧上升。在平行泵的情况下，自旋波不稳定性的临界场 $h_{0c}^{//}$ 对外加稳恒磁场的函数关系如图 7.5 所示的蝶式形式，图 7.5 中 H_{0c} 为式 (7.21)所示的值，它对应 $k=0$。

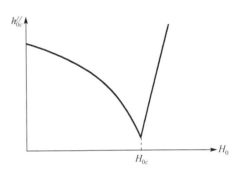

图 7.5　$h_{0c}^{//}$ 与外加稳恒磁场的关系曲线

3. 垂直泵浦情况下的临界场 $h_{0c}^{\perp}$

1)一次自旋波不稳定性对应的临界场

如果在求解磁化动力学方程的过程中，将与 m_k 有关的项保留至 $(m_k\cdot m_0)$ 项，可得到下述自旋波振幅的一次非线性运动方程，从该方程中可以得到临界场的表达式。求得的自旋波非线性激发的临界场为

$$h_{0c}^{\perp} = \frac{2\left[\left(\omega_k-\frac{\omega_p}{2}\right)^2+\alpha_k^2\omega_k^2\right]^{1/2}\left[(\omega_r-\omega_p)^2+\alpha^2\omega_p^2\right]^{1/2}}{\gamma\omega_m\sin\theta_k\cos\theta_k(1+e_k)} \tag{7.22}$$

式中，e_k 是自旋进动的椭圆率。一般 $e_k\leqslant1$，当自旋波沿外磁场方向传播时，则 $e_k=1$，这是因为该方向的自旋波无偶极退磁场作用，故进动轨迹保持圆形；当自旋波沿其他方向传播时，$e_k<1$。

当 h_0 超过 $h_{0c}^{\perp}$ 时，自旋波振幅将随时间呈指数增长。从式(7.22)中可以看出，当 $2\omega_k=\omega_p$，但 $\omega_r\neq\omega_p$；当 $\omega_r=\omega_p$，但 $2\omega_k\neq\omega_p$；当 $\omega_r=\omega_p$，$2\omega_k=\omega_p$ 这三种情况下，临界场 $h_{0c}^{\perp}$ 出现极小值。下面就 $2\omega_k=\omega$，$\omega_r\neq\omega_p$ 和 $\omega_r=\omega_p$ 两种情况分别进行介绍。

(1)副共振峰(低于主共振峰)出现的情况(即 $2\omega_k=\omega_p$，$\omega_r\neq\omega_p$)。

此时，自旋进动的椭圆率为

$$e_k = \frac{(\omega_m^2 \sin^4 \theta_k + \omega_p^2)^{1/2} - \omega_m \sin^2 \theta_k}{\omega_p}$$

(7.23)

将式(7.23)代入式(7.22)得

$$h_{0c}^{\perp} = \Delta H_k \frac{\omega_p}{\omega_m} \left[\left(\omega_r - \omega_p \right)^2 + \left(\frac{\gamma \Delta H}{2} \right)^2 \right]^{1/2} g(\theta_k)$$

(7.24)

式中

$$g(\theta_k) = \left\{ \sin \theta_k \cos \theta_k [\omega_p + (\omega_m^2 \sin^4 \theta_k + \omega_p^2)^{1/2} - \omega_m \sin^2 \theta_k] \right\}^{-1}$$

(7.25)

从式(7.24)中看出，$h_{0c}^{\perp}$ 由外加场 H_0 和 θ_k 决定。由此可见，在不同方向上出现自旋波非线性增长的临界场 $h_{0c}^{\perp}$ 是不相同的。对于平行于 H_0 方向传播的自旋波，$\theta_k = 0$，$g(\theta_k) \to \infty$；而垂直于 H_0 方向传播的自旋波，$\theta_k = 90°$，$g(\theta_k) \to \infty$，因而这两个方向的自旋波的临界场不是最小值。由式(7.24)可以求出，当 $\theta_k \approx 45°$ 时，临界场 $h_{0c}^{\perp}$ 取最小值。

同样，在垂直泵浦时能得到自旋波 k 值与外场 $H_0(\omega_0)$ 和 θ_k 的关系。在 $2\omega_k = \omega_p$ 的条件下，关系式与式(7.18)相同，由此可讨论临界场 $h_{0c}^{\perp}$ 与外加稳恒场 H_0 的关系，主要结论如下。

①对于恒磁场较小，$k \neq 0$ 的情况，有

$$h_{0c}^{\perp} = \Delta H_k \frac{\omega}{\omega_m} \left[(\omega_r - \omega_p)^2 + \left(\frac{r \Delta H}{2} \right)^2 \right]^{1/2} g(\theta_k \approx 45°)$$

(7.26)

②对于恒磁场较大，$k = 0$ 的情况，有

$$h_{0c}^{\perp} = \Delta H_k \frac{\omega_p}{\omega_m} \left[(\omega_r - \omega_p)^2 + \left(\frac{\gamma \Delta H}{2} \right)^2 \right]^{1/2} g(\theta_k)$$

(7.27)

此时

$$\theta_k = \sin^{-1} \left[\frac{\omega_p^2 / 4 - (\omega_0 - N_z \omega_m)^2}{\omega_m (\omega_0 - N_z \omega_m)} \right]^{1/2}$$

(7.28)

③对于恒磁场 $H_0 \geqslant \frac{1}{\gamma} \left(\frac{\omega_p}{2} + N_z \omega_m \right)$，有

$$h_{0c}^{\perp} \to \infty$$

(7.29)

不存在副吸收峰。

球形样品的 $h_{0c}^{\perp}$ 随 H_0 的变化曲线如图 7.6 所示。

从图 7.6 中可看出，当 $\omega_0 = YH_0$ 增加时，$h_{0c}^{\perp}$ 直线下降，当 ω_0 还小于 ω 时(对于球形样品来说，$\omega_0 = \omega_r$)，即当 H_0 还小于共振场时，$h_{0c}^{\perp}$ 达到极小值。而当 ω_0 趋于 $\omega_p/2 + N_z \omega_m$ 时(此时 $\theta_k \to 0$)，$h_{0c}^{\perp}$ 急剧上升，趋于无限大。因此工作点选在高场区可

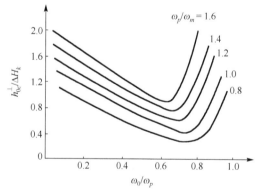

图 7.6 对不同的 ω_p / ω_m 值，

小球样品的 $h_{oc}^{\perp} / \Delta H_k$ 与 ω_0 / ω_p 的关系

避免副吸收峰出现。从图 7.6 中还可以看出另外两点：其一，随着磁化强度降低（ω_m 变小），临界场变高，在高功率器件使用旋磁材料时，为了避免非线性效应出现，应取较低的 ω_m 值；其二，副峰共振都落在 $\omega_0/\omega_p < 1$ 的区域。

（2）主共振峰与副吸收峰重合的情况。

此时，$\omega_k = \omega_p/2$，且 $\omega_p = \omega_r$。首先必须指出，（1）中所述的结果对我们现在所要进行讨论的情况仍然适用（因为（1）中的条件：$\omega_k = \omega_p/2$ 仍是本情况中的一个条件）。所以，再考虑 $\omega_p = \omega_r$ 的情况时，便可立即得到主共振峰与副吸收峰重合情况下的结果。

对于恒磁场较小，$k \neq 0$ 的情况，由式（7.26）可得到

$$h_{0c}^{\perp} = \frac{\Delta H_k \Delta H}{2M_s} g(\theta_k \approx 45^\circ) \tag{7.30}$$

比较式（7.30）和式（7.26）可见，重合共振时临界场的数值比副峰共振时的临界场数值低。这在物理机理上是很明显的。因为铁磁共振情况下，一致进动幅度充分地激发，一次非线性效应又容易被激发，两个因素组合在一起，重合共振的临界场就更低了。

对于恒磁场较大，$k=0$，由式（7.27）可得到

$$h_{0c}^{\perp} = \frac{\Delta H_k \Delta H}{2M_s} g(\theta_k) \tag{7.31}$$

此时

$$\theta_k = \sin^{-1}\left[\frac{\omega_p^2/4 - (\omega_0 - N_z\omega_m)^2}{\omega_m(\omega_0 - N_z\omega_m)}\right]^{1/2} \tag{7.32}$$

对于恒磁场 $H_0 \geq \dfrac{1}{\gamma}\left(\dfrac{\omega_p}{2} + N_z\omega_m\right)$，仍然有

$$h_{0c}^{\perp} \to \infty \tag{7.33}$$

主共振峰与副吸收峰重合时，$\omega_p = \omega_r$；但对于以 z 轴为对称轴的旋转椭球样品来说，ω_r 的表示式为

$$\omega_r = \omega_0 + (N_\perp - N_z)\omega_m \tag{7.34}$$

故

$$\omega_0 = \omega_p + (N_z - N_\perp)\omega_m \tag{7.35}$$

将式（7.36）代入式（7.31）时，则出现如下情况：

当

$$\omega_p/2 \geq N_\perp\omega_m \tag{7.36}$$

时，则

$$h_{0c}^{\perp} \to \infty \tag{7.37}$$

由此可知，当微波泵浦频率 ω_p 大于 $2N_\perp\omega_m$ 时，也不存在副吸收峰。

2）二次自旋波不稳定性及主峰过早饱和临界场

将与 m_k 有关的项保留至（$m_k m_0^2$）项，便可得到自旋波振幅的第二级非线性运动方程，进而可得到，当 $\theta_k = 0^\circ$ 时，最小临界场为

$$(h_{0c}^{\perp})_{\min} = \frac{\Delta H}{2}\sqrt{\frac{\Delta H_k}{M_s}} \tag{7.38}$$

这就是二次效应引起的自旋波不稳定性临界场，人们常常称它为主峰过早饱和临界场。

7.3.3 第一类非线性效应的抑制措施

第一类非线性效应，即高功率非线性效应的出现，给旋磁器件损耗带来负面影响，随着峰值功率增加，当场强超过临界值 h_{0c} 时，器件的插损急增。原则上，可以从选材和改变工作磁场等方面来防止或避免这类非线性效应的发生[8]。以下是常见措施。

(1) 高场工作器件不存在高功率非线性效应。原因是工作频率 ω 与自旋波频率 ω_k 不存在简并，如图 7.7(a) 所示。

(2) 共振场器件，由于在低 k 值范围内存在 ω 与 ω_k 的简并，如图 7.7(b) 所示，除增加材料的 ΔH_k（并可适当增加 ΔH）外，采取薄样品使得 $N_z = 1$，ω 与 ω_k 的简并仅发生在 $\theta_k = 0°$ 曲线附近，减少出现非线性效应的概率。另外，还可细化材料的晶粒，可以减少低 k 自旋波散射的概率。

(3) 低场器件，如图 7.7(c) 所示。这是 $\omega_k = \omega_p/2$ 的一次效应和 $\omega_k = \omega_p$ 的二次效应均可发生，最小临界场 h_{0c} 出现在 ω_0/ω_p 较大处，低场器件工作磁场应尽量低，ω_0/ω_p 尽量小，$\omega_0/\omega_p \to 0$ 时，有较高的 $h_{0c}/\Delta H_k$。如图 7.7(d) 所示，当 ω_0/ω_p 很小时，$\omega_k = \omega_p/2$ 和 $\omega_k = \omega_p$ 的简并概率均小，而且简并频率的 k 值均大。

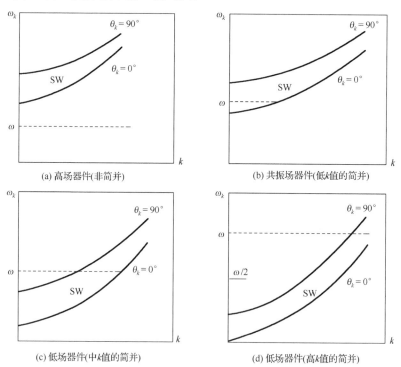

图 7.7 微波泵浦频率与自旋波频率的简并关系

7.4 第二类非线性效应

这里用逐次逼近法[7,9]求解磁化动力学方程得到第二类非线性效应的描述。

为简化计算，磁化动力学方程的阻尼项采用修正的布洛赫形式，即

$$\frac{\mathrm{d}\boldsymbol{M}}{\mathrm{d}t} = -\gamma(\boldsymbol{M}\times\boldsymbol{H}_{\mathrm{eff}}) + \omega_\tau\left(\frac{M_0}{H_0}\boldsymbol{H}_{\mathrm{eff}} - \boldsymbol{M}\right) \tag{7.39}$$

式中，ω_τ 是弛豫频率；H_0 是稳恒磁场；M_0 是对应的稳恒磁化强度，一般说来 $M_0 \approx M_s$。

在有交变磁场 h 作用时，式(7.39)中的 $\boldsymbol{H}_{\mathrm{eff}}$ 可写成

$$\boldsymbol{H}_{\mathrm{eff}} = \boldsymbol{H}_0 + \boldsymbol{h} \tag{7.40}$$

此时磁化强度表示为

$$\boldsymbol{M} = \boldsymbol{M}_0 + \boldsymbol{m}_1 + \boldsymbol{m}_2 + \cdots \tag{7.41}$$

式中，$|M_0| \gg |m_1| \gg |m_2| \gg \cdots$。将式(7.41)和式(7.40)代入式(7.39)中，并逐次逼近求解。在零阶近似情况下，舍去所有的交变项，可得以下关系

$$\boldsymbol{M}_0 \times \boldsymbol{H}_0 = 0 \tag{7.42}$$

在一阶近似下，保留方程中的 1 次交变项，利用式(7.42)得到

$$\frac{\mathrm{d}\boldsymbol{m}_1}{\mathrm{d}t} = -\gamma(\boldsymbol{m}_1\times\boldsymbol{H}_0) - \gamma(\boldsymbol{M}_0\times\boldsymbol{h}) + \omega_\tau\left(\frac{M_0}{H_0}\boldsymbol{h} - \boldsymbol{m}_1\right) \tag{7.43}$$

求解式(7.43)，则可得到

$$\boldsymbol{m}_1 = [\bar{\chi}]\boldsymbol{h} \tag{7.44}$$

式中，$[\bar{\chi}]$ 是磁化率张量。可见，在一阶近似下，$\boldsymbol{m}_1$ 和 $\boldsymbol{h}$ 呈线性关系。

保留式(7.39)中的 2 次交变项，并考虑式(7.42)和式(7.43)，可得到

$$\frac{\mathrm{d}\boldsymbol{m}_2}{\mathrm{d}t} = -\gamma(\boldsymbol{m}_2\times\boldsymbol{H}_0) - \gamma(\boldsymbol{m}_1\times\boldsymbol{h}) + \omega_\tau\boldsymbol{m}_2 \tag{7.45}$$

由前述的推导，很容易得到 k 阶与 $(k-1)$ 阶交变磁化强度满足的方程为

$$\frac{\mathrm{d}\boldsymbol{m}_k}{\mathrm{d}t} = -\gamma(\boldsymbol{m}_k\times\boldsymbol{H}_0) - \gamma(\boldsymbol{m}_{k-1}\times\boldsymbol{h}) + \omega_\tau\boldsymbol{m}_k \tag{7.46}$$

式中，$k=2$，3，$\cdots$。

第 1 章已提到，磁化动力学方程中的阻尼项除修正的布洛赫形式外，还有朗道-利夫希茨形式和吉尔伯特形式。可以证明：①在一阶近似情况下，这三种阻尼项的磁化动力学方程是等效的；②如果阻尼项很小，这三种阻尼项的磁化动力学方程都满足

$$|\boldsymbol{M}| = \mathrm{const} \tag{7.47}$$

式(7.47)说明磁化强度矢量的长度守恒(即保持不变)，进而可以得到

$$M_z^2 + m_x^2 + m_y^2 = M_0^2 \tag{7.48}$$

式中，M_z 是磁化强度沿 z 轴(即磁化方向)的分量(包括静态分量和交变分量)，而 m_x 和 m_y 分别是另外两个方向交变分量。由于 m_x、$m_y \ll M_0$，则由式(7.48)可近似得到

$$M_z \approx M_0 - \frac{1}{2M_0}(m_x^2 + m_y^2) \tag{7.49}$$

对各向同性饱和磁体，在一阶近似下，h_z 不会引起磁化强度变化。这样可设交变磁场的瞬时切向分量为

$$\begin{cases} h_x = h_{x0} \cos \omega t \\ h_y = h_{y0} \cos(\omega t + \varphi) \end{cases} \tag{7.50}$$

式中，h_{x0} 和 h_{y0} 是交变磁场分量的幅度；φ 为 h_y 与 h_x 的相位差。利用一阶近似，可得磁化分量的瞬时值为

$$\begin{cases} m_x = h_{x0}(\chi' \cos \omega t + \chi'' \sin \omega t) + h_{y0}[-\chi_a' \sin(\omega t + \varphi) + \chi_a'' \cos(\omega t + \varphi)] \\ m_y = h_{x0}(\chi_a' \sin \omega t - \chi_a'' \cos \omega t) + h_{y0}[\chi' \cos(\omega t + \varphi) + \chi'' \sin(\omega t + \varphi)] \end{cases} \tag{7.51}$$

式中，$\chi = \chi' - i\chi''$ 和 $\chi_a = \chi_a' - i\chi_a''$ 分别是张量磁化率的对角和反对角分量。

将式(7.51)代入式(7.49)得

$$M_z = M_0 - \Delta M_z + M_{z2} \tag{7.52}$$

式中

$$\Delta M_z = \frac{1}{4M_0}[(|\chi|^2 + |\chi_a|^2)(h_{x0}^2 + h_{y0}^2) - 4\sin\varphi(\chi'\chi_a' + \chi''\chi_a'')h_{x0}h_{y0}] \tag{7.53}$$

$$M_{z2} = -\frac{1}{4M_0}(\chi'^2 - \chi''^2 - \chi_a'^2 + \chi_a''^2)[h_{x0}^2 \cos 2\omega t + h_{y0}^2 \cos(2\omega t + \varphi)]$$

$$+ 2(\chi'\chi'' - \chi_a'\chi_a'')[h_{x0}^2 \sin 2\omega t + h_{y0}^2 \sin(2\omega t + \varphi)] \tag{7.54}$$

式(7.53)中 ΔM_z 正比于交变幅度的平方，表示稳态磁化的减小量，称为磁化振荡的探测效应(detection effect)。从式(7.53)中可以看出，在任意极化的交流场作用下，均有探测效应的存在，也就是投影到 z 轴的稳态磁化分量均有变化。

在式(7.54)中，出现了 2ω 的谐波项，将第 1 章的张量磁化率各分量代入式(7.54)，可得 m_{z2} 的复幅度为

$$m_{z2} = -\frac{\gamma_0 \chi_a}{4\omega}(h_x^2 + h_y^2) \tag{7.55}$$

从式(7.55)可以看出，当交变磁场为圆极化场时，张量磁化率呈柱状对称，磁化强度矢量的端点的运动轨迹为圆，则 M_z 没有交变分量。然而当交变磁场为非圆极化场时，M_z 将出现 2ω 分量，如图 7.8 所示。从图 7.8 中可以得到

$$m_{z2} \approx \frac{m_{x0}^2 - m_{y0}^2}{4M_0} \tag{7.56}$$

这种 M_z 出现 2ω 分量的现象，就是倍频效应。显然，当交变磁场为线性极化时，倍频效应最显著。图 7.9 给出了利用倍频效应制作微波磁性倍频器的工作原理。在波导 1 中的频率为 ω 的交变磁场 h_{1y} 的作用下，在旋磁介质(铁氧体)中激励出频率为 2ω 的交变磁化强度 m_{z2}，进而在波导 2 中感生沿 x 轴的电场，并传入波导 3。该电场不会传入波导 1 的原因是由于波导 1 的高度小于截止尺寸。

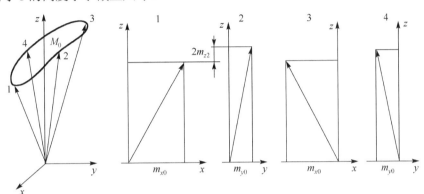

图 7.8　倍频效应示意图

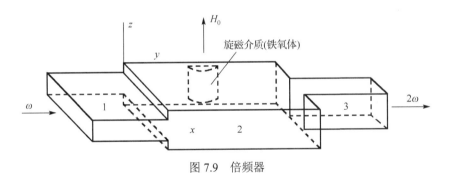

图 7.9　倍频器

当旋磁介质受到频率分别为 ω_1，ω_2，$\cdots$ 的几个交变磁场同时作用时，探测效应和倍频效应 $2\omega_1$，$2\omega_2$，$\cdots$ 会同时发生，这样会产生 $n_1\omega_1 \pm n_2\omega_2 + \cdots$($n_{1,2}=0,1,2,\cdots$)倍频、混频和交调现象。如果旋磁介质同时受到 ω_1 和 ω_2 的两个交变磁场作用，则可出现倍频成分 $2\omega_1$ 和 $2\omega_2$，混频成分 $\omega_1+\omega_2$，以及 3 阶交调成分 $(2\omega_1-\omega_2)$ 和 $(2\omega_2-\omega_1)$，5 阶交调成分 $(3\omega_1-2\omega_2)$ 和 $(3\omega_2-2\omega_1)$，甚至还有更高阶的交调成分。这部分的细节请参见文献[12]。

参 考 文 献

[1] 廖绍彬. 铁磁学(下册). 北京: 科学出版社, 1998.

[2] 石成玉. 不同脉冲宽度下微波铁氧体材料临阈射频场的测量. 磁性材料及器件, 2016, 47(6): 48-49.

[3] 戈弋. 微波铁氧体材料自旋波线宽测试系统的研究. 成都: 电子科技大学, 2013.

[4] GB/T 9633—1988/IEC 60556. 微波频率应用的旋磁材料性能测试方法. 1982.

[5] SUHL H. The theory of ferromagnetic resonance at high signal powers. Journal of Physical Chemistry Solids, 1957, 1: 209.

[6] COX R G. Nonlinear spin wave instability processes in manganese substituted zinc Y-type hexagonal ferrites. Fort Collins: Colorado State University, 2010.

[7] GUREVICH A G, MELKOV G A. Magnetization Oscillations and Waves. Boca Raton: CRC Press Inc, 1996.

[8] 魏克珠, 蒋仁培, 李士根. 微波铁氧体新技术与应用. 北京: 国防工业出版社, 2013: 26-27.

[9] VONSOVSKII S V. Ferromagnetic Resonance. Oxford: Pergamon Press. 1966: 248-266.

第8章　磁振子器件基础

8.1　概　　述

有序磁介质中的自旋集体激发——自旋波(其相应的准粒子称为磁振子)的概念于 1930 年由布洛赫提出,并用自旋波解释了磁介质的饱和磁化强度随温度的变化关系。20 世纪 40 年代后期,用自旋波成功地解释了旋磁介质的铁磁共振线宽增宽以及高功率临界场现象。20 世纪 60~80 年代,人们开始利用自旋波的传播特性,研制微波器件。受当时技术水平的限制,人们关注的偶极作用自旋波,即静磁波器件的开发。由于静磁波的传播速度一般比自由空间中电磁波的传播速度慢 2~4 个数量级,这种空间上的压缩使静磁波器件的体积较小。静磁波器件的另一个显著特点就是其群速、相速的磁控可调性。可以利用静磁波来制作微波频段的延迟线、振荡器、滤波器、反射器、谐振器、脉冲分离/压缩器、信噪比增强器等多种器件[1,2]。

尽管静磁波器件是能在微波频率下直接做模拟信号处理的功能器件,并且与声波器件几乎在同一时代被提出并研发,但声波器件迅速商业化,得到了广泛的应用,而静磁波器件至今尚未形成批量化的商业产品。究其原因,主要有以下几方面原因[3]。

(1) 静磁波器件的主要载体材料——高品质的旋磁薄膜缺乏。一般采用阻尼系数低的钇铁石榴石(YIG)单晶系列薄膜。单晶 YIG 薄膜采用液相外延(LPE)工艺制备,一方面制备成本高,另一方面,与 CMOS 工艺难以兼容。

(2) 静磁波色散特性难以控制。由于静磁波的固有色散特性,色散特性与旋磁薄膜的磁性能、薄膜厚度、介质厚度、波的传播方向,偏置磁场方向等均有关系,色散特性复杂。静磁波器件若没有增加控制其频散特性的措施,是很难在实际系统中得到应用的,因此控制静磁波频散技术成为静磁波器件能否实用化的一个关键技术。尽管可以通过多层膜非均匀场、阶跃接地以及级连技术等来控制其色散,但效果仍不理想。

(3) 静磁波器件的温度稳定性差。影响静磁波器件的温度稳定性的因素很多,而且影响的方式和程度依赖于工作模式(静磁前向体波、静磁背向体波和静磁表面波)。其温度特性除了与旋磁薄膜的饱和磁化强度有关,还与其磁各向异性有关;另外还与偏置磁体的剩余磁感应强度、磁温补偿材料的饱和磁感应强度等有关。

(4) 电磁波和静磁波的相互转换的高能效换能器缺乏。由于换能结构相对复杂,目前还没有其特性阻抗、分布参数或等效参量的理论公式或经验公式,无法同时考虑静磁波的特性阻抗。另外静磁波具有饱和功率电平的特性,在换能器的设计中还无法考虑。

正是由于这些困难,自旋波及其应用研究从 20 世纪 90 年代陷于低潮。可喜的是,随着纳米技术和微细加工工艺的发展,以及高频磁化动力学的实验技术的巨大进步,更是由于人们对低功耗集成器件的渴求,从 2000 年开始,自旋波的研究又重新引起人们的广泛关注。

　　利用自旋波或者磁振子进行信息传输、处理和存储的磁振子型器件，有望构成继基于电荷的第一大类半导体/微电子器件和基于电子自旋的第二大类自旋电子器件之后的第三大类固态微电子器件，能为未来信息科学和技术的可持续发展提供更广阔的拓展空间[4]。

　　自旋波的波长与同等频率电磁波的波长相比少几个数量级，所以可应用于设计微米及毫米尺度的模拟信号处理器件(如滤波器、延迟线、移相器、隔离器)，在通信系统和雷达中有极大的应用前景。除此之外，自旋波或磁振子，有更广阔的应用背景，即作为新兴计算器件的数据信息载体，用于代替电子学的电子。数据处理中的磁振子的主要优点如下所示[5]。

　　(1)基于波的计算。用波携带数据信息，则波的相位不仅能完成标量操作，而且还能允许矢量操作，提供了一个额外的数据处理自由度。这样就可以减少处理单元的数量，减小占用芯片面积，实现数据并行处理、非布尔计算算法等。

　　(2)金属和绝缘基自旋电子学。磁振子转移自旋不仅发生在金属/半导体，也发生在绝缘磁介质(如低阻尼的YIG)中。在YIG中，磁振子传输距离可以达到厘米级，然而在金属和半导体中由于自旋扩散长度的限制，以电子为载体的自旋流扩散不超过微米。更为重要的是，磁振子自旋流不涉及电子的移动，理论上就无焦耳热产生。

　　(3)GHz～THz的宽频。波的频率限制了计算器件的最大时钟频率。磁振子谱已覆盖目前GHz的通信系统，还有可能达到非常具有前途的THz频段。如在YIG的第一磁振子布里渊区的边缘，频率达到THz。

　　(4)处理单元可以做到纳米尺度。基于波的计算单元的最大尺寸是由所用波长决定的。自旋波的波长只受磁性材料的晶格常数限制，其容许的波长小至纳米范围。更重要的是，短波长的交换作用磁振子的频率会随波数和群速一起提高。

　　(5)显著的非线性现象。为了处理信息，需要非线性组件来实现信号的控制。自旋波有许多显著的非线性效应被用来控制磁振子自旋流，可实现磁振子自旋流的抑制或放大。这种磁振子-磁振子之间的交互作用已被用来实现了磁振子晶体管，开辟了全磁振子集成电路。

　　利用自旋波作为信息传输和处理的科学，称为磁振子学(magnonics)。在自旋电子学中，如果利用磁振子自旋流来代替(或一起)电子自旋流来进行信息传输和处理，则诞生了磁振子自旋电子学(magnon spintronics)。磁振子自旋电子学包括可以进行模拟和数字数据处理的磁振子组件，以及磁振子亚系统与电子基自旋流和电荷流之间的转换器。磁振子学和磁振子自旋电子学的研究方兴未艾，它们的内涵和外延正不断丰富和发展，要实现利用磁振子完成微波信号处理、数据存储、输运和逻辑运算，还需要在多方面继续深入研究，其中，研发磁振子功能器件是一个急需的任务。要构建具有一定功能的磁振子器件需要包含四部分：自旋波源(输入)、自旋波探测器(输出)、能操控自旋从输入端传输到输出端的功能介质(波导)和可编程或动态调控器件的外部控制模块，其构成框图如图8.1所示[6]。

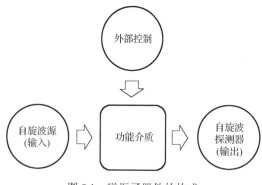

图8.1　磁振子器件的构成

8.2　自旋波的激励与探测

对自旋波激励技术需重点考虑激励效率、相干性和波数范围。而自旋波探测技术的指标则是灵敏度、探测波长范围和频率,以及频率、空间和时间分辨率。自旋波的激励与探测技术很多,而且还会随着研究与技术的进步而不断发展,表 8.1 给出了常见的自旋波激励与探测技术及其特征[5]。从表 8.1 中可以看出,这些主要技术是基于微波、光学和自旋电子学发展起来的。

表 8.1　常见的自旋波激励与探测技术及其特征

	技术	功能	特征
微波法	传统的微带天线激励	激励、探测	相干激励,高灵敏度,相位可供,高的频率解析度
	非接触天线法	激励、探测	设计简单,可激励短波长自旋波
	参量泵浦	放大、激励	高密度和短波长激励
	脉冲感应微波磁强计(PIMM)	激励、探测	宽频激励
	感应磁探针(IMP)	探测	空间分辨、高的时间和频率解析度
光学法	布里渊(Brillouin)光散射谱(BLS)	探测	可分辨空间、频率、时间、相位和波数
	飞秒(fs)激光的热和非热激励	激励	可激励高频磁振子,适合基础研究用
	磁光科尔效应谱(MOKE)	激励、探测	空间、频率、时间和相位分辨
自旋电子法	基于自旋泵浦的技术	探测	直接通过自旋泵浦效应转化为直流(DC)测量,对自旋波波长不敏感,尤其适用纳米尺度
	基于自旋转移矩的技术	放大、激励	直接通过自旋转矩(STT)效应转化为直流(DC)测量,尤其适用纳米尺度
	自旋极化电子能量损耗谱(SPEELSC)	检测	可以探测到布里渊边界处的高波数磁振子
其他方法	磁电单元	激励、探测	高的空间分辨率,尤其适合自旋波逻辑门构建
	磁共振力显微镜	探测	高的空间分辨率
	磁振子感生热的探测	探测	主要用于基础研究
	核磁共振散射	探测	目前最高的空间解析度
	X 射线检测铁磁共振	探测	可达薄膜层的高空间解析度
	电子-磁振子散射	探测	适合探测磁畴壁位置

下面介绍在磁振子器件研发中常用的一些激励与探测方法。

8.2.1　微波天线的激励与探测

微波天线激励自旋波是最传统的方法,又称感应微波法(inductive microwave technique)。根据毕奥-萨伐尔(Biot-Savart)定律,当电磁信号加在微波天线上,通过天线产生交变奥斯特场来激励磁性材料中磁矩的进动产生自旋波。直到目前,该技术仍然在应用中具有重要作用，原因在于其能控制注入磁振子的频率、波长和相位。

微波天线探测的原理是自旋波的传输使得天线下磁性薄膜中的磁通产生变化，根据法拉第定律，变化的磁通将会在天线感生交变电压，从而检测出自旋波。

图 8.2 是微带天线激励自旋波的原理图[7]。图 8.2(a) 中的外加磁场与带线宽度方向平行，从图 8.2(b) 中看出高频交流电流产生的交变磁场的 h_x 与 h_z 分量在空间上是非均匀的，依据要激励的自旋波模式，它们一起或独自参与自旋波的激励。由于 h_x 与 h_z 分量均参与 Damon-Eshbach 模式自旋波的激励，所以感应法中，Damon-Eshbach 模式具有相对高的激励效率。

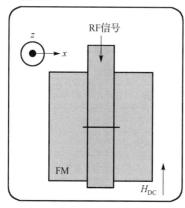

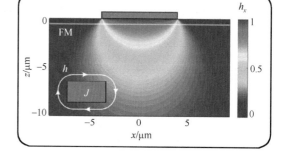

(a) 激励装置俯视图　　　　　　　　　　　　(b) 交变磁场分布图

图 8.2　天线激励原理图

激励自旋波的天线形式很多，如带状线、微带线、共面波导等。天线激励的自旋波截止波数(cut-off wavenumber)与信号线的宽度有关[8]，为

$$k_{\text{cut-off}} = \frac{\pi}{w} \tag{8.1}$$

式中，w 为带线信号线的宽度。

除关心天线激励的自旋波截止波数外，在激励天线的设计中，要根据需求，确定天线激励与探测的波矢范围。原则上讲，应利用微波电磁学原理，用等效辐射阻抗建立自旋波能量与天线上传输的电磁波能量关系，从而确定天线的波矢范围和激励与探测效率[9]。简化地，可采用相关电磁场计算软件或近似公式计算出带线中感生的交变磁场分布，然后对这些交变磁场分布进行傅里叶变换[10]。更准确的做法是，将计算得到的交变磁场分布，作为微磁学仿真的输入条件，通过仿真得到带线下磁性薄膜的磁矩动态分布，进而对这些与时间有关的动态磁矩进行傅里叶变换得到激励的波矢分布[11]。下面列举不同构型的带线激励的自旋波的波矢分布，如图 8.3 所示[7]。图 8.3(a)、(d) 和 (g) 分别是单条带线、非对称带线和对称带线示意图，图 8.3(b)、(e) 和 (h) 分别是它们中通以高频电流时，在铁磁薄膜中产生的磁场分布($H_{\text{RF},X}$ 是薄膜平面内与外加磁场垂直的方向的磁场，$H_{\text{RF},Z}$ 是沿薄膜厚度方向的磁场)，通过对这些分布磁场的傅里叶变换就可得到激发波矢的分布，如图 8.3(c)、(f) 和 (i) 所示。

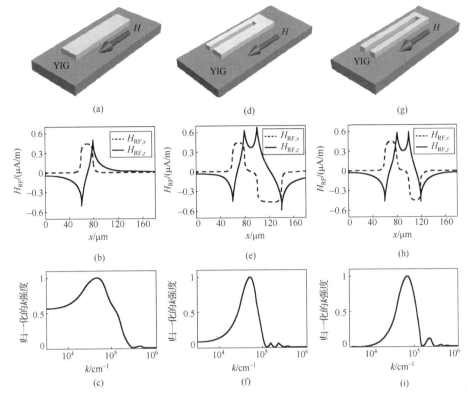

图 8.3 不同形式带线激励的自旋波波矢分布图

8.2.2 布里渊光散射谱探测技术

布里渊光散射谱是具有亚微米级分辨率的局域自旋波检测技术，在科学实验中被广泛地采用[12-14]。

当光波入射到介质时，若介质中存在某些不均匀性，则会使光波的传播特性发生变化，这就是光散射。光散射分为弹性散射和非弹性散射。如果不均匀性与时间无关，则散射光的频率与入射光频率相比不发生变化，只是波矢方向受到偏射，这就是弹性散射，如瑞利散射。相反，如果不均匀性随时间而变化，光波就会与这些不均匀性引起的起伏交换能量，不但使得散射光的波矢方向变化，而且会使得其能量，即频率发生变化，这就是非弹性散射，包括拉曼散射和布里渊光散射。

布里渊光散射(Brillouin light scattering, BLS)描述的是光子与低频(GHz)激元(声子、磁振子和等离子体)之间的非弹性散射。图 8.4 给出了光子与磁振子之间的散射过程，包含了光子和磁振子之间的斯托克斯(Stokes，s)和反斯托克斯(anti-Stokes，as)散射过程。在这两种情况下，入射光子的能量为 $\hbar\omega_I$，动量为 $\hbar\boldsymbol{k}_I$。在斯托克斯散射中，会产生一个能量为 $\hbar\omega_m$ 和动量为 $\hbar\boldsymbol{k}_m$ 的磁振子，则散射光子会损失能量，而散射过程中能量与动量守恒，则散射光子的能量与动量为

$$\begin{cases} \hbar\omega_s = \hbar(\omega_I - \omega_m) \\ \hbar\boldsymbol{k}_s = \hbar(\boldsymbol{k}_I - \boldsymbol{k}_m) \end{cases} \tag{8.2}$$

在反斯托克斯过程中，会有一个磁振子湮灭，散射光子会获得它的能量，根据能量与动量守恒原则，散射光子的最终能量和动量为

$$\begin{cases} \hbar\omega_{as} = \hbar(\omega_I + \omega_m) \\ \hbar\boldsymbol{k}_{as} = \hbar(\boldsymbol{k}_I + \boldsymbol{k}_m) \end{cases} \tag{8.3}$$

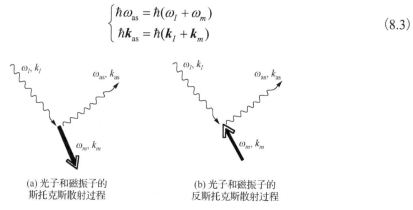

(a) 光子和磁振子的　　　　　　　(b) 光子和磁振子的
斯托克斯散射过程　　　　　　　反斯托克斯散射过程

图 8.4　布里渊散射过程

　　BLS 光谱仪是将高功率的激光直接照射到样品上，然后对散射光和入射光之间的频率差异进行分析。其优点在于能够直接得到磁振子的波矢及能量，且能够实现多自由度灵活测量、宽频频率分辨、局域空间分辨。高精度的频率分辨主要由串联式法布里-珀罗（Fabry-Perot，FP）干涉仪实现，而局域空间分辨可通过高放大倍数的物镜，将光斑的大小控制在微米范围来实现。通过 BLS 光谱仪测量可以得到自旋波频率与面内波矢的方向和幅度的关系，以及自旋波频率与外加磁场的方向和幅度的关系。从这些关系中可以进一步确定材料的磁参数，如旋磁比、饱和磁化强度、各向异性常数、层间与层内交换常数等。BLS 已经成为研究铁磁纳米结构（如薄膜、多层薄膜、图形化单元等）的磁化动力学强有力工具。与铁磁共振测试谱（FMR）和时间分辨的磁光科尔仪（TR-MOKE）相比，BLS 的优势在于可以不要激励。总结起来，BLS 具有的优势如下：①能研究具有不同幅值和方向波矢的自旋波；②动态范围宽，既可能探测热激发的微弱自旋波，也能探测微波场激发的强自旋波；③高空间分辨率，其由聚焦激光束直径（30～50μm，通过特殊光路，可以缩小到小于 500nm）决定，所以利用 BLS 能考察二维受限效应（two-dimensional confinement effects）。

　　布里渊散射的频移局限在 0.01～几个 cm^{-1} 的范围内，BLS 谱仪必须采用多通法布里-珀罗多光束干涉仪，以及稳定性极高的数据采集系统。图 8.5 用来研究磁振子的三通（图 8.5(a)）和(3+3)通（图 8.5(b)）布里渊光散射谱仪。

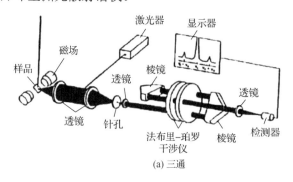

(a) 三通

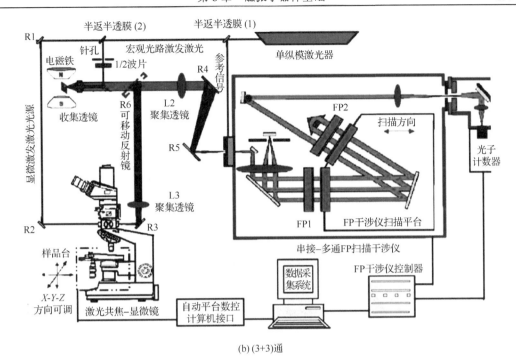

(b) (3+3)通

图 8.5　研究自旋波的 BLS 光谱仪

　　BLS 有两种光散射几何结构：背向散射和前向散射，如图 8.6 所示。当金属和不透明材料(包括沉积在不透明衬底上的材料)通常使用背向散射几何结构。在这种几何结构中，入射光通过透镜聚焦在样品上，散射光被同样的透镜收集后送到干涉仪进行分析。对透明样品在测量时经常使用的则是前向散射几何结构。在该结构中，一个透镜用来将入射光聚焦到样品上，另一个透镜用来收集样品传输的光。使用前向散射结构的优点是由于更多的散射光被收集，因此信噪比得到了改善，缺点是通过选择大的入射角而失去了选择自旋波波矢的能力。

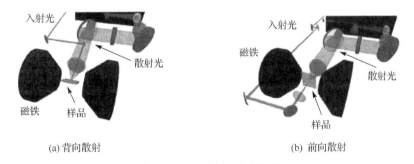

(a) 背向散射　　　　　　　　　　　　　　(b) 前向散射

图 8.6　BLS 散射的几何结构

8.2.3　自旋波的电探测技术

　　尽管布里渊光散射谱能实现较高空间分辨率的自旋波探测，但由于探测技术复杂，不能作为实际磁振子器件的探测方案。利用自旋泵浦效应(spin pumping effect)可以将"铁磁/

非磁性金属层"系统的铁磁层中磁振子（自旋波）泵浦进入非磁金属层形成电子自旋流（electron carried spin current），在非磁金属层中再利用逆自旋霍尔效应（inverse spin Hall effect，ISHE）将自旋流转换成电荷电流，从而完成自旋波的电探测。Chumak 等[15]将这种探测方案与微波天线探测方案进行了比较。实验如下：2.1μm 厚的 YIG 波导（19×3mm²），然后在其上镀上 10nm 厚的 Pt 条（0.2×3mm²），Pt 条的宽度要足够小，以避免由于反射和吸收而引起自旋波的畸变。YIG 波导沿长轴用 H_0=1754Oe 磁化，自旋波用 50μm 宽的铜条在远离 Pt 条 3mm 处激励，这样波导中传播的是 BVMSW 体波。为了做比较，传播的自旋波通过 Pt 层用两种方式检测：①Pt 层作为探测的微带天线，利用感应激励交流（AC）微波信号；②利用 ISHE 效应产生的直流（DC）信号，如图 8.7 所示。

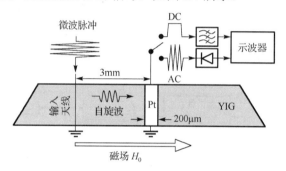

图 8.7　自旋泵浦+逆自旋霍尔效应检测方案

图 8.8 是用两种方法测得的传播自旋波的时变信号，其中，图 8.8（a）和（b）是采用感应法测得的信号，图 8.8（c）和（d）是采用 ISHE 法测得的信号，并且图 8.8（a）和（c）是激励信号持续时间为 50ns 测试的情形，而图 8.8（b）和（d）是信号持续时间为 100ns 测试的情形，从图 8.8 中可以看出信号持续时间的增加会增强检测信号的幅度。为了进一步证实图 8.8（c）和（d）确实是采用 ISHE 法测得的信号，通过改变磁场的方向，测得了沿电压轴对称的时变信号，这正是 ISHE 的特征，因为 $J_c \propto J_s \times \sigma$，$\sigma$ 是自旋流的极化方向。从图 8.8（a）与（c）和图 8.8（b）与（d）测试信号的相似性，证明了可用 spin puming+ISHE 法检测自旋波。另外需要说明的是图 8.8（a）和（c）中虚线是由理论公式计算出的磁振子密度。

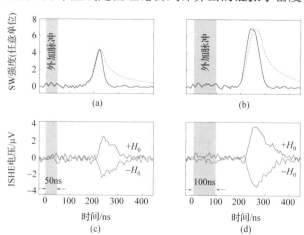

图 8.8　利用感应法和 ISHE 效应法检测的自旋波时变信号

但是仔细观察这些信号，会发现有两点不同：①ISHE 测得信号的最大值的时间相对于感应法测得的最大值的时间有位移；②ISHE 测得的信号比感应法测得的信号衰减更慢。这些特征可以用次级自旋波(secondary spin waves)的自旋泵浦得以解释。

8.3　均匀波导的自旋波传播特性

最常见的自旋波波导是由一维均匀磁化的铁磁条带构成的。通过条带的物理边界，限制自旋波在条带中传播。由于均匀波导的尺寸受限(confinement)，以及由此而产生的退磁场使得均匀波导的自旋波传播呈现大量引人注目的现象，对这些现象的研究有助于应用与基础研究。

利用均匀自旋波导中波的特性(色散特性、衍射和干涉)及几何受限效应(如局域化、量子化)能实现自旋波束劈裂(spin-wave beam splitting)、自聚焦、频率转换、波长转变等功能，这些功能正是调控自旋波从输入端到输出端传播所需要的。

8.3.1　均匀波导的色散关系

均匀波导的自旋波色散关系复杂。其色散关系主要与下列因素有关：①波矢的方向与大小；②短程交换交互作用与长程偶极交互作用的相对强度大小；③波导的形状；④外加磁场的大小与外加磁场相对于自旋波传播的方向等。另外磁晶各向异性和磁弹性效应也会影响色散关系[16]。

对于宽度为 w、厚度为 d 的均匀波导，设 $k_{\parallel}$ 和 $k_{\perp}$ 分别是自旋波波矢沿波导长度以及宽度方向的分量，其中由于宽度方向的尺寸限制 $k_{\perp} = \dfrac{n\pi}{w}$ ($n=1$, 2, 3, …为宽度模式)，则总波矢为 $k_{\text{total}} = \sqrt{k_{\perp}^2 + k_{\parallel}^2}$，波矢的方位角 $\theta_k = a\tan\left(\dfrac{k_{\perp}}{k_{\parallel}}\right) = a\tan[n\pi/(kw)]$。为简化起见，令 $k = k_{\parallel}$，同时考虑偶极与交换交互作用，可得其色散关系为

$$\omega(k) = \sqrt{(\omega_0 + \omega_m\lambda_{\text{ex}}[k^2 + (n\pi/w)^2])(\omega_0 + \omega_m\lambda_{\text{ex}}[k^2 + (n\pi/w)^2] + \omega_m F)} \tag{8.4}$$

式中

$$F = 1 - g\cos^2(\theta_k - \theta_M) + \frac{\omega_0 g(1-g)\sin^2(\theta_k - \theta_M)}{\omega_0 + \omega_m\lambda_{\text{ex}}[k^2 + (n\pi/w)^2]} \tag{8.5}$$

$$g = 1 - [1 - \exp(-d\sqrt{k^2 + (n\pi/w)^2})] / (d\sqrt{k^2 + (n\pi/w)^2}) \tag{8.6}$$

式中，$\omega_0 = \gamma_0 H_{\text{eff}}$ (H_{eff} 为作用于波导上的有效内场)；$\omega_m = \gamma_0 M_s$；$\lambda_{\text{ex}} = 2A_{\text{ex}}/(\mu_0 M_s^2)$ (A_{ex} 为波导材料的交换常数)；θ_M 为磁化强度方向(或者是外加直流偏磁场方向)与波导长轴的夹角。需要说明的是，严格来说，式(8.4)只有在波导宽度较宽时且 $kd<1$ 才成立，即对纯交换作用自旋波成立，当 $kd \geqslant 1$ 时，其中偶极-交换作用部分会带来较大的偏差；而且式(8.4)还没有考虑波导表面的自旋钉扎、高阶厚度模式以及磁晶各向异性的影响。

当自旋波波导的宽度达到微米级或更小时，需考虑另外两个因素，即退磁因子和波导边缘的自旋钉扎条件。当波导沿长轴方向磁化时，$\theta_M = 0$，即 $\boldsymbol{k}//\boldsymbol{M}$，由于波导的长度尺寸大，长度方向的退磁因子可以忽略。这样作用于波导上的有效场 H_{eff} 就是外加直流场 H_0。自旋钉扎条件主要由偶极交流磁场确定，而且边缘处的自旋往往是出于部分钉扎状态。可以用波导的有效宽度 w_{eff} 来描述钉扎状态。在沿波导轴向磁化时，有 $w_{\text{eff}} \geqslant w$，其中，$w_{\text{eff}} = w$ 表示完全钉扎，$w_{\text{eff}} > w$ 表示部分钉扎状态，$w_{\text{eff}} \to \infty$ 表示自由状态（即完全不钉扎）。当 $\theta_M = 0$ 波导的有效宽度为

$$w_{\text{eff}} = \frac{D_{\text{dip}}}{D_{\text{dip}} - 2} w \tag{8.7}$$

式中，$D_{\text{dip}} = 2\pi(w/d)/[1 + 2\ln(w/d)]$。

$\theta_M = \pi/2$ 表示波导的磁化方向沿切向，此时外加磁场与形状各向异性等效场竞争，使得磁化强度有沿波导长轴排布的趋向，从而使静态杂散场最小化。显然，此时作用于波导的有效磁场（也称内磁场）小于外加磁场，且呈现非均匀分布，即波导边缘的有效磁场最小，波导中心的有效磁场最大。假设波导中的磁化强度总是沿波导的宽度方向排布，则有效磁场为

$$\mu_0 H_{\text{eff}} = \mu_0 H_0 - \frac{\mu_0 M_s}{\pi} \left[a\tan\left(\frac{d}{2z + w}\right) - a\tan\left(\frac{d}{2z - w}\right) \right] \tag{8.8}$$

式中，z 是沿波导切向方向的坐标，且 $-w/2 \leqslant z \leqslant w/2$。通常，自旋波既可以沿波导的中心区域向前传输，也可以沿波导的边缘传输（边缘模式）。对于沿波导的中心区域向前传输的情形，内磁场被认为是均匀的，且其最大值由式(8.8)在 $z = 0$ 给出。同时，波导的有效宽度有不同的定义方法，最常见的定义是中心处最大内磁场减小 10%对应的两点间距离。显然，对磁化方向沿波导宽边的情形，自旋波波导的有效宽度满足 $w_{\text{eff}} < w$。

图 8.9 是计算的 YIG 均匀波导与 YIG 薄膜的色散关系，其中，计算参数分别是 $w=1\mu m$（对波导）或 $w = \infty\mu m$（对薄膜），$d=100nm$，$M_s=140kA/m$，$A_{\text{ex}}=3.5pJ/m$，外加直流偏磁场 $\mu_0 H_0=100mT$ 平行于波导平面和薄膜平面，$n=1$。不管在磁性薄膜还是在自旋波波导中，自旋波的色散关系可以分为三个区域，即对应小波数的静磁波（magnetostatic waves，MSW）、对应大波数的交换波（exchange waves）和在这两者之间的耦合交换自旋波（dipolar-exchange spin waves，DESW）。对磁性薄膜来说，对于 $\theta_M = 0$ 和 $\theta_M = \pi/2$ 的自旋波来说，当 $k=0$ 时，其频率均为薄膜的铁磁共振频率（此处对应为 4.65GHz，图 8.9 中的纵坐标标示处）。然而对自旋波波导来说，则完全不同。由于在自旋波波导中，$k_\perp > 0$ 总是成立的。对 $\theta_M = 0$ 的自旋波（此处 $n=1$），由式(8.7)计算可知 $w_{\text{eff}} \approx 1.22\mu m$，则 $k_\perp = \frac{\pi}{w_{\text{eff}}} = 2.58\text{rad}/\mu m$，则可由式(8.4)得 $k=0$ 时，其频率为 4.93 GHz，高于磁性薄膜的铁磁共振频率。对 $\theta_M = \pi/2$ 的自旋波，$k=0$ 时，其频率为 4.03 GHz，低于磁性薄膜的铁磁共振频率。造成这种情况的原因是波导的有效宽度变小（由式(8.8)计算的波导有效宽度为 $w_{\text{eff}} = 0.68\mu m$）和作用于波导的有效磁场小于外加磁场（退磁场作用）。

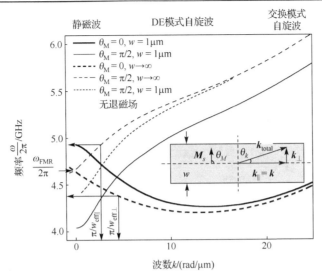

图 8.9　均匀自旋波导的色散关系

8.3.2　均匀波导中自旋波传播现象

1. 信道化自旋波传输现象

在均匀磁化的自旋波波导中传播的自旋波，依据频率的不同，传播自旋波的波束会集中在波导的中部，也可以分裂为两束位于波导边缘的自旋波传播，如图 8.10 所示，这种现象称为自旋波传播的信道化(channel)现象。

这种现象可以用沿自旋波导宽度方向的退磁场效应来解释[17]。在实验中，自旋波波导是由 20nm 厚、2.1μm 宽的坡莫合金条带构成的。沿波导的宽度方向加 $H_0=0.11$T 的偏置磁场，由宽度为 1μm 微带天线激励 DE 模式自旋波，通过微聚焦 BLS 测试自旋波的传播情况，如图 8.10(a)所示。尽管沿波导的宽度方向加的偏置磁场是均匀的，但由于尺寸受限，在宽度方向将产生退磁场。考虑到退磁场后，经计算作用于宽度方向的有效磁场分布如图 8.10(b)所示。宽度方向边缘的有效磁场明显小于中心部分的有效磁场，在边缘部分形成自旋波势阱。进一步地，根据色散关系，可以计算出沿波导宽度方向自旋波的最低截止频率分布，如图 8.10(c)所示。从图 8.10 中可以看出，当激励的自旋波频率 $f>10$GHz 时，自旋波的波束可以在整个波导宽度范围内分布，当 $f<10$GHz 时，自旋波的波束则只能在宽度方向的边缘部分分布，这种沿宽度方向的自旋波局域化就造成了同一频率的自旋波，沿边缘两狭窄导波信道传输的现象。

2. 量子化现象

对有限尺寸磁体，在尺寸受限方向会导致可能传播自旋波的波矢离散化或量子化。第 3 章讨论的磁性薄膜厚度方向形成的垂直驻波模式就是典型情形。而在均匀自旋波条状波导中，不仅厚度方向的尺寸受限，在波导宽度方向的尺寸也受到限制。考虑宽度方向尺寸受限情形，则有

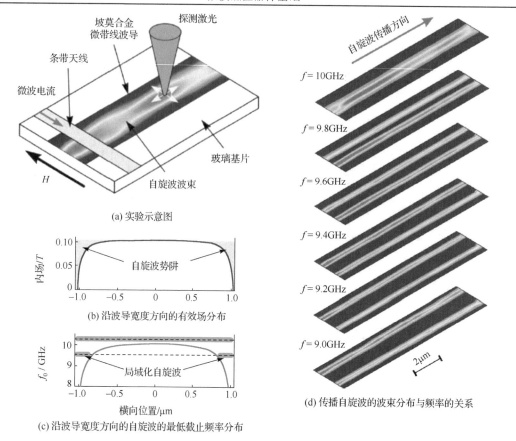

(a) 实验示意图

(b) 沿波导宽度方向的有效场分布

(c) 沿波导宽度方向的自旋波的最低截止频率分布

(d) 传播自旋波的波束分布与频率的关系

图 8.10　均匀自旋波导的信道化传输

$$k_w = \frac{n\pi}{w_{\text{eff}}}, \quad n = 0,1,2,\cdots \qquad (8.9)$$

式中，w_{eff} 是波导的有效宽度，它与波导的实际几何宽度 w 是不同的。图 8.11 是 $n=1,2,3$ 对应的宽度模式。

　　采用 BLS 谱测试了均匀自旋波波导中自旋波传播，实验结果显示出了明显的量子化现象[18]。图 8.12 是波导宽度为 1.8μm、厚度为 20nm 的 BLS 测试结果，本实验研究 DE 模式偶极自旋波。图 8.12 中虚线是同样厚度的大片薄膜的色散关系理论计算曲线，水平实线是采用式 (8.10)，并取 $k_{\parallel}$ 为离散值的计算曲线。

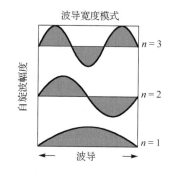

图 8.11　自旋波波导的宽度模式 ($n=1,2,3$)

$$\omega_{\text{DE}} = \frac{\gamma}{2\pi}[H(H + 4\pi M_s) + (2\pi M_s)^2(1 - e^{-2k_{\parallel}d})]^{1/2} \qquad (8.10)$$

3. 自聚焦现象

　　Demidov 等[19,20]在用 BLS 谱研究 DE 模式自旋波在均匀波导中的传播时发现：自旋波沿波导传播是非均匀的，与空间坐标呈复杂关系。靠近激励天线部分，自旋波束的空间分布更宽，且边上有两个最大值峰强分布，而在条带中央则有一个最小值峰强分布；当自旋波向远离激励天线方向传播后，自旋波波束的切向(波导的宽度方向)分布发生改变，在条带的中央出现一个最大值峰强分布，而且波束的宽度减小，如图 8.13 所示。这种传播过程中，伴随自旋波波束减小，传播能量集中的现象，称为传播自旋波的自聚焦(self-focus)现象。

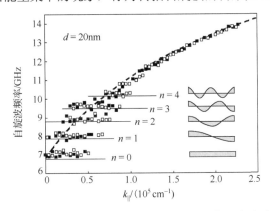

图 8.12　均匀自旋波波导中自旋波传播的量子化现象实验结果

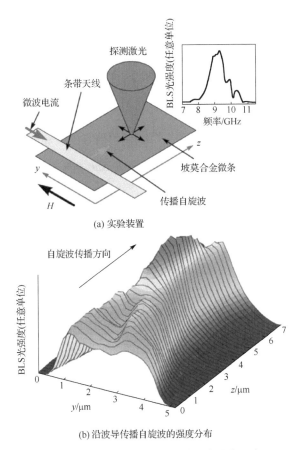

(a) 实验装置

(b) 沿波导传播自旋波的强度分布

图 8.13　均匀波导传播自旋波的自聚焦现象

可以用均匀自旋波波导宽度的量子化模式之间的干涉效应来解释自聚焦现象。平行于纳米条宽度方向的波矢分量是量子化的，而波矢沿纳米条轴方向的分量是连续的。宽度方向的量子化使得 DE 波的色散曲线分裂为一簇曲线，原因是对应于沿宽度方向具有不同反节点(antinodes)的波，如图 8.14(d)所示。需要说明的是由于采用天线微波激励磁场的均匀性，不能激励偶数阶模式，仅能激励奇数模式，且其激励效率正比于 $1/n^2$。所以对 $n>5$ 的模式的分析可以忽略。现在仅考虑 $n=1$ 和 $n=3$ 模式之间的关系，图 8.14(a)和(b)分别对应的是没有干涉效应时它们沿波导的分布情况。由于不同模式的相速度的差别，具有同一频率的两种模式共同沿波导轴向传播，会形成干涉，其周期 $l = \dfrac{2\pi}{\Delta k}$。

n 阶模式动态磁化分量

$$m_n(y,z) \propto \sin\left(\frac{n\pi}{w}y\right)\cos(k_z^n z - \omega t + \varphi_n) \tag{8.11}$$

式中，k_z^n 为 n 阶自旋波模式波矢的纵向分量；φ_n 为激励的相位。将 $m_n^2(y,z)$ 在振荡周期 $2\pi/\omega$ 内平均，则可获得正比于自旋波强度分布 $I_n(y,z)$。为了计算干涉图像，则可以用 $m_1(y,z) + \dfrac{1}{3}m_3(y,z)$，这里 1/3 考虑了不同阶数自旋波模式的激励效率，采用上述同样的过程，则可获得总的自旋波强度

$$\begin{aligned} I_\Sigma(y,z) \propto &\sin\left(\frac{\pi}{w}y\right)^2 + \frac{1}{9}\sin\left(\frac{3\pi}{w}y\right)^2 \\ &+ \frac{2}{3}\sin\left(\frac{\pi}{w}y\right)\sin\left(\frac{3\pi}{w}y\right)\cos(\Delta k_z z + \Delta\varphi) \end{aligned} \tag{8.12}$$

式中，$\Delta k_z = k_z^3 - k_z^1$，$\Delta\varphi = \varphi_3 - \varphi_1$，从式(8.12)可以看出，空间的沿传播方向的干涉图像是周期性的，其周期为 $l = \dfrac{2\pi}{\Delta k_z}$，模式间的相对相移为 $\Delta\varphi$。图 8.14(c)取 $\Delta\varphi = 0.1\pi$ 时，计算得到的干涉自旋波强度分布，可见与实验结果吻合得很好。

显而易见，由于在越窄的条带中，由自旋波量子化效应导致的自旋波波谱分离更强，所以 Δk_z 越大，从而干涉周期也越小。

4. 传播自旋波的波束宽度的非线性自调制效应

图 8.15 是不同功率下连续模式激励的自旋波在波导中的传播，激励波的频率为 8.8GHz，外加偏磁场为 830Oe。从图 8.15 中可以看出，随着激励功率的增加，传播自旋波的波束经历了非线性改变，这种波束的宽度改变称为切向自调制(transverse self-modulation)。当激励功率 $P=10$mW 时，波导此时处于线性传输范围，伴随自旋波能量周期性地集中到波导中间(该特征可由前面提到的自聚焦效应解释)，传播自旋波的波束的宽度只有微弱的调制，即聚焦区与非聚焦区波束的宽度变化不大。随着激励功率的增大，聚焦区的波束受到非线性压缩，而非聚焦区的波束则受到非线性展宽，使得波束宽度的非线性自调制现象显著发生[21]。

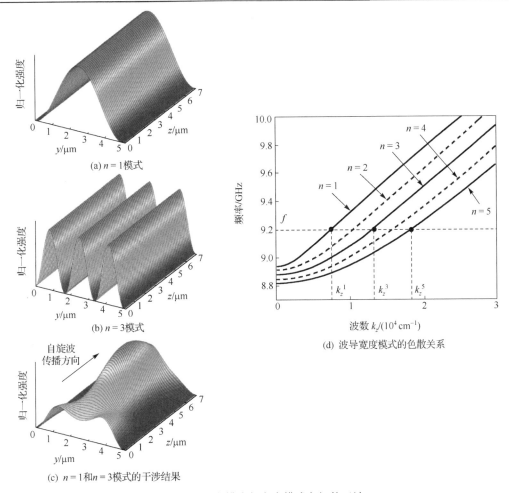

(a) $n = 1$ 模式

(b) $n = 3$ 模式

(c) $n = 1$ 和 $n = 3$ 模式的干涉结果

(d) 波导宽度模式的色散关系

图 8.14 宽度模式与宽度模式之间的干涉

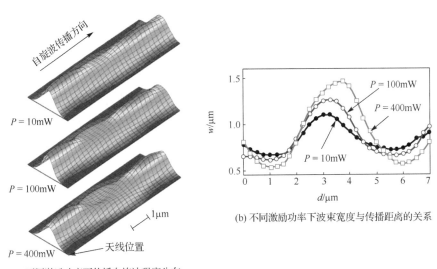

(a) 不同激励功率下传播自旋波强度分布

(b) 不同激励功率下波束宽度与传播距离的关系

图 8.15 传播自旋波的波束宽度的非线性自调制效应

这种异常非线性现象是自旋波各种宽度模式的非线性频移与由四磁振子散射造成的非线性阻尼竞争的结果。阻尼的变化会影响传播自旋波的幅度，显然阻尼增大，传播自旋波幅度的衰减速率增加。图 8.16 清楚地展示了非线性自调制效应与非线性阻尼的关系。如果把自调制深度定义为

$$\frac{\delta w}{w} = \frac{2(w_{\max} - w_{\min})}{(w_{\max} + w_{\min})} \tag{8.13}$$

对比图 8.15(b) 与图 8.16 发现，自调制深度随着自旋波衰减速度的增大而增大，且它们具有同样的阈值功率(这里是 50mW)。

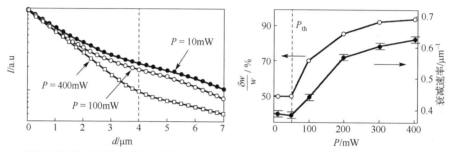

(a) 自旋波沿宽度方向的积分强度与传播距离的关系　(b) 调制深度和自旋波传播衰减速率与激励功率的关系

图 8.16　非线性自调制效应与非线性阻尼的关系

5. 自旋波的隧穿效应

在量子力学里，隧穿效应(tunneling effect)指的是像电子等微观粒子能够穿入或穿越高位势垒(位势垒的高度大于粒子的总能量)的量子行为，它是量子力学粒子波动性的体现。1928 年，伽莫夫发表论文用隧穿效应解释原子核的阿尔法衰变。自旋波起源于粒子所具有的内禀性质——自旋，自旋波的传播当然也会发生隧穿效应。

均匀自旋波波导中的位势垒是用磁非均匀性微区域构成的。这些磁非均匀性微区域可以用各种方法实现，如饱和磁化强度变化的微区域(甚至是空气隙)，或者通电导体在波导传播方向形成的非均匀场微区域。早在 20 世纪 60 年代，人们就研究了非均匀磁场中自旋波的传播，Schlömann[22]首先注意到交换模式自旋波的传播与量子力学粒子运动的相似性。在忽略磁偶极交换作用和磁各向异性的条件下，描述的磁化动力学特性的 Landau-Lifshitz 方程可以改写为静态薛定谔方程，其中动态磁化强度 $m \propto \exp(i\omega t)$ 类似于波函数，磁场扮演势能的角色，则有[23]

$$-\frac{2A}{M_s}\frac{\partial^2 m}{\partial z^2} + \left(H(z) - \frac{\omega}{\gamma}\right)m = 0 \tag{8.14}$$

式中，A 是交换刚度；M_s 是饱和磁化强度；γ 是旋磁比；z 表示自旋波的传播方向。从式(8.14)可以得到平面自旋波($m \propto \exp(ikz)$)的色散关系为

$$\omega = \Delta(z) + \frac{2\gamma A}{M_s}k^2 \tag{8.15}$$

式中，$\Delta(z) = \gamma H(z)$ 是色散谱带隙，这非常类似微观粒子在势场 $U(z)$ 中的色散，即

$$E = U(z) + \frac{\hbar^2}{2m}k^2 \qquad (8.16)$$

由式 (8.15) 知道，当频率为 ω 的传播自旋波进入到非均匀磁场区域 $H=H(z)$，在带隙 $\Delta(z) = \gamma H(z)$ 合适的情况下，改变自旋波在该区域的波矢 $k=k(z)$，可使式 (8.15) 的色散关系得以满足，从而自旋波隧穿通过该区域。当然如果带隙与 ω 相差很大，不会存在任何波矢满足该频率下的色散关系，传播自旋波会在该区域被反射，该区域就成为阻碍自旋波传播的势垒。

当磁非均匀微区的尺度与交换长度相当时，传播自旋波在交换相互作用下隧穿通过磁非均匀微区。当磁非均匀微区的尺度远大于交换长度时，如果传播自旋波的波长大于磁非均匀微区的宽度，则传播自旋波在偶极-偶极交互作用下隧穿通过磁非均匀区。2010 年，Schneider 等[24]采用空间和时间分辨的 BLS 谱仪观察到了传播自旋波在偶极-偶极交互作用下隧穿通过磁非均匀区现象。如图 8.17 所示，传播的自旋波是背向体静磁波(BVMSW)，磁非均匀区由宽度为 38μm 空气间隙构成(图 8.17 中用黑色线表示)。自旋波是在波导的左端采用微带线脉冲方式激励的，激励频率为 7.132GHz，脉冲宽度为 200ns。从图 8.17 中可以看出，大多数自旋波在空气间隙处被反射，在空气隙的左边形成驻波；但是有小部分自旋波隧穿通过空气隙。进一步可以看到，当外加偏置磁场减小时，更有利于隧穿现象的发生。

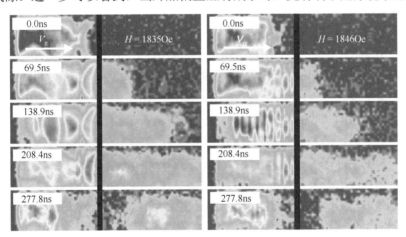

图 8.17　在不同磁场下 BVMSW 自旋波的隧穿现象

8.4　磁振子晶体

8.4.1　概述

20 世纪 20 年代末和 30 年代初期，晶体中电子的能带理论开始发展起来，即电子(德布罗意波)在周期性势场作用下的输运将产生禁带和导带，带与带之间出现带隙，处于带隙中的电子不能运动[25]。

现在人们不仅知道如何利用已有的能带结构的自然材料，还逐渐发展到按需要去创造具有特殊能带结构的材料，即模拟天然晶体中原子排列方式，设计一些人工周期性材料结构，如量子阱和半导体超晶格，人为地改变材料的带隙，进而适应器件的需要。依据类似的思想，1987 年，Yablonovitch 及 John 各自发现并独立提出了光子晶体的概念，即由介电常数不同的材料结构在空间周期排列形成的一种人工微结构，并且预言在光子晶体中存在完全光子带隙的性质，因此各国对光子晶体进行了大量研究。类似于电子受半导体晶格周期结构的调节，光子晶体也可调节某些频率的光波，即当光波在其中传播时，散射将使波的能量形成能带，而带与带之间会产生带隙，位于带隙中的光波将不能在光子晶体中传播。利用该特性，光子晶体可被用作制造一些不同于传统性能的光电器件材料，如光波导材料、光纤等，光子晶体的诞生实现了人们对光波的操控，是光学史上一大进步。

除半导体超晶格及光子晶体这些人工微纳米周期材料结构外，磁振子晶体(magnonic crystals)也被提出，并成为人们关注和研究的又一课题。磁振子晶体是由两种或多种不同磁性材料构成具有空间周期性的人工材料结构，其主要特点是自旋波在这种周期性的调制下传播会产生自旋波带隙，处于带隙中的自旋波不能在该晶体内传播。由磁振子晶体构成的自旋波波导，与由一般均匀磁性材料组成的自旋波波导相比，有着很大不同的奇特物理现象，在微波领域中具有广泛潜在的应用价值。除用作自旋波的波导调控传播自旋波的传播特性外，磁振子晶体还可被设计成自旋波滤波器、转换开关、电流控制延迟线、传感器及自旋波逻辑器件等。

磁振子晶体作为一种人工微纳米周期材料结构，目前正受到人们广泛的关注。其主要原因有三点：第一，由于磁振子晶体的人工设计灵活性，可以根据实际需要来设计获得相应的自旋波带隙，同时，也可以在晶体中制造不同的点、线及面缺陷来满足人们对自旋波传播特性的控制。这一特点不仅丰富了磁振子晶体的物理性质而且使其应用价值更高。第二，对于磁振子晶体的研究时间较短，属于起步阶段，因此有很大研究空间等待科研工作者去探索。第三，磁振子晶体有着与其他人工材料结构的不同之处，如与光子晶体相比，在频率相同的情况下，磁振子晶体中磁振子的波长比光子晶体中光子的波长要小得多，因此，磁振子晶体是制造微波装置的优选材料。

磁振子晶体与天然晶体和光子晶体相比有许多异同点，现在对磁振子晶体的研究很多思想都来源于固体物理和光子晶体理论，但是它们之间还是有很大的差别。表 8.2 给出了磁振子晶体与天然晶体和光子晶体的区别。

表 8.2　磁振子晶体与天然晶体和光子晶体的区别

名称	天然晶体	光子晶体	磁振子晶体
开始时间	20 世纪 30 年代	20 世纪 90 年代	近十年前
结构	原子的周期排列	介电材料结构的周期性排列	磁性材料结构的周期性排列
调控对象	电子的输运	电磁波的传输	自旋波的传输
尺度	原子尺度埃级	微米到厘米级	纳米到亚微米级
波	德布罗意波(电子)	电磁波(光子)	自旋波(磁振子)
控制方程	薛定谔方程	麦克斯韦方程	LLG 方程
特征	电子禁带	光子禁带	磁振子禁带
应用领域	半导体工业	集成光路	器件微型化等

8.4.2　磁振子晶体的能带形成机理

以自旋波在一维磁振子晶体中的传播来说明磁振子晶体禁带的形成,如图 8.18 所示[5]。假设自旋波以角度 $\theta = \dfrac{\pi}{2}$ 入射到一维磁振子晶体上,一般情况下,在每个晶格位置处(图 8.18 中垂直方向虚线表示的位置)均会受到反射,但是反射效率很低,所以自旋波可在磁振子晶体中传播。而当布拉格(Bragg)条件 $n\lambda = 2a\sin\theta$ (n 是整数, a 是一维磁振子晶体的晶格常数, λ 是自旋波的波长)满足时, 如图 8.18(a)所示, 自旋波也会从每个晶格位置处反射,但此时每个晶格处反射的自旋波相位相同, 从而会形成共振反射, 使得自旋波的大部分能量被磁振子晶体反射回来, 造成这些波长的自旋波不能在磁振子晶体中传播, 进而形成禁带。图 8.18(b)分别给出了 BVMSW 模式在连续薄膜与磁振子晶体的色散关系, 由图 8.18 可见当波数 $k_a = \pm\dfrac{n\pi}{a}$ 时(图 8.18 中给出 $n=1$ 的情形)满足布拉格条件,从而在此处形成禁带。禁带的宽度取决于每个晶格处的反射效率。

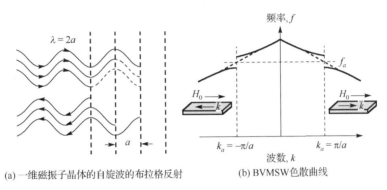

(a) 一维磁振子晶体的自旋波的布拉格反射　　　(b) BVMSW色散曲线

图 8.18　磁振子晶体的禁带形成

注:虚线对应连续薄膜,实线对应磁振子晶体

8.4.3　磁振子晶体的种类

磁振子晶体的最基本特征就是具有自旋波带隙结构。磁振子晶体是一种人工磁结构,其构成是不同磁性材料的周期分布,或周期性调制材料的磁参数(如饱和磁化强度、交换作用强度、磁晶各向异性等),或调制其他与自旋波传播特性相关的参数(如外加磁场、薄膜厚度、应力或薄膜周边环境等)。磁振子晶体可分为两类:薄膜基(Thin film)磁振子晶体和体基(Bulk)磁振子晶体,其中每类又可以进一步地分为一维(1D)、二维(2D)和三维(3D), 如图 8.19 所示。

最简单的一维磁振子晶体是由不同磁性材料或磁性非磁性材料交替周期排列构成的多层磁性超晶格,尽管这种结构简单,但它包含了周期性材料结构的效应。另一种一维磁振子晶体类型是带状系统(是由磁化强度矢量沿相反方向的磁性带交替组成的,这种系统可被认为是有限厚度的超晶格)。二维磁振子晶体可以通过铁磁棒条体插入磁性或非磁性基底中形成二维晶格系统来制得,也可以通过在铁磁材料上钻规则分布的孔洞来获得,或是通过形成磁性材料中的周期性结构来实现。三维磁振子晶体则通常由球形散射体按一定的周期排列在另一基底中形成。

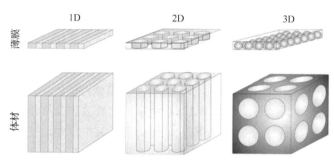

图 8.19　磁振子晶体的分类

　　从磁振子晶体色散特性或带隙的可调性角度又可分为静态磁振子晶体和动态磁振子晶体(又称可重构磁振子晶体、可编程磁振子晶体)[26]。由自旋波的色散关系可知,通过调节自旋波波导薄膜的厚度、宽度、自旋波波导材料的磁参数(如饱和磁化强度),以及外加磁场等不同参数,均可调制自旋波的传输特性。只要在空间上实现这些参数的周期性变化,就能形成磁振子晶体结构。当磁振子晶体的色散特性不随时间改变时,这种磁振子晶体称为静态磁振子晶,反之就称为动态磁振子晶体。

8.4.4　磁振子晶体传播特性的理论求解方法

　　理论上研究磁振子晶体中自旋波的传播情况,探究影响自旋波带隙的因素,进而提出调节和优化带隙的途径,能对实验或应用方面的研究提供一些有价值的理论指导。磁振子晶体传播特性的理论求解方法有两种:①基于 Heisenberg Hamiltonian 且考虑铁磁材料原子结构的离散晶格模型;②在连续介质中采用线性近似(linear approximation)求解 Landau-Lifshitz 方程。其中,第二种方法更适合具有复杂几何结构的纳米或更大尺寸情形(此时局域参数如交换积分、自旋可以用宏观参数交换长度、饱和磁化强度表示),所以经常被用来求解磁振子晶体中的自旋波传播特性。

　　求解 Landau-Lifshitz 方程方法有平面波法和微磁学法[27]。平面波展开法凭借其简明的概念以及计算中明确意义的结果而被广泛地应用于电子晶体、光子晶体、声子晶体的能带结构计算。平面波展开法就是采用平面波叠加的形式把自旋波波动方程中的磁化强度、交换常数等磁性参数在倒格矢空间展成傅里叶级数,进而将方程转换成一个本征方程,求解该方程得到磁振子晶体的自旋波带结构。平面波法是在频域用有限元数值法来求解的,其求解流程如图 8.20 所示。

　　而微磁学法则是在时域中用数值方法(有限元或有限差分法)来求解的。微磁学法分为两步,第一步是静态仿真,得到平衡态磁状态,作为第二步的起始点。第二步动态仿真,在这一步,由第一步获得的平衡磁状态受到微弱交变磁场(是为了保证磁系统工作于线性区,微弱交变磁场不能破坏平衡磁状态)的扰动,微弱交变磁场的方向与作用于磁体的有效稳恒磁场垂直,其计算流程如图 8.21 所示。

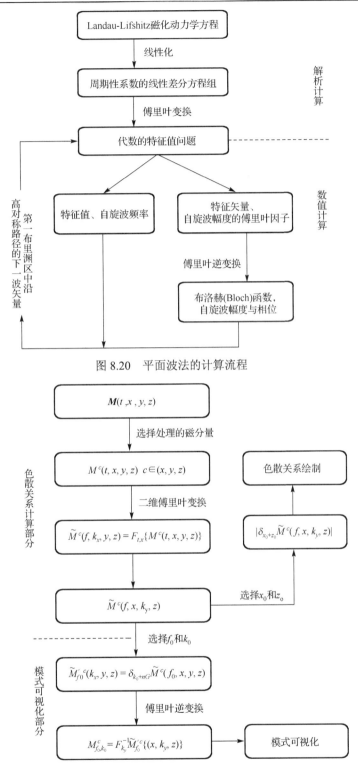

图 8.20 平面波法的计算流程

图 8.21 微磁学法的求解流程

8.5　自旋波逻辑门及关键器件的研究进展

传统的基于硅的逻辑器件随着尺寸的降低，能量损耗更加严重，已经不能满足小尺寸低功耗集成电路的发展要求，亟需研究开发全新原理的逻辑器件。自旋波逻辑器件是具有极大发展潜力的全新原理器件。自旋波逻辑器件利用波的特性工作，其不但能量损耗极低，传输速度极高，而且也有应用量子计算的可能，实现多频信道数据的并行处理，极大地提高信息处理能力，自旋波逻辑器件能够极大地降低复杂逻辑电路的复杂度，有助于逻辑器件的大规模集成。Intel 公司的测试结果显示自旋波逻辑门非常适合新型计算体系的电路构筑，如可逆计算、神经网络、量子计算等。因此，自旋波逻辑门在未来新一轮的计算体系变革浪潮中的应用十分令人期待，自旋波逻辑器件的研究已成为业界的研究热点。

8.5.1　自旋波逻辑门的工作原理

自旋波逻辑门依据其信息编码方式的不同可分为幅值型、相位型及频率型逻辑门。由于频率型的自旋波逻辑门的设计、操作难度较大，尚未得到广泛的认可，现阶段绝大部分自旋波逻辑器件是基于幅值或相位进行信息处理的。而幅值型与相位型器件通常利用自旋波的干涉效应来进行构筑与设计，典型代表是干涉型自旋波逻辑门（Mach-Zehnder interferometer，MZI）。除利用自旋波的干涉原理外，也有部分设计利用自旋波的非互易性、传输波导的宽度调制等其他机制来实现自旋波逻辑门的设计，但这类非干涉仪型器件在功能性和匹配性等方面均未展现突出的优势，因此干涉仪型自旋波逻辑门因其设计的灵活性、功能的多样性成为当前自旋波逻辑器件设计的主流。下面介绍 MZI 型自旋波逻辑门的工作原理。

2005 年德国的 Kostylev 团队首创性地提出了 MZI 型自旋波逻辑门，并实验验证了基于该结构的自旋波逻辑非门的实现，该研究对于自旋波逻辑器件的发展具有里程碑式的重要意义，成为后续自旋波逻辑器件发展的奠基石。MZI 型自旋波逻辑门的原理结构如图 8.22(a) 所示，其由功分器、移相器、合成器及连接组件构成。其中功分器尽可能无衰减地使自旋波信号均分至干涉仪支路上，同时还需保证自旋波的相干性，移相器负责对支路上的自旋波信号进行移相（反相）处理，合成器使两支自旋波信号产生干涉并输出。当相位相同的两自旋波产生干涉时，输出结果与原输入信号一致，当相位相反的两自旋波干涉时，由于干涉作用相互抵消，输出信号强度大大降低，可视为无自旋信号输出。若以 I_π 表征支路上的移相器通入一定大小电流恰好使自旋波产生 π 相移，同时以自旋波的高幅值表征逻

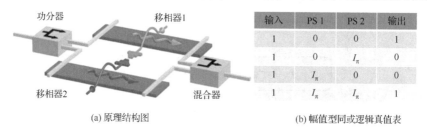

输入	PS 1	PS 2	输出
1	0	0	1
1	0	I_π	0
1	I_π	0	0
1	I_π	I_π	1

(a) 原理结构图　　　　　　　　　　　(b) 幅值型同或逻辑真值表

图 8.22　Mach-Zehnder 干涉仪型自旋波逻辑门

辑 1，反之为逻辑 0，据此依照图 8.22 (a) 结构可得到一个两输入的异或非门，其逻辑真值表如图 8.22 (b) 所示。这种依据有无自旋波通入的逻辑称为自旋波幅值型逻辑，其与传统电平逻辑相似，在设计时可以借鉴现有电路的体系结构，在数字电路的构建及与 CMOS 电路的匹配上具有一定的优势。

自旋波逻辑器件经过近十多年来的发展，其设计模式已初具雏形，即以 MZI 结构为基础，利用自旋波的干涉效应辅以逻辑调控的关键器件组合而成的设计模式。模块式的组合设计使得自旋波逻辑器件的发展依赖于各组成模块，移相器的设计决定了自旋波逻辑器件的工作方式及性能，是整个 MZI 型自旋波逻辑器件的核心，连接器件除负责提供稳定的工作环境外还可带来丰富的功能拓展。为实现自旋波逻辑器件的进一步发展，对各关键器件的深入研究成为关键，8.5.2 节就逻辑门中的最关键器件——自旋波移相器的研究进展进行介绍[28]。

8.5.2　自旋波逻辑门的关键器件——移相器的研究进展

自旋波移相器的设计从本质上来说，均是通过一定方式改变自旋波传输过程中的色散关系，通过传输过程的相位积累，来达到移相的目的。随着对自旋波研究的逐步深入，越来越多的方法被证明可应用于移相器的设计。依据对自旋波传输过程的影响方式，可将现有移相器设计归为两类：基于微磁结构的设计以及基于外场调控的设计。

1. 基于微磁结构的设计

基于微磁结构的设计是指移相器主要依赖于磁性材料的微磁结构特性来影响自旋波的色散关系。较为常见的微磁结构有磁畴壁、磁缺陷、磁振子晶体等。早期 Hertel 等的研究便证明了当自旋波经过磁畴结构时，其相位会受到影响。他们模拟坡莫合金纳米条带上自旋波传输的仿真结果显示，经过 180° 畴壁的自旋波相位较无畴壁的情况下相移约 90°，进一步对照 360° 畴壁与无畴壁情况，相位相移约 180°，实现了反相操作如图 8.23 (a) 所示。利用上述 360° 畴壁设计环形 Mach-Zehnder 干涉仪如图 8.23 (b) 所示，自旋波传输 660ps 后，存在畴壁结构的波导其干涉结果（虚线表示）与对照组（黑线表示）相比有着明显的幅值差异，从而验证了畴壁相移机制的可行性。后续的研究表明磁畴结构，如 180°Bloch 壁，存在着等效的潜在势垒，这一势垒会对传输的自旋波的色散关系造成影响，且影响程度与自旋波频率及磁畴结构尺寸有关。

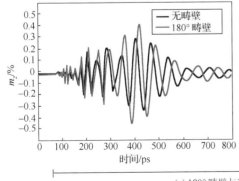

图 8.23

(a) 180° 畴壁与 360° 畴壁对自旋波相位影响

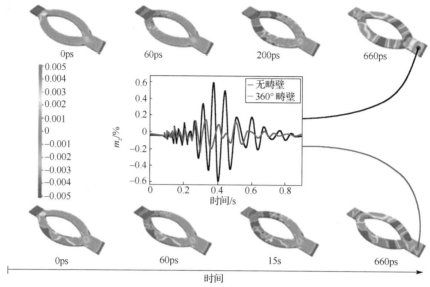

(b) 利用畴壁相移机制设计的Mach-Zehnder干涉仪

图 8.23　畴壁型自旋波移相器

　　利用磁畴壁结构作为移相器有以下两个优点，一是磁畴壁结构尺寸相对较小，适宜构建低尺度的自旋波逻辑器件；二是磁畴壁结构具有一定的稳定性，既能够在无外磁场条件下保持稳定，又能够通过合适的外场条件进行调控。但同时畴壁结构的使用也存在局限性，首先要实现对磁畴壁的精确控制还有待进一步的研究，其次相移大小即畴壁对自旋波色散关系的影响程度与自旋波频率有关，在相同条件下频率越高的自旋波获得的移相效果越弱，因此难以应用在高频情况，而磁畴壁的移动速度较慢且所需能耗大。

　　除畴壁结构外，磁振子晶体和磁缺陷结构也被证明可实现自旋波的移相。2014 年 Zhu 等研究了一维和二维磁振子晶体对静磁表面波传输相位的影响。研究表明，在一维或二维磁性晶体中的自旋波对于外偏置磁场十分敏感，在 YIG/GGG 薄膜中传输的静磁体波可通过外偏置磁场调控相移，对于如图 8.24 所示的一维及二维磁振子晶体结构，外偏置磁场的变化会导致该磁性薄膜的磁导率变化，从而影响自旋波的传输速率，在一定范围内通过相差相位的累积实现移相功能。2016 年 Louis 等利用点缺陷结构实现了对在畴壁中传播的自旋波的移相操作。该研究的突出之处在于无须外偏置场条件，如图 8.25(a) 所示为磁纳米点阵列，红色部分为畴壁波导，蓝色区域表示与波导邻接的点缺陷，而该点缺陷会对畴壁波导中传输的自旋波相位产生影响，利用这一原理并结合 MZI 结构可设计出幅值型逻辑的异或非(XNOR)门，如图 8.25(b) 所示。图 8.25(b) 左边表示基态情况，红色点处为输入端，蓝色点处为输出端，存在点缺陷表征逻辑输入 1，反之为逻辑输入 0，各输入状态及输出结果如图 8.25(b) 右边所示，可见其较好地实现了同或逻辑。2018 年 Baumgaertl 团队结合了上述两种结构，设计了在一维磁振子晶体中利用缺陷结构对自旋波相位及幅值调控的移相器，并提出了结合逆磁致伸缩效应后实现电场调控输入的构想。这类低维材料结构对于构造平面化、微型化的器件来说十分有利，且有关磁振子结构的逻辑器件研究正飞速发展，相信不久会迎来新的突破。

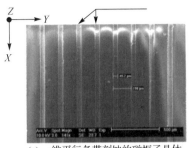

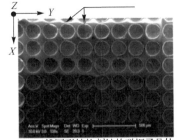

(a) 一维平行条带刻蚀的磁振子晶体　　　　　　(b) 二维圆形结构刻蚀的磁振子晶体

图 8.24　基于磁振子晶体的自旋波移相器

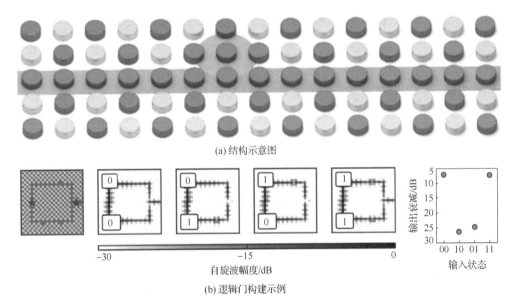

(a) 结构示意图

自旋波幅度/dB

(b) 逻辑门构建示例

图 8.25　基于点缺陷的自旋波移相

图 8.25

除上述几种常见的微磁结构，Au 等在 2012 年提出了一种利用谐振体来调控自旋波幅值与相位的设计。该设计利用了波导与谐振体间的铁磁共振现象，谐振体在合适的磁化状态下，特定频率的自旋波会共振激发该谐振体，谐振体上伴随产生的共振激发波反作用于入射波，改变原自旋波的色散关系，以此来实现移相。该器件整体由图 8.26 (a) 中的下侧波导与中心处的谐振体组成，灰色段表示射频激励源。当自旋波通过谐振体下方时，谐振体由于共振产生的共振激发波会反作用于入射自旋波，若此时谐振体与波导间的距离较小 (5nm) 时，共振激发波将作为主导，结果如图 8.26 (b) 所示；当距离适中 (20nm) 时，两种模式波相互影响导致输出结果振幅大大减小，如图 8.26 (c) 所示；当距离较大 (50nm) 时，入射自旋波基本不受共振激发波的影响，如图 8.26 (d) 所示。对比图 8.26 中的仿真结果，选择合适的距离 (5nm) 时即可实现 180° 移相器的设计。该设计若考虑谐振体磁化状态改变的影响，还可设计为自旋阀器件，对比图 8.28 (d) 和 (f)，当改变谐振体的磁化状态时，谐振体对自旋波的影响效果会明显减弱。

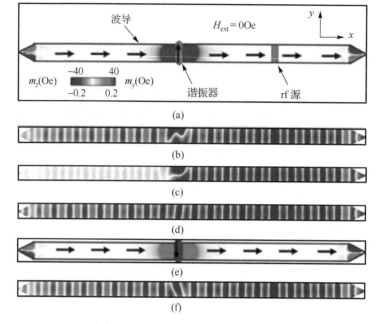

图 8.26　基于谐振体的自旋波移相器

2. 基于外场调控的设计

在自旋波逻辑器件的设计中，特别是相位型逻辑器件，需要将移相操作视为逻辑输入，此时需要能够快速调控和响应的移相器件，同时撤除输入后能迅速恢复原状态。上述基于微磁结构的设计显然难以完成。为实现这一相位逻辑操作，需要移相器具有合适的输入调控手段，例如，通过外场进行逻辑输入。对于这类无须改变器件的磁结构，且具有可调控特性的移相器，将其归纳为基于外场调控的设计。一般来说，现有的输入调控手段可以是依靠外磁场、电流或电压等方式。但考虑到电路系统的匹配性和实际工艺的可行性，电方式调控手段是研究的主要方向，即通过电流或电压来实现自旋波移相器的控制。

1) 电流调控移相器设计

为解决上述缺陷，电子科技大学的钟智勇等基于微磁仿真提出了一种利用自旋极化电流调控的移相器设计。自旋极化电流由 STT(spin transform torque)效应产生，直接作用于波导上并破坏原平衡状态，使磁化状态发生改变，所形成的新稳态结构与180°畴壁结构相似，且对自旋波同样有移相作用。器件结构如图 8.27(a)所示。图 8.27 中黄色部分为坡莫合金材料，左端为激励源，中部为作为移相器的 MTJ(magnetic tunneling junction)结构，在垂直于钉扎层的方向通入直流电流，所产生的自旋极化电流将作用于上方的坡莫合金区域。施加的自旋极化电流密度与波导末端 Z 方向磁场分量关系如图 8.27(b)所示，随着所加的电流密度不断增大，自旋波相移幅度也随之增大，当电流密度达到 12.5×10^{12} A/m² 时，波形整体产生相移约 0.3π。为达到 180°相移效果，在同一波导结构中加入三个同种 MTJ 结构组成移相器，以此构造的反相器结构如

图 8.27(c)所示，利用此种移相器设计的 MZI 型器件及其输出结果如图 8.27(d)所示，图中黑线和蓝线分别代表无电流输入和三端口均通入电流密度为 12.5×10^{12} A/m^2 的电流情况，通过输出信号的幅值对比可知其实现了逻辑非门，从而验证了基于自旋极化电流调控的自旋波移相器设计。

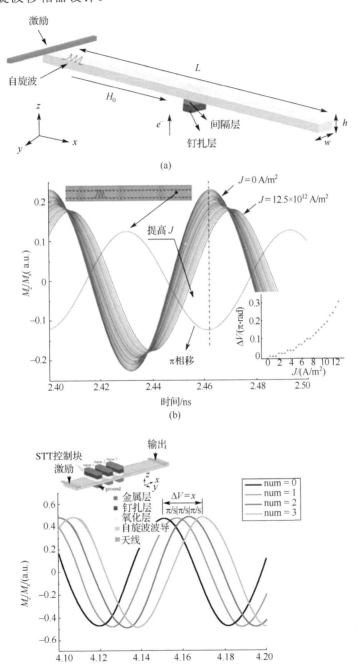

图 8.27

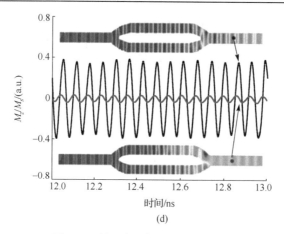

图 8.27　基于自旋极化电流调控的自旋波移相器

2）电压调控移相器设计

上述通过极化电流影响微磁结构，进而控制自旋波相移的设计面临着两大问题，一是所形成的稳态结构难以精确控制，二是电流驱动所需的能耗过大。由于恒流源的引入伴随着较大的焦耳热产生，相比自旋电子器件来说是不可忽视的巨大功耗，因此新的研究便着眼于电压调控方式。2011 年有研究利用简单的超交换模型计算发现，电场可经由自旋轨道耦合（spin-orbit coupling）作用直接影响自旋波的色散关系，且由此产生的移相作用远大于此前的预期效果。如图 8.28 所示是基于此原理设计的 MZI 型逻辑器件，电场由中心处红色柱体辐射向圆环形波导结构上，两支路上的自旋波经过该结构后，在一系列微观耦合作用下产生相对 180° 相移，由此实现逻辑非门。这种相对相移的设计适用于幅值型逻辑器件的设计，但对于相位型逻辑来说由于需要保持逻辑状态的稳定，因此并不适用。该研究揭示了电场与磁相互作用之间的关联性，促进了后续对电场作用下自旋轨道耦合作用的进一步研究。

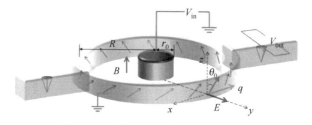

图 8.28

图 8.28　压控 MZI 型自旋波逻辑器件

随着电场与磁相互作用的机制不断被发掘，中南大学的郭光华课题组与德国哈勒-维腾贝格大学的 Berakdar 课题组针对电磁耦合及 DMI（Dzyaloshinskii Moriya interaction）效应进行了深入研究，提出了电场调控的自旋波移相器设计。如图 8.29（a）所示，在左侧的电场施加区域中，由于电场的存在将导致向上和向下传输的自旋波色散关系产生不对称结构，因此两束自旋波在电场作用下将产生不同的相位偏移。同时在方向固定的情况下，该相位偏移量大小完全由所施加的电场强度决定，因此可通过外电场来调节两支路自旋波的相位。图 8.29（b）给出了在不同电偏压下的移相结果，该设计同样是产生相对相移，即两支路自旋信号均受到移相影响。

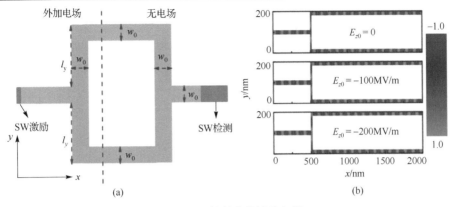

图 8.29　电场调控的自旋波移相器

日本理化研究所的 Otani 课题组通过微磁模拟研究，提出了基于 VCMA（voltage-controlled magnetic anisotropy）效应的自旋波移相器设计，该移相器提供了另一种较好的电场控制解决方案。VCMA 通过电压来调节三维铁磁体的界面垂直各向异性，即通过电场改变波导的界面垂直各向异性，从而使自旋波传输的色散关系发生改变。VCMA 调节的界面垂直各向异性大小与所加电场强度及材料自身的磁电系数（magnetoelectric coefficient）有关，以 $Co_{20}Fe_{60}B_{20}/MgO$ 材料为例，磁电系数在正负偏压下分别可达到 40 fJ/Vm 和 197 fJ/Vm。VCMA 适用于纳米尺度下的器件，为器件小型化提供了保障，依据此原理设计

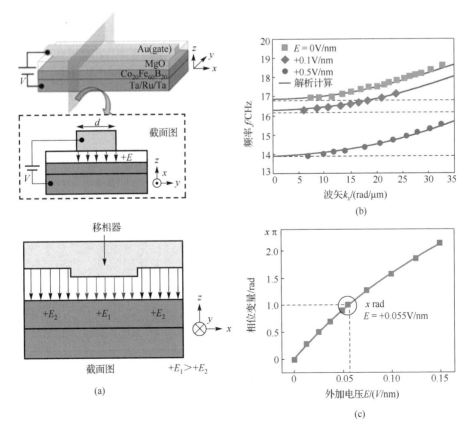

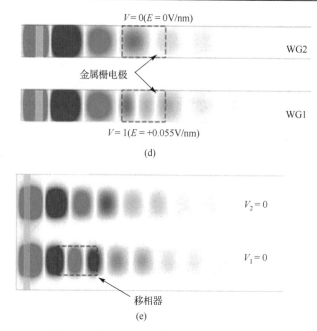

图 8.30　基于 VCMA 的压控自旋波移相器

的自旋波移相器如图 8.30(a)所示，上方 Au 为金属电极，中间 CoFeB 为波导层，电场可通过电极层施加于波导上。图 8.30(b)给出了不同电压条件下自旋波色散关系的微磁仿真与理论计算的结果，可见随着电场强度的增大，薄膜材料的垂直各向异性随之减弱，导致其自旋波色散曲线整体下移，利用此机制即可实现移相器设计。图 8.30(c)表示在固定频率条件下，施加电压与自旋波相移的关系，即当所加电场为 0.05V/nm 时，自旋波恰好产生 180° 位移。利用上述 VCMA 机制，通过外场幅度调节和电极厚度调节的两种方式均可实现移相器功能，如图 8.30(d)和(e)所示，图 8.30(d)为基于外电场调控的移相器设计，图 8.30(e)为通过电极层厚度调制的反相器设计。值得注意的是，该仿真结果依旧处于外偏置磁场的条件下，撤去外场条件后其移相效果会大幅下降，且存在群速较慢，衰减较大的问题。但这种基于外电场调控的自旋波移相器极大地简化了调控方式，在器件体积与电路匹配灵活性上极具优势，对于后续的自旋波移相器的研究有着重要的参考价值。

　　自旋波逻辑门的研究是未来集成电路最具发展前景的方向之一，这一研究领域也正处于一个飞速发展的阶段。从器件层面上看，大部分自旋波移相器均存在对外磁场条件的依赖及高频下移相效果欠佳的问题，如何提高调控效率、增大移相效果、收缩器件尺寸、减少外场依赖将是未来自旋波移相器设计的首要挑战。

参 考 文 献

[1] ADAM J D. Analog signal processing with microwave magnetics. Proceedings of IEEE, 1988, 76: 159-170.

[2] ISHAK W S. Magnetostatic wave technology: A review. Proceedings of IEEE, 1988, 76: 171-187.

[3] 匡轮. 静磁波器件研制的若干问题. 系统工程与电子技术, 1995, 7: 30-39.

[4] 郝跃, 刘忠范. 基于新型磁子结 YIG/NiO/YIG 的磁子阀效应. 科学通报, 2019, 64(4): 371-372.

[5] CHUMAK A V, SERGA A A, HILLEBRANDS B. Magnonic crystals for data processing. Journal of Physics D: Applied Physics, 2017, 50: 244001.

[6] KRUGLYAK V V, DEMOKRITOV S O, GRUNDLER D. Magnonics. Journal of Physics D: Applied Physics, 2010, 43: 264001.

[7] SHIRAZI A N. Control of spin-wave damping using spin currents from topological insulators. Los Angeles: University of California, 2018.

[8] COUNIL G, KIM J V, DEVOLDER T, et al. Spin wave contributions to the high-frequency magnetic response of thin films obtained with inductive methods. Journal of Applied Physics, 2004, 95(10): 5646-5652.

[9] KALINIKOS B A. Excitation of propagating spin waves in ferromagnetic films. Proceedings of IEEE, 1980, 127: 4-10.

[10] VLAMINCK V, BAILLEUL M. Spin-wave transduction at the submicrometer scale: Experiment and modeling. Physics Review B, 2010, 81: 104425.

[11] FALLARINO L, MADAMI M, DUERR G, et al. Propagation of spin waves excited in a permalloy film by a finite-ground coplanar waveguide: A combined phase-sensitive micro-focused brillouin light scattering and micromagnetic study. IEEE Transactions on Magnetics, 2013, 49(3): 1033-1036.

[12] 程光煦. L.布里渊与布里渊散射. 光散射学报, 2018, 30(3): 284-296.

[13] 白悦. 布里渊光散射装置的搭建和磁性薄膜中磁振子动力学研究. 济南: 山东大学, 2018.

[14] 王卫国. 布里渊散射. 物理, 1983, 12(8): 449-455.

[15] CHUMAK A V, SERGA A A, JUNGFLEISCH M B, et al. Direct detection of magnon spin transport by the inverse spin hall effect. Applied Physics Letter, 2012, 100: 082405.

[16] CHUMAK A V. Magnon Spintronics: Fundamentals of Magnon-Based Computing. Spintronics Handbook: Spin Transport and Magnetism. 2nd ed. Boca Raton: CRC Press, 2019.

[17] DEMIDOV V E, Demokritov S O, ROTT K, et al. Nano-optics with spin waves at microwave frequencies. Applied Physics Letter, 2008, 92: 232503.

[18] JORZICK J, DEMOKRITOV S O, MATHIEU C, et al. Brillouin light scattering from quantized spin waves in micro-size magnetic wires. Physics Review B, 1999, 60: 15194.

[19] DEMIDOV V E, DEMOKRITOV S O. Self-focusing of spin waves in permalloy microstripes. Applied Physics Letter, 2007, 91: 252504.

[20] DEMIDOV V E, DEMOKRITOV S O, ROTT K, et al. Mode interference and periodic self-focusing of spin waves in permalloy microstripes. Physics Review B, 2008, 77: 064406.

[21] DEMIDOV V E, JERSCH J, ROTT K, et al. Nonlinear propagation of spin waves in microscopic magnetic stripes. Physics Review Letter, 2009, 102: 177207.

[22] SCHLÖMANN E. Advances in Quantum Electronics. New York: Columbia University Press, 1961.

[23] DEMOKRITOV S O, SERGA A A, ANDRE A, et al. Tunneling of dipolar spin waves through a region of inhomogeneous magnetic field. Physics Review Letter, 2004, 93: 047201.

[24] SCHNEIDER T, SERGA A A, CHUMAK A V, et al. Spin-wave tunneling through a mechanical gap.

Europhysics Letters, 2010, 90: 27003.

[25] 杨慧. 二维磁振子晶体带隙优化及缺陷态性质的研究. 呼和浩特: 内蒙古大学, 2013.

[26] KRAWCZYK M, GRUNDLER D. Review and prospects of magnonic crystals and devices with reprogrammable band structure. Journal of Physics: Condensed Matter, 2014, 26: 123202.

[27] RYCHLY J, GRUSZECKI P, MRUCZKIEWICZ M, et al. Magnonic crystals-prospective structures for shaping spin waves in nanoscale. Low Temperature Physics, 2015, 41: 959-975.

[28] 张子康, 金立川, 文天龙, 等. 自旋波逻辑门的关键器件研究进展. 中国科学: 信息科学, 2020, 50(1): 67-86.

第9章　基于自旋流的微波磁电子学基础

　　电子有电荷(charge)和自旋(spin)两种自由度,但是在传统电子器件中只应用了电子的电荷自由度,而忽略了电子的自旋自由度。人们发现电子的自旋自由度有很多比电荷自由度更优越的性能,如退相干时间长、低能耗、运算速度快等,因此,电子的自旋有望成为新一代电子器件的信息载体。由此兴起了一门新的学科——自旋电子学。在这门新兴学科中,如何产生、操控和探测纳米器件中的自旋极化、自旋极化流和自旋流是研究的重点。

　　自旋角动量的传递形成自旋流 J_s。在固体中,有两种可以产生非平衡自旋流的载流子,一种是传导电子,另一种是磁矩的集体激发——自旋波,如图 9.1 所示[1]。以传导电子为载流子的自旋流称为传导电子自旋流(conduction-electron spin current),在这种自旋流中,自旋方向相反的电子沿相反方向同时运动,形成了自旋的流动,导致了自旋角动量的转移,如图 9.1(a)所示。以自旋波传输的方式传递

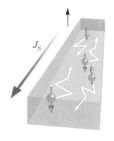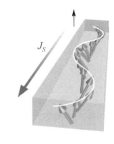

(a) 传导电子自旋流　　　　(b) 自旋波自旋流

图 9.1　自旋流

角动量称为自旋波自旋流(spin-wave spin current),如图 9.1(b)所示。本章限于讨论传导电子自旋流的相关特点及在微波领域的应用。

9.1　自旋流的概念

9.1.1　电流与自旋流

　　在量子力学中,自旋是粒子所具有的一种内禀性质,其运算规则类似于经典力学的角动量,并因此产生一个磁场。作为微观粒子之一的电子除了具有电荷的性质,还具有自旋的内禀属性,其基本性质如下[2]。

　　(1)每个电子自旋都有任意的两个方向,每个自旋的大小为 $\pm\hbar$。当固体中所有的电子自旋取向一致时,形成铁磁体。

　　(2)在磁场中,电子自旋平行或反平行于磁场时,电子具有不同的能量。

　　(3)定向运动的电子形成电流。在通常的电流中,电子自旋的指向是无规的。

　　(4)定向相干运动的电子自旋形成自旋流。

　　传统的半导体电子器件主要是基于电子的电荷,而较少关注其自旋自由度。随着器件尺寸越来越小,量子效应日渐突出,器件能耗等问题也越来越严重。人们在低维纳米尺度的体系中发现,自旋在很多性能方面比电荷更优越,例如,退相干时间长、能耗低等,这就使得人们试图利用电子的自旋自由度来作为信息载体,设计新一代的电子器件。一门新

兴的凝聚态物理子学科——自旋电子学,逐渐形成并迅速发展起来。自旋电子学是研究自旋操控、自旋输运、自旋流等与自旋有关的学科,其目的是揭示与自旋有关的各种新现象,最终实现自旋电子的应用。

自旋流是自旋电子学中一个最重要的物理量,它是和电流相对应的量。介绍自旋流的概念之前,先回顾电荷流(charge current),为与传统叫法一致,电荷流以后就简称为电流。电流与自旋流分别是依据电荷守恒和自旋角动量守恒定律来定义的,如图 9.2 所示[3]。

依据电荷守恒定律来定义电流的。假设由闭合曲面 Ω 包含的区域内的电荷为 Q。如图 9.2(a)所示,由于电荷是守恒量,因此区域内部电荷 Q 的增加量等于从外部流入的电荷量,即

$$\iiint_V \frac{\mathrm{d}\rho}{\mathrm{d}t}\mathrm{d}\boldsymbol{r} = -\iint_\Omega \boldsymbol{J}_c \cdot \mathrm{d}\boldsymbol{\Omega} \tag{9.1}$$

式中,ρ 是电荷密度;$\boldsymbol{J}_c$ 是电流密度。等式左边表示该区域空间内电荷的增加。应用高斯定理得到

$$\frac{\mathrm{d}\rho}{\mathrm{d}t} = -\nabla \cdot \boldsymbol{J}_c \tag{9.2}$$

这就得到了电流的连续性方程以及对电流密度的定义。

自旋流则可由自旋角动量守恒来定义,如图 9.2(b)所示。假设自旋角动量是完全守恒的,那么通过类比可以得到自旋流密度 $\boldsymbol{J}_s$ 的自旋角动量的连续性方程

$$\frac{\mathrm{d}\boldsymbol{M}}{\mathrm{d}t} = -\nabla \cdot \boldsymbol{J}_s \tag{9.3}$$

同时自旋流密度可以由式(9.3)定义。$\boldsymbol{M}$ 表示该区域的磁化强度。由于自旋流包含两个方向,即空间流动的方向和自旋方向,所以自旋流不再是一个矢量,而是一个二阶张量。

自旋角动量守恒通常只有在纳米尺度时才是一个很好的近似。考虑到自旋弛豫的存在,实际上自旋角动量通常并不是完全守恒的,这样式(9.3)就应该修正为

$$\frac{\mathrm{d}\boldsymbol{M}}{\mathrm{d}t} = -\nabla \cdot \boldsymbol{J}_s + \boldsymbol{T} \tag{9.4}$$

式中,$\boldsymbol{T}$ 表示自旋角动量不守恒的部分——自旋角动量的弛豫和产生。可唯像地将 $\boldsymbol{T}$ 描述为

$$\boldsymbol{T} = -\frac{\boldsymbol{M} - \boldsymbol{M}_0}{\tau} \tag{9.5}$$

式中,τ 是自旋的衰减时间常数;$\boldsymbol{M}-\boldsymbol{M}_0$ 是非平衡态磁化强度与平衡态磁化强度之间的差值。

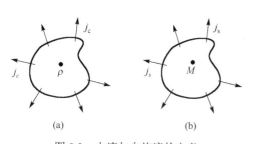

图 9.2　电流与自旋流的定义

9.1.2　自旋流的分类

为了讨论自旋流的特点,换一个角度定义电流与自旋流。现以导体中双电流模型近似对电流和自旋流进行讨论[4]。电子有自旋向上和自旋向下两种取向。假设这两种取向的电子浓度分别为 $n_\uparrow$ 和 $n_\downarrow$,它们的运动速度分别为 $v_\uparrow$ 和 $v_\downarrow$,则传统的电流密度定义为

$$J_c = -en_\uparrow v_\uparrow - en_\downarrow v_\downarrow = J_\uparrow + J_\downarrow \tag{9.6}$$

式中，e 是电子电荷；$J_\uparrow = -en_\uparrow v_\uparrow$ 和 $J_\downarrow = -en_\downarrow v_\downarrow$ 分别代表自旋向上和自旋向下电子定向运动所产生的电流密度。类似地，自旋流密度可以定义为

$$J_s = \frac{\hbar}{2} n_\uparrow v_\uparrow - \frac{\hbar}{2} n_\downarrow v_\downarrow = \frac{\hbar}{2e}(J_\uparrow - J_\downarrow) \tag{9.7}$$

若以上两种自旋取向的电子运动速度大小相同，即 $|v_\uparrow| = |v_\downarrow|$，则根据它们的数量和运动方向，可以分为如下几种情况。

(1) 自旋向上的电子和自旋向下的电子数量相等，且同向运动，则有

$$\begin{cases} n_\uparrow = n_\downarrow, J_\uparrow = J_\downarrow \\ J_c = J_\uparrow + J_\downarrow = 2J_{\uparrow(\downarrow)} \\ J_s = \frac{\hbar}{2e}(J_\uparrow - J_\downarrow) = 0 \end{cases} \tag{9.8}$$

这是电荷在非磁性金属中传导的情形，此时电子的运动只传导电荷不传导自旋，也就是传统的电流 (charge current)，如图 9.3 (a) 所示。

(2) 自旋向上和自旋向下的电子数量不相等，且同向运动，则有

$$\begin{cases} n_\uparrow \neq n_\downarrow, J_\uparrow \neq J_\downarrow \\ J_c = J_\uparrow + J_\downarrow \neq 0 \\ J_s = \frac{\hbar}{2e}(J_\uparrow - J_\downarrow) \neq 0 \end{cases} \tag{9.9}$$

此时，电子的运动既传导电荷又传导自旋，当电荷在磁性金属中或磁场下传导时会出现这种情形，如图 9.3 (b) 所示。当然，如果自旋向上的电子和自旋向下的电子的数量不相等，且反向运动，也会出现电子的运动既传导电荷又传导自旋，如图 9.3 (c) 所示。J_c 和 J_s 均不为 0 的这种电流，称为自旋极化电流 (spin-polarization current)，其产生的机制是自旋相关散射，是自旋电子器件工作的基础。其中，反映自旋被极化的物理量——自旋极化率 P 的定义为

$$P = \frac{n_\uparrow - n_\downarrow}{n_\uparrow + n_\downarrow} = \frac{J_\uparrow - J_\downarrow}{J_\uparrow + J_\downarrow} \tag{9.10}$$

由式 (9.10) 可以看出，电荷电流的 $P=0$，而自旋极化电流 $0<P<1$。

(3) 自旋向上和自旋向下的电子数量相等，但反向运动，则有

$$\begin{cases} n_\uparrow = n_\downarrow, J_\uparrow = -J_\downarrow \\ J_c = J_\uparrow + J_\downarrow = 0 \\ J_s = \frac{\hbar}{2e}(J_\uparrow - J_\downarrow) = \frac{\hbar}{e}J_{\uparrow(\downarrow)} \end{cases} \tag{9.11}$$

此时，电子的运动总体上不传导电荷而只传导自旋，这就是纯自旋流 (pure spin current)，如图 9.3 (d) 所示。

纯自旋流的一大优势是只传输作为信息传输载体的角动量，这是它特有的性质。因此，纯自旋流可以传输信息但无电荷运动。电流在时间反演下将保持电荷不变，而只改变电子运动方向 $v \to -v$，故 $J_c \to -J_c$，如图 9.4 (a) 所示，即电流不满足时间反演对称性。而纯自

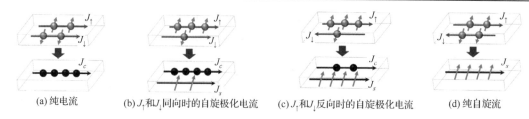

(a) 纯电流　　　(b) $J_\uparrow$和$J_\downarrow$同向时的自旋极化电流　　　(c) $J_\uparrow$和$J_\downarrow$反向时的自旋极化电流　　　(d) 纯自旋流

图 9.3　自旋流与电流的区别

旋流则不同，在时间反演下 $(t \to -t)$，不仅运动方向改变 $v \to -v$，而且自旋极化方向也相反$\uparrow \to \downarrow$，故 $J_s \to J_s$，即在时间反演下纯自旋流维持不变，如图 9.4(b) 所示。自旋流的时间反演对称性决定了具有低损耗甚至是无损耗的性质。纯自旋流的低损耗的这一特性，使得自旋电子学的研究异常火热，但是，纯自旋流是否引起耗散还是有争议的，不过即使有，相对于电流引起的功耗来说也小很多。

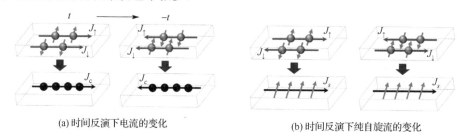

(a) 时间反演下电流的变化　　　　　　　　　　　　(b) 时间反演下纯自旋流的变化

图 9.4　电流与自旋流在时间反演下的变化

9.2　自旋极化电流

9.2.1　自旋极化电流的产生

　　金属为导体，电阻率低。这是因为金属中有足够多的传导电子，它们在金属中可以较自由地流动。金属中的传导电子来自金属原子的价电子，相邻原子外层的价电子轨道的相互重叠使这些电子不局域于单个原子中，而成为整个金属共有的传导电子。其运动变为在整个金属中周期性势场中的运动，因而导电性好。整个金属中的传导电子分布在几乎是连续的能量范围，该范围称为能带。在能带中电子态的分布并不是均匀的。在一个微小的能量区间ΔE 中，电子态的数目Δn 随能量 E 不同而异，$\Delta n = N(E) \Delta E$，$N(E)$ 为能态密度，每个能态中可容纳能量相同但自旋方向相反(以下为了方便，以自旋向上与自旋向下来区分)的两个电子。在基态，能带中的电子分布在所有的低能态上，电子占据的最高能态称为费米(Fermi)面，其能量称为费米能 E_F。对金属导电有贡献的只是费米面附近的电子，在电场作用下它们可以进入能量较高的能级，获得漂移速度，成为电流。而能量比费米面低得多的电子，由于附近的状态均已被电子占据，没有空状态，电子没有可能从外电场中获取能量而改变状态，因此对导电没有贡献。

　　磁性金属铁、钴和镍都属于过渡族金属。过渡金属的特殊之处在于原子的 3d 和 4s 能级均扩展为金属中共有的 3d 和 4s 能带，且二者重叠。原子中的 3d 和 4s 电子在金属的 3d

和 4s 能带中按能量高低填充，重新分布。因而过渡金属中每个原子平均的 3d 和 4s 电子数与孤立原子不同。以铁（Fe）为例，孤立原子态的 Fe 的核外电子结构为 $3d^6+4s^2$，金属 Fe 中的 3d 和 4s 电子在能带中重新分布后，每个原子的核外电子结构平均为 $3d^{7.4}+4s^{0.6}$。

过渡金属能带的态密度如图 9.5 所示[5]6-7。图 9.5 中纵坐标为电子的能量 E，横坐标为能态密度 $N(E)$。图 9.5 中自旋向上和自旋向下的电子能态密度 $N(E)$ 分别画在纵坐标的两侧，并简单地将 3d 和 4s 的能带分别示出。基态时费米面以下的能级全被电子占据。图 9.5（a）为非磁金属的能带态密度示意图，自旋向下（浅色）和自旋向上（深色）的电子分布状态完全相同。图 9.5（b）为铁磁金属的能带态密度示意图。图 9.5（b）给出了在居里温度以下铁磁金属 3d 能带的交换劈裂。电子间的交换作用使自旋相互平行的电子比相互反平行的电子的能量低。在居里温度以下，为了降低总能量，一部分自旋向下电子变为自旋向上电子，使能带中向上、向下自旋的电子数不等，导致了铁磁金属的自发磁化。图 9.5（b）中用 3d 向上、向下自旋电子在能带底发生交换劈裂来表示，而费米面的能量相同。实际上向上、向下 4s 自旋电子的能带也发生交换劈裂，且由于 s-d 交换作用常为负值使 4s 带与 3d 带的劈裂相反，对自发磁化也有贡献，但其贡献的数值比较小，如图 9.5（b）所示。

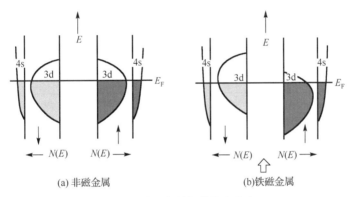

(a) 非磁金属　　　　　　　　　　(b) 铁磁金属

图 9.5　过渡金属能带的态密度

从图 9.5 可以看出铁磁金属中自旋相关导电的原理。在非磁金属中，自旋向上与向下电子的能带完全相同，不同取向的自旋的传导电子的导电性能没有区别，这就是人们熟知的非磁金属和半导体的导电，与传导电子的自旋取向无关的情况。铁磁金属中自旋向上与向下电子的能带的交换劈裂使费米面上电子的数目和其中与电阻相关的其他参量如传导电子的有效质量、电子弛豫时间等均可能依赖于自旋方向，从而形成自旋相关散射。这种不同数目的自旋向上和向下的传导电子形成的电流，称为自旋极化电流，或极化自旋流。自旋极化的程度用自旋极化率 P 表征，其定义见 9.1 节。

自旋极化电流可以与局域磁矩发生能量交换，将自身的自旋角动量传递给磁矩，实现磁矩的翻转，即自旋转移转矩（spin-transfer torque）效应。自旋极化电流的极化率越大，自旋转移转矩效应越显著。铁磁金属及合金的极化率为 30%～50%。研究表明，磁性半金属（half-metal）的能带特殊，如图 9.6 所示。与一般铁磁金属的能带（图 9.6（a））相比，半金属的能带（图 9.6（b））在费米面处仅存在一个自旋取向的态密度而另外一个自旋取向的态密度为 0，也就是说一种自旋取向的电子呈现金属的导电性，而另一种自旋取向的电子则呈现

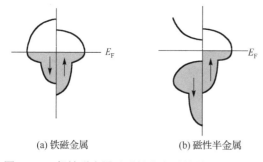

(a) 铁磁金属　　　　　　　　(b) 磁性半金属

图 9.6　一般铁磁金属及磁性半金属材料能带示意图

半导体或绝缘特性。正是由于半金属铁磁金属的特殊能带结构，导致其在费米能级附近只有一种自旋取向的传导电子，因而其具有 100% 自旋极化率。

9.2.2　界面自旋积累与注入

流经铁磁金属的电流产生自旋极化电流，采用铁磁金属（FM）与非磁材料（NM）组合，可实现向非磁金属以及半导体中注入自旋极化电流[6]。如图 9.7(a) 所示，未极化的电流通过铁磁层 FM 转化为自旋极化电流注入普通金属 NM 层内。如果将 NM 层换为另一个铁磁层 FM2，且两个铁磁层的磁化方向不同，如图 9.7(b) 所示，那么 FM1 中产生的自旋极化流入 FM2 中时就会通过交换作用被 FM2 中磁矩所吸收，进而使 FM2 中磁矩产生进动。如果 FM1 和 FM2 的磁化方向相反，当这个自旋转移转矩足够强时，就会将 FM2 的磁矩翻转过来。

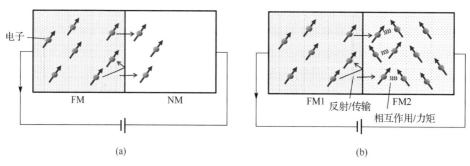

(a)　　　　　　　　　　　　　　　　(b)

图 9.7　界面的自旋注入

FM/NM 界面的自旋积累是自旋极化电子输运过程中的关键。自旋注入过程中，在铁磁体和普通金属接触区域附近，电子自旋的分布会受到调制。如图 9.8(a) 所示，假设 P 点和 Q 点离 FM/NM 界面足够远，那么在 FM 层中的 P 点应该存在一定的极化自旋流，而由于自旋的弛豫，NM 层中的 Q 点的自旋流为零。根据自旋角动量守恒，自旋就会在 FM/NM 界面上发生积累。实际上，这个自旋积累并不会无限制地增大，界面区域积累的自旋会因为自旋反转散射（spin flip scattering）等弛豫过程而减小。另外，自旋积累造成界面处存在自旋密度梯度，进而形成扩散自旋流，使得自旋离开界面，如图 9.8(b) 所示。图 9.8(c) 表示自旋电流和电化学势 μ 电位在界面处是连续分布的，图 9.8(c) 中的 λ_{FM} 和 λ_{NM} 分别是铁磁

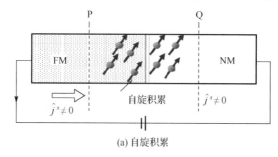

(a) 自旋积累

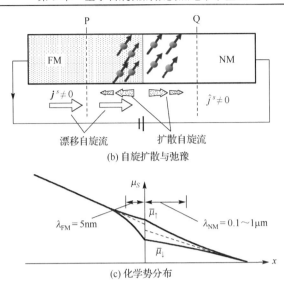

(b) 自旋扩散与弛豫

(c) 化学势分布

图 9.8　从 FM 注入自旋到 NM 的自旋积累、自旋扩散与弛豫和化学势分布

层和非磁性层中的自旋扩散长度。很明显，界面处的电化学势梯度(图 9.8 中虚线)是不连续的，这就是使得每个自旋子通道的自旋电流密度是连续的原因。

9.3　纯自旋流的产生

9.2 节讲述的自旋流是通过在费米面处存在自旋劈裂的磁性材料中产生的自旋极化电流。实际上，在非磁性材料中，也能通过一定的方式产生非平衡的自旋流。这种自旋流是没有净电荷流动、仅有自旋角动量输运的纯自旋流。产生纯自旋流的常见方法有以下几种。

(1)光注入产生自旋流。通过圆偏振的极化光将角动量从光子转移到电子，造成自旋的非平衡积累，从而实现光注入自旋。光致自旋流对直接带隙半导体材料十分有效。

(2)基于自旋轨道耦合作用的效应产生的自旋流，如自旋霍尔效应(spin Hall effect，SHE)在非磁性材料中产生自旋流。

(3)采用铁磁共振下产生的自旋泵浦效应(spin pumping effect, SP)实现从铁磁层向非磁层中注入自旋流。由于铁磁共振激发的是磁振子，所以这里的铁磁层与非磁层不需要一定是金属，可以是绝缘体。

(4)自旋塞贝克效应(spin Seebeck effect, SSE)产生的自旋流。在铁磁和非磁双层膜体系中，当在铁磁金属中施加一个温度梯度时，铁磁金属会往非磁金属中注入自旋流。

由于篇幅限制，本节只介绍第 2 种方法和第 3 种方法。

9.3.1　基于自旋轨道耦合作用产生自旋流

1. 自旋轨道耦合作用

有许多物理现象或效应都与自旋-轨道耦合有关，如磁晶各向异性和磁致伸缩等基本磁性，纯自旋流的产生和探测，自旋-轨道转矩(spin-orbit torque)效应[7]。

电场对静止的电荷有静电力的作用，电场对运动的电荷除了有静电力的作用外还有磁场力的作用。磁场对静止的电荷没有力的作用，磁场对运动的电荷有力的作用。电场对静止磁矩无相互作用，电场对运动磁矩有转矩作用。自旋轨道耦合的本质是外电场对运动自旋磁矩的作用，自旋轨道耦合同时也是一个相对论的效应。下面我们从经典唯象理论和狄拉克方程两个角度出发来探讨自旋轨道耦合效应并给出具体解析形式。

首先从经典唯象理论出发描述自旋轨道耦合[8]。如图 9.9(a)表示的是原子核坐标系，根据库仑定律，原子核在运动电子$-e$处产生电场，电子绕原子核以速度v运动，存在一自旋磁矩，电场对运动的磁矩将会产生相互作用，所以该自旋磁矩和由原子核在该处产生的电场将产生相互作用，这就是自旋轨道互作用的起源。由于运动是相对的，上述运动也可以看成电子不动，原子核绕电子运动，如图 9.9(b)所示，对应的自旋轨道耦合则可以理解

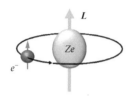
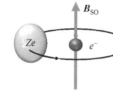

(a) 原子核参考系下，电子绕核运动，角动量为L

(b) 电子参考系下，原子核运动产生垂直运动面的自旋轨道磁场B_{SO}

图 9.9　不同参考系下电子与原子核的相对运动

成电子是静止的，电场 E 以$-v$运动产生一个磁场 B，这磁场 B 对自旋有转矩的作用。

在电子参照系中忽略非惯性系的影响，由毕奥-萨伐尔(Biot-Savart)定律得磁场：

$$B_{SO} = -\frac{1}{c^2}v \times E \tag{9.12}$$

式中，c是光速；$E = \frac{Ze}{4\pi\varepsilon_0 r^3}r$，$Z$是原子序数，$e$是电子电荷数，$r$是原子核的位置矢量。利用动量公式$p = m_e v$和角动量公式$L = r \times p$，磁场可以改为

$$B_{SO} = \frac{Ze}{4\pi\varepsilon_0 m_e c^2 r^3}L \tag{9.13}$$

考虑自旋角动量为 S 的电子，其自旋磁矩为 $\mu_s = -\frac{g\mu_B}{\hbar}S$，自旋轨道耦合作用就是自旋磁矩 μ_s 受到磁场 B_{SO} 的作用，所以电子自旋-轨道耦合的哈密顿量可以写为

$$H_{SO} = -\mu_s \cdot B_{SO} = \frac{Zeg\mu_B}{8\pi\varepsilon_0\hbar m_e c^2 r^3}L \cdot S \tag{9.14}$$

需要说明的是，式(9.14)考虑到坐标系的变换中存在相对论效应，在磁场对电子自旋磁矩的作用需要引入 1/2 的修正，即托马斯(Thomas)修正[9]。从式(9.14)可以看出：

(1)通过自旋-轨道耦合作用，自旋向上和向下的能量发生劈裂。又因为磁矩在空间变化的磁场 B_{SO} 中会受到力的作用，因此不同方向的自旋会向相反方向发生偏转。

(2)对于单个原子而言，自旋轨道耦合作用与原子序数 Z 成正比。但是，在实际材料中自旋-轨道耦合还与晶体能带结构有关，通常与 Z 的四次方成正比。因此，只有原子序数大的重金属材料(如 Pt、Pd、W、Mo 等)才具有强的自旋-轨道耦合作用。

自旋是相对论量子力学的自然结果，所以更严格地给出原子中自旋轨道耦合必须要从狄拉克方程出发，通过狄拉克方程的非相对论极限可以得出自旋轨道耦合的具体形式。经推导得到的自旋-轨道耦合作用项为[10]

$$H_{SO} = \frac{\hbar}{4m_e^2 c^2} (\nabla V \times \boldsymbol{p}) \cdot \boldsymbol{\sigma} \tag{9.15}$$

式中，$\boldsymbol{\sigma}$ 为泡利自旋矩阵的向量；∇V 为势能梯度。在固体中，无论是晶体的周期势场还是杂质、缺陷或边界引起的势场，只要有势场梯度 ∇V 都可导致自旋-轨道耦合作用。根据对称性，固体中的自旋轨道耦合可以分为两种：一种是跟对称性无关的，在所有晶体中都可能存在的，来源于原子自身的自旋-轨道耦合；另一种是与对称性有关的，在空间反演对称性破缺的体系中才存在的自旋-轨道耦合。而固体中反演不对称的主要来源包括两种：一是在由于晶体结构缺乏反演中心，如闪锌矿结构，呈现体材料反演不对称，由体材料反演不对称导致的自旋轨道耦合作用，称为 Dresselhaus 自旋轨道耦合；二是结构反演不对称，普遍存在于材料的表面或两种材料的接触界面，这种由材料的结构反演不对称引起的自旋轨道耦合作用，称为 Rashba 自旋轨道耦合作用。

2. 自旋霍尔效应与逆自旋霍尔效应

自旋霍尔效应是指在自旋轨道耦合较强的非磁金属或者掺杂的半导体中注入电流 $\boldsymbol{J}_c$ 时，自旋向上和自旋向下的电子向相反的方向偏转，会在其横向方向产生纯自旋流 $\boldsymbol{J}_s$，纯自旋流 $\boldsymbol{J}_s$ 同时垂直于电流 $\boldsymbol{J}_c$ 和自旋方向 $\boldsymbol{\sigma}$，如图 9.10(a) 所示，三者的关系为

$$\boldsymbol{J}_s = \frac{\hbar}{2e} \theta_{SH} (\boldsymbol{J}_c \times \boldsymbol{\sigma}) \tag{9.16}$$

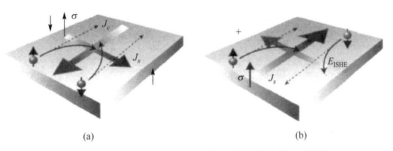

图 9.10　自旋霍尔效应和逆自旋霍尔效应的示意图

式中，θ_{SH} 是自旋霍尔角，表征电流与自旋流相互转换的效率。在 SHE 效应中，样品的两侧边界积累相反方向的自旋。同样，纵向的纯自旋流也会产生横向的电流，即

$$\boldsymbol{J}_c = \frac{2e}{\hbar} \theta_{SH} (\boldsymbol{J}_s \times \boldsymbol{\sigma}) \tag{9.17}$$

这就是逆自旋霍尔效应(inverse spin Hall effects, ISHE)，如图 9.10(b) 所示。利用 ISHE 效应可实现自旋流的电探测。在 ISHE 中，自旋相反的电子由于自旋轨道耦合的作用，向与自旋流 $\boldsymbol{j}_s$ 以及自旋极化方向 $\boldsymbol{\sigma}$ 相垂直的方向偏转，自旋电子的定向移动产生电流，这些电荷在薄膜一端积累形成电场 $\boldsymbol{E}_{ISHE}$。它们之间的关系满足右手定则，可以表示为

$$\boldsymbol{E}_{ISHE} = D_{ISHE} \boldsymbol{J}_s \times \boldsymbol{\sigma} \tag{9.18}$$

式中，D_{ISHE} 代表自旋霍尔效应系数。

逆自旋霍尔效应可作为检测自旋流的电学方法。最初，自旋流是难以用电学方法检测的，

没有一个合适的可测量的电学量。检测自旋流或自旋积累的唯一电学方法是使用横向自旋阀。在发现逆自旋霍尔效应之后，通过将自旋流转换为电荷流，可以非常容易地测量开路电压来间接地检测自旋流。这在自旋泵浦效应和自旋塞贝克效应的实验中表现最为突出。

3. 自旋霍尔效应产生的机理

自旋霍尔效应被认为与反常霍尔效应(anomalous Hall effect, AHE)具有相同的物理机理。但是不同的是，反常霍尔效应是指在磁性材料中，由于电流自旋极化，从而在样品两

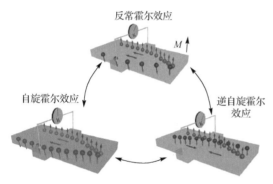

图 9.11 与电子自旋相关的三种霍尔效应

侧边界积累相反方向自旋的同时，伴随着横向电压的产生。与电子自旋相关的三种霍尔效应如图 9.11 所示[11]。

现从唯象的角度解释其机理。电流的扩散方程表示为

$$\frac{\boldsymbol{J}^c}{e} = \mu n \boldsymbol{E} + D\nabla n \qquad (9.19)$$

式中，μ 为电子的迁移率；n 为电子的密度；$\boldsymbol{E}$ 为电场；D 代表电子的扩散常数。

为了表示的方便，本节用上标来区分电流与自旋流，c 表示电流，s 表示自旋流。类比电流的扩散方程可写出电子自旋流的扩散方程。自旋流张量用 $\boldsymbol{J}_{ij}^s$ 表示，同时结合自旋极化密度 P 在 i 方向的 j 分量，将电子自旋流的扩散方程表示为

$$\frac{\boldsymbol{J}_{ij}^s}{\hbar} = -\mu n E_i P_j + D\frac{\partial P_j}{\partial x_j} \qquad (9.20)$$

电流与自旋流通过自旋轨道相互作用耦合在一起，对于具有反演对称性的材料，考虑自旋轨道耦合，可以将式(9.19)和式(9.20)分别改写为

$$\frac{\boldsymbol{J}^c}{e} = \mu n \boldsymbol{E} + D\nabla n + \theta_{\mathrm{SH}}\mu(\boldsymbol{E}\times\boldsymbol{P}) + \theta_{\mathrm{SH}}D(\nabla\times\boldsymbol{P}) \qquad (9.21)$$

$$\frac{\boldsymbol{J}_{ij}^s}{\hbar} = -\mu n E_i P_j + D\frac{\partial P_j}{\partial x_j} - \varepsilon_{ijk}\left(\theta_{\mathrm{SH}}\mu n E_k + \theta_{\mathrm{SH}}D\frac{\partial n}{\partial x_k}\right) \qquad (9.22)$$

式中，ε_{ijk} 代表反对称张量单元，式(9.22)中等号右边第三项代表自旋霍尔效应，类似可知，式(9.21)中等号右边第三项代表的是反常霍尔效应，第四项代表逆自旋霍尔效应。电荷的电导率 $\sigma_{xx}^c = ne\mu$，自旋霍尔电导率为 $\sigma_{xy}^s = n\hbar\mu\theta_{\mathrm{SH}}$。自旋霍尔角为

$$\theta_{\mathrm{SH}} = \frac{\sigma_{xy}^s}{\sigma_{xx}^c}\frac{e}{\hbar} \qquad (9.23)$$

事实上，自旋霍尔效应的产生机理要比唯象理论分析的结果复杂很多，很多不同的机制可以产生自旋霍尔效应：其中包括自旋的斜散射、边跳散射和本征效应的贡献，如图 9.12 所示[12]。

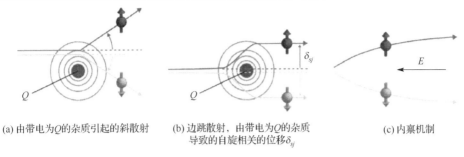

(a) 由带电为Q的杂质引起的斜散射　　(b) 边跳散射，由带电为Q的杂质　　(c) 内禀机制
　　　　　　　　　　　　　　　　　　　导致的自旋相关的位移δ_{sj}

图 9.12　产生自旋霍尔效应的三种机制

1）非本征机制

非本征机制是指在电子的散射过程中，因为自旋轨道耦合的存在，自旋获得了一个横向的速度，包括斜散射和边跳散射。简单地说，自旋的斜散射是指散射后的电子角动量变成了与自旋相关，而边跳散射是在每次散射过程中自旋相关的位移。

（1）斜散射（skew scattering）。斜散射又称为莫特（Mott）散射，其基本思想是自旋轨道耦合在散射平面内产生了有效的磁场梯度，这个磁场的作用可以产生向着或者背离散射中心的力，从而导致自旋向上和向下的电子具有不同的散射角，如图 9.12（a）所示。所以，即使在各向同性的散射过程中，由于自旋轨道耦合的存在也有可能产生自旋霍尔效应。值得注意的是，在这种理论中不需要附加对称性破缺。

由自旋的斜散射产生的自旋霍尔电导率正比于纵向的电荷电导率，这说明自旋霍尔角不依赖于杂质浓度。因为自旋斜散射引起的非本征自旋霍尔效应是依赖于被掺杂材料和杂质自旋轨道耦合的反差，所以将重元素作为被掺杂材料，轻元素作为杂质或者是将轻元素作为被掺杂材料，重元素作为杂质，都有可能产生很大的自旋霍尔电导率，合理地选择杂质和被掺杂材料可以有效地调节自旋霍尔电导率。另外，自旋的斜散射在材料的表面和超薄薄膜里面都可以很大程度地被加强。

（2）边跳散射（side-jump scattering）。在边跳散射过程中，杂质散射引起的动量转移 δk 使得电子产生横向位移 δ_{sj}，这个位移与自旋的方向有关，自旋向上和向下的电子位移方向相反，如图 9.12（b）所示。不同于斜散射机制，边跳散射引起的自旋霍尔电阻率的变化与纵向电阻率的平方成正比，或者说自旋霍尔电导率为常数。正常情况下，边跳散射相比于斜散射和本征效应来讲贡献很小。但是，在高掺杂浓度的情况下，材料的自旋霍尔角正比于杂质浓度。需要指出的是，受边跳散射影响的自旋霍尔电导率相比于其他机制显示出更强的各向异性。

2）内禀机制

内禀机制，又称为贝里（Berry）相位机制，是理想晶体中的自旋轨道耦合作用，是由于自旋相关的反常速度导致的。最早应用于解释反常霍尔效应。在半经典的玻尔兹曼近似下，载流子的速度可以写成如下形式：

$$v_{k,\uparrow(\downarrow)} = \frac{1}{\hbar}\frac{\partial E_k}{\partial \boldsymbol{k}} + e\boldsymbol{E} \times \boldsymbol{\Omega}_n^z(k) \tag{9.24}$$

式中，等号右边第一项是正常的速度，也就是能量对波矢 $\boldsymbol{k}$ 的微分；第二项则是反常速度的来源，其正比于外加的电场和 Berry 曲率 $\boldsymbol{\Omega}_n^z(k)$，这就会导致一个垂直于电场方向的自旋流，如图 9.12(c)所示。

4. Rashba 效应

除了固体能带结构的原因可以产生本征自旋霍尔效应，表面和界面的反演对称性破坏诱发的自旋轨道耦合也是产生自旋霍尔效应的原因。例如，源于二维电子气系统的 Rashba 自旋轨道耦合，Rashba 自旋轨道耦合的存在也可能诱发电流引起的自旋积累，这种情况下的自旋积累很难与自旋霍尔效应区分开来[13]。

Rashba 自旋轨道耦合效应相互作用机制是由 Rashba 首先引入的。Rashba 自旋轨道耦合起源于结构反演不对称，材料结构的非中心对称性将导致能带倾斜。Rashba 自旋轨道耦合的研究最早始于半导体异质结，异质结处形成的较大电势梯度导致了较强的自旋轨道耦合效应。继半导体材料后，人们在金属表面也观察到了 Rashba 自旋轨道耦合引起的自旋劈裂，同时基于表面/界面的自旋轨道耦合效应已成为电控磁性的重要内容。

由于 Rashba 作用存在而导致能量-动量色散曲线的偏移，如图 9.13(a)所示。产生沿破缺对称方向的内电场 $\boldsymbol{E}$，在该电场的作用下动量为 p 的导电电子在表面附近移动，运动的导电电子将在 $\boldsymbol{E} \times \boldsymbol{p}$ 方向产生有效场，如图 9.13(b)所示。该有效磁场会与自旋磁矩耦合，使得自旋磁矩沿 $\boldsymbol{E} \times \boldsymbol{p}$ 方向极化。其 Hamiltonian 表示为

$$H_R = \frac{\alpha_R}{\hbar}(\boldsymbol{E} \times \boldsymbol{p}) \cdot \boldsymbol{\sigma} \tag{9.25}$$

式中，α_R 是 Rashba 常数。

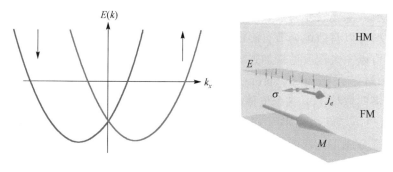

(a) Rashba自旋轨道耦合能量色散关系　　　(b) Rashba效应引起的自旋积累

图 9.13　Rashba 效应

9.3.2　自旋泵浦效应产生自旋流

自旋泵浦效应是利用磁性层的磁化强度进动向近邻的非磁金属层中注入自旋流。其原理是在铁磁/非磁金属（FM/NM）双层膜体系中，铁磁共振（FMR）时，角动量会以自旋流的形式从铁磁层传递给非磁金属层，同时铁磁层的进动会受到额外的阻尼。

在铁磁/非铁磁（FM/NM）体系中，自旋泵浦效应在 FM/NM 界面处产生的自旋流可以表示为

$$J_s^{\text{pump}}\boldsymbol{\sigma} = \frac{\hbar}{8\pi}\text{Re}(2g_{\uparrow\downarrow})\left[\boldsymbol{m}\times\frac{\partial\boldsymbol{m}}{\partial t}\right] \tag{9.26}$$

式中，$\boldsymbol{\sigma}$ 是非磁性层中自旋流的极化方向矢量；$\boldsymbol{m}$ 是铁磁层的约化磁化强度；$\text{Re}(g_{\uparrow\downarrow})$ 是混合电导 $g_{\uparrow\downarrow}$（spin-mixing conductance）的实部。用 $g_{\uparrow\downarrow}$ 来描述自旋穿过 FM/NM 界面效率。

图 9.14 是自旋泵浦效应的示意图[4]，图 9.14 中由自旋泵浦效应产生的自旋流垂直于磁化强度 $\boldsymbol{m}$ 与磁化强度变化率 $\partial\boldsymbol{m}/\partial t$ 组成的平面。

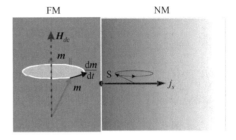

图 9.14　自旋泵浦效应的示意图

自旋泵浦效应产生的自旋流在 FM/NM 界面处积累。在弹道输运近似下，即非磁性层中没有自旋弛豫的情形，自旋流输运到 NM 远端的空气界面处时，自旋流将会被全反射后回到 FM/NM 界面被吸收，从而不影响 FM/NM 双层薄膜系统的磁化动力学行为。然而，在实际的 FM/NM 系统中，由于自旋轨道耦合或者磁性杂质引起的动量散射（导致电阻产生）和自旋翻转（spin-flip）散射（导致自旋角动量损失）而产生自旋弛豫，因而在 NM 中输运的自旋流不是恒定的。自旋流由于自旋扩散和自旋弛豫会从 FM/NM 界面向 NM 的远端呈指数衰减地输运，其特征长度是自旋扩散长度 λ_{sd}。利用边界条件 $J_s(0)=J_s^0$ 和 $J_s(t_N)=0$（J_s^0 是 FM/NM 界面处的自旋流，t_N 是 NM 薄膜的厚度），求解扩散方程可以得到 NM 中位置 z 处的自旋流密度为

$$J_s(z) = J_s^0\frac{\sinh[(z-t_N)/\lambda_{\text{sd}}]}{\sinh(t_N/\lambda_{\text{sd}})} \tag{9.27}$$

当然非磁层中积累的自旋流会回流入铁磁层，将会显著地减小自旋泵浦流，这样式（9.26）中的混合电导 $g_{\uparrow\downarrow}$ 就要用有效混合电导 $g_{\uparrow\downarrow}^{\text{eff}}$ 代替。

我们已经知道，自旋泵浦效应利用磁化强度进动将自旋流从 FM 层注入 NM 层中，根据角动量守恒定理，FM 层中的角动量损失会增加。因此，需要在 LLG 方程中引入与自旋流相关的损耗项，即

$$\frac{\text{d}\boldsymbol{m}}{\text{d}t} = -\gamma\boldsymbol{m}\times\boldsymbol{H}_{\text{eff}}+\left(\alpha+\frac{1}{4\pi}\frac{g\mu_B}{M_s t_F}g_{\uparrow\downarrow}^{\text{eff}}\right)\boldsymbol{m}\times\frac{\text{d}\boldsymbol{m}}{\text{d}t} \tag{9.28}$$

式中，t_F 是铁磁层的厚度，如果定义有效阻尼因子为

$$\alpha_{\text{eff}} = \alpha+\frac{1}{4\pi}\frac{g\mu_B}{M_s t_F}g_{\uparrow\downarrow}^{\text{eff}} \tag{9.29}$$

式中，α 是铁磁层中的 Gilbert 阻尼因子。引入有效阻尼因子，则式（9.28）可以变为常规的 LLG 形式，即

$$\frac{\text{d}\boldsymbol{m}}{\text{d}t} = -\gamma\boldsymbol{m}\times\boldsymbol{H}_{\text{eff}}+\alpha_{\text{eff}}\boldsymbol{m}\times\frac{\text{d}\boldsymbol{m}}{\text{d}t} \tag{9.30}$$

从式（9.29）可知，FM 层越薄，自旋泵浦效应引起的阻尼因子增加越大。对比 FM/NM 双层薄膜和 FM 单层膜的阻尼因子可以计算出有效混合电导为

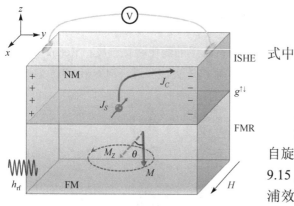

图 9.15　自旋泵浦信号的探测

$$g_{\uparrow\downarrow}^{\text{eff}} = \frac{4\pi\gamma M_s t_F}{g\mu_B\omega}(\Delta H_{\text{FM/NM}} - \Delta H_{\text{FM}}) \quad (9.31)$$

式中

$$\begin{cases} \Delta H_{\text{FM/NM}} = \Delta H_{(\text{FM/NM})_0} + \alpha_{\text{eff}}\omega/\gamma \\ \Delta H_{\text{FM}} = \Delta H_{(\text{FM})_0} + \alpha\omega/\gamma \end{cases} \quad (9.32)$$

通常，通过逆自旋霍尔效应将自旋泵浦的自旋流转化的电压来探测自旋泵浦信号，如图 9.15 所示[14]。从式(9.26)中可以看出，自旋泵浦效应产生的纯自旋流含有交流分量和直流分量。自旋泵浦信号探测的是直流分量。在磁性层进动角度为 θ，进动频率为 ω 情况下，取时间平均的自旋泵浦产生的自旋流为

$$J_s^{\text{pump}} = \frac{\hbar\omega}{4\pi}\text{Re}(g_{\uparrow\downarrow}^{\text{eff}})P\sin^2\theta \quad (9.33)$$

式中，P 是相对于圆进动的修正因子。修正的原因是磁性薄膜膜层中，由于退磁场的作用，磁化矢量的进动轨迹是椭圆而不是圆，这样进动角 θ 会随时间而发生变化，从而引起直流分量的变化。修正因子 P 的表达式为

$$P = \frac{2\omega[\gamma 4\pi M_s + \sqrt{(\gamma 4\pi M_s^2) + 4\omega^2}]}{(\gamma 4\pi M_s)^2 + 4\omega^2} \quad (9.34)$$

通常进动角 θ 很小，则有 $\sin\theta \approx \theta = \dfrac{\gamma h_{rf}}{2\alpha\omega}$，$h_{rf}$ 为激励的微波磁场。并且在大多数铁磁层中，有效混合电导的实部远大于虚部。所以式(9.33)可以进一步写为

$$J_s^{\text{pump}} = \frac{\hbar\omega}{4\pi}g_{\uparrow\downarrow}^{\text{eff}}P\left(\frac{\gamma h_{rf}}{2\alpha\omega}\right)^2 \quad (9.35)$$

对于图 9.15 所示的自旋泵浦信号测试系统，由于 NM 中的逆自旋霍尔效应 $\boldsymbol{J}_c \propto \theta_{\text{SH}}\boldsymbol{J}_s \times \boldsymbol{\sigma}$，自旋流 J_s^{pump} 转化为切向电流，电流在样品的两端积累，通过伏特表就能测到沿 y 方向的逆自旋霍尔效应电压，为

$$\begin{aligned} V_{\text{ISHE}} &= \frac{2e}{\hbar}\frac{1}{\sigma_N t_N + \sigma_F t_F}\theta_{\text{SH}}L\lambda_{\text{sd}}\tan\left(\frac{t_N}{2\lambda_{\text{sd}}}\right)J_s^{\text{pump}} \\ &= \frac{\theta_{\text{SH}}eLP\omega\lambda_{\text{sd}}g_{\uparrow\downarrow}^{\text{eff}}}{2\pi(\sigma_N t_N + \sigma_F t_F)}\tanh\left(\frac{t_N}{2\lambda_{\text{sd}}}\right)\sin^2\theta \\ &= \frac{\theta_{\text{SH}}eLP\omega\lambda_{\text{sd}}g_{\uparrow\downarrow}^{\text{eff}}}{2\pi(\sigma_N t_N + \sigma_F t_F)}\tanh\left(\frac{t_N}{2\lambda_{\text{sd}}}\right)\left(\frac{\gamma h_{rf}}{2\alpha\omega}\right)^2 \end{aligned} \quad (9.36)$$

式中，L 是样品沿 y 方向的长度；σ_F 和 σ_N 分别是磁性层与非磁性层的电导率。从式(9.36)中可以看出，自旋泵浦自旋流和逆自旋霍尔效应电压与材料的几个关键参数有关。首先自旋流正比于 $\sin^2\theta$，这说明低阻尼因子的铁磁材料的自旋泵浦效应强。其次，铁磁层中的

磁矩与非铁磁层中的导电电子之间交换作用是主导自旋泵浦过程的交互作用，而这种交互作用是近程作用（原子距离范围内），所以 FM/NM 界面在自旋泵浦效应中很重要，$g_{\uparrow\downarrow}^{\text{eff}}$ 受界面的品质（如洁净度、缺陷密度、结构与磁非均匀性等）的影响。最后，逆自旋霍尔效应电压正比于霍尔角 θ_{SH}，具有强自旋-轨道耦合作用的非磁性层有助于获得强的探测信号。

要说明的是，自旋泵浦效应和下面要讨论的自旋转移转矩效应都来源于自旋流的传导电子与局域磁矩的相互作用。自旋转移转矩效应是传导电子驱动局域磁矩的进动或翻转；而自旋泵浦效应是通过局域磁矩的进动产生自旋流。显然，它们互为逆效应，两者的关系可以类比于电风扇和风车的关系。当外界有风吹向叶片时，风会传递动量从而引发叶片的旋转；而当叶片自身旋转时也能向外界吹风，如图 9.16 所示[15]。

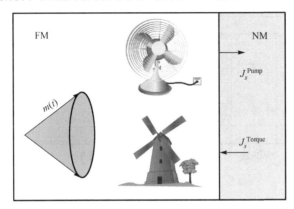

图 9.16　自旋转矩效应与自旋泵浦效应之间的关系

9.4　自旋转矩效应及动力学方程

自旋转矩（spin torque）效应包括自旋转移转矩（spin-transfer torque，STT）效应和自旋轨道转矩（spin-orbital torque, SOT）效应，下面分别介绍它们。

9.4.1　自旋转移转矩效应及动力学方程

自旋转移转矩效应是自旋极化电流与局域磁矩之间转移角动量的过程。1996 年 Slonczewski[16]和 Berger[17]分别通过理论计算预言：当极化电流，即携带净自旋的电流，流过纳米尺度的磁体时，通过交换耦合作用，极化电流的自旋角动量逐渐转移给纳米磁体的磁矩，从而直接引起该磁体的磁化状态变化，而不需要借助于磁场。不久 STT 理论为实验所证实，引发了许多实验、理论、应用和开发等方面的研究。不通过磁场，而由电流直接引起磁矩变化，无疑是历史性的突破。例如，电流直接引起磁化状态改变，可能解决微电子学中的磁场植入的难题。

1. 自旋转移转矩效应的物理图像

如图 9.17 所示，三明治结构"铁磁（FM）/非铁磁（NM）/铁磁（FM）"被广泛地用于研究自旋转移转矩，其中一层 FM 层的磁矩（M_f）在外场作用下易发生转动，称为自由层；另一层 FM 的磁矩 (M_p) 不易被转动（薄膜相对较厚或被钉扎），称为钉扎层或参考层，这种结构也称为自旋阀结构[18]。

首先考虑电流从右向左流经自旋阀的情形，如图 9.17(a) 所示，注意电子的流向为从左向右，恰与电流方向相反。基于自旋滤波和自旋退相等自旋选择效应，经过参考层流出的大部分电子的自旋方向与该层的磁化强度 M_p 平行。然而，由于两个磁性层的磁化方向不共线，当这些电子入射到隔离层与自由层的界面处时，其横向自旋分量会被自由层所吸收，从而使得透射及反射的电子自旋分别与自由层的磁化方向平行和反平行；与此同时，自由层的磁化强度 M_f 也会受到一个自旋转移转矩 τ'' 的作用。这一自旋转矩矢量平行于由 M_p 和 M_f 两矢量所构成的平面，并趋向于将 M_f 旋转到与 M_p 平行的方向上。

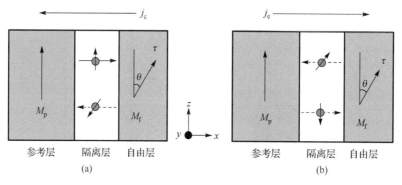

图 9.17　STT 物理机理示意图

当电流反向时（图 9.17(b)），形成自旋转移转矩的微观过程有所不同。在这种情况下，电子由自由层流向参考层，因而对自由层产生自旋转移转矩作用的是在隔离层和参考层界面上被反射回来的那部分电子。因为它们的自旋方向与参考层的磁化方向反平行，所以引起的自旋转移转矩将倾向于使自由层的磁化强度朝着与参考层的磁化强度反平行的方向转动。

要说明的是，自旋转移转矩所造成的多层膜磁构型的改变，以及由此而引起的磁电阻的变化，是关于电流方向不对称的。这一重要特征使得我们可以把自旋转移转矩效应与电流诱导的奥斯特场的作用有效地区分开来，因为后者所引起的多层薄膜磁电阻变化是关于电流对称的。

实际上，自旋动量矩转移、电流诱导磁化是巨磁电阻和自旋相关导电的逆效应[5]564。当电流通过铁磁体或铁磁多层膜时，电子散射引起传导电子与局域磁矩的动量和动量矩的交换。传导电子的动量变化，成为电阻的来源。在强磁物质中不同自旋方向的传导电子与局域磁矩散射的概率不同，称为自旋相关散射，这是自旋相关导电 (spin-dependent conduction, SDC) 的一种机制。另外，电子受到散射的反作用，使局域磁矩的动量和动量矩发生变化。自旋相关散射使不同自旋的传导电子转移给局域磁矩的动量矩不同，从而转移给局域磁矩一个净转矩。同理，自旋极化电流通过磁体时，两种自旋取向的电子的数量不同，它们与局域磁矩间的散射也转移给局域磁矩一个净转矩，均称为自旋转移转矩。若这个转矩与局域磁矩的动量矩方向不同就会引起磁矩的转动，导致磁化。图 9.18 为 SDC 与 STT 互为逆效应的示意图。SDC，横向磁场改变多层膜中的磁矩排列，从而影响纵向电流和电阻的大小；STT，纵向电流改变多层膜中磁矩的排列，最终也改变纵向电流和电阻。

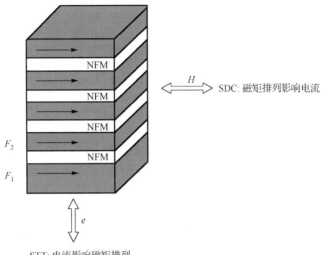

图 9.18　自旋转移转矩与自旋相关导电的关系

2. 含自旋转移转矩项的 LLG 方程

当引入电流诱导的 STT 效应后,在 LLG 方程(这里用了 $m = M / M_s$ 归一化磁化强度矢量)中应加入自旋转移转矩 T_{STT} 来描述这种作用,即

$$\frac{\mathrm{d}m}{\mathrm{d}t} = -\gamma m \times H_{\text{eff}} + \alpha m \times \frac{\mathrm{d}m}{\mathrm{d}t} + T_{\text{STT}} \tag{9.37}$$

一般说来,自旋转移转矩由两部分贡献组成,即

$$T_{\text{STT}} = T_{\text{IP}} + T_{\text{OOP}} \tag{9.38}$$

式中,T_{IP}、T_{OOP} 分别为面内转矩和面外转矩,如图 9.19 所示。面内转矩 T_{IP} 在固体层磁化强度(M_{p})和自由层磁化强度(M_{f})定义的平面内,而面外转矩 T_{OOP} 指向该平面外,两种转矩对磁化强度行为有不同的影响。图 9.19 中 M_{p} 和外磁场取到相同的方向来强调两种转矩的差异。在没有电流的情况下,当 M_{f} 偏离平衡位置时,有效场转矩 T_{field} 将会使其绕有效场进动,而阻尼转矩 T_{damping} 会使其回到平衡位置。在施加电流的情况下,T_{IP} 与 T_{damping} 共线,T_{OOP} 与 T_{field} 共线。因此,T_{IP} 又称为类阻尼转矩(damping-like torque),而 T_{OOP} 又称为类场转矩(eield-like torque)。依据电流方向的不同,T_{IP} 既可能增强阻尼的效果也可能抵抗阻尼的效果。因此,面内转矩可能使磁化强度稳定在当前平衡位置,形成稳定的进动,甚至会加大进动的角度使得磁化强度翻转;或者使磁化强度加速离开当前平衡位置,与有效磁场同向排布。

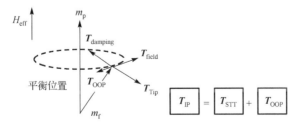

图 9.19　自旋转矩的组成

在三明治结构中，通过自旋滤波产生的极化电流引起的自旋转矩各项分别为[19]

$$T_{IP} = \frac{1}{t} \frac{g\mu_B}{e} P J_c \varepsilon \boldsymbol{m} \times (\boldsymbol{m} \times \boldsymbol{m}_p) \tag{9.39}$$

和

$$T_{OOP} = \frac{1}{t} \frac{g\mu_B}{e} P J_c \varepsilon' \boldsymbol{m} \times \boldsymbol{m}_p \tag{9.40}$$

式中，t 是自由层的厚度；g 是电子的光谱因子；P 是自旋极化率；J_c 是沿三明治结构法向的电流；ε 和 ε' 是相应项的效率因子，它们均小于 1，并且与自由层磁化强度相对取向 $\boldsymbol{m} \cdot \boldsymbol{m}_p$、磁性单元形状、电流的自旋极化率以及材料参数有关，具体见文献[20]。

研究表明：传输到自由层的自旋电流如果完全退相，则只存在面内自旋转移转矩，而对部分退相的情形，则垂直自旋转移转矩的影响不可忽略。理论与实验观测表明，在金属自旋阀中面内自旋转移转矩通常占主导地位，它对磁化动力学的影响远大于垂直自旋转移转矩。但在磁性隧道结中，垂直自旋转移转矩的大小可与面内自旋转移转矩相比拟，如在基于 MgO 的磁性隧道结中，垂直自旋转移转矩和面内自旋转移转矩的强度比可达 10%～30%。原因是[18]282：首先，在磁性隧道结中，不论自旋向上或向下，大部分电子都会被绝缘隧穿势垒所反射；其次，电子在隧道结中的透射系数具有高度的动量依赖性。更具体地说，垂直于隧穿势垒入射的电子的透射概率远大于掠射电子，而这种动量选择性则势必会大大降低自旋退相效应的有效性，继而增加横向自旋流分量在自由层中的残留。此外，对于基于 MgO 隔离层的磁性隧道结，由于存在两铁磁金属电极与隔离层之间的晶格匹配，只有波函数具备某种对称性的电子才能顺利地通过隧穿势垒。这一额外的过滤机制是与自旋有关的，所以也可能导致垂直自旋转移转矩的进一步增强。

需要说明的是，上面介绍的转矩项有一个前提条件，即自由层与钉扎层在电流方向上均为均匀磁化的。而实际上传导电子在非均匀磁化的磁体中也可被自旋极化，如磁化方向逐渐改变的磁涡旋结构或者具有磁畴壁结构的磁纳米线等。在这些情形下，则必须考虑如下转矩[18]328：一是自旋极化与局域磁矩一致的非平衡传导电子之间的绝热（adiabatic）自旋转移转矩；二是非绝热（non-adiabatic）自旋转移转矩，其来源于传导电子与局域磁矩之间的错位（mismatch），描述的是自旋极化偏离局域磁矩的非平衡传导电子的贡献。如果在电流流动方向，磁矩变化大，假设电流 J_c 沿着薄膜膜面 x 轴方向流入，则含有绝热与非绝热自旋转移的 STT 转矩为

$$T_{STT} = -b_J \boldsymbol{m} \times \left(\boldsymbol{m} \times \frac{\partial \boldsymbol{m}}{\partial x} \right) - c_J \boldsymbol{m} \times \frac{\partial \boldsymbol{m}}{\partial x} \tag{9.41}$$

式中，$b_J = P J_c \mu_B / e M_s (1 + \xi^2)$；$c_J = P J_c \mu_B \xi e M_s (1 + \xi^2)$，$P$ 是自旋极化率，ξ 是常数，具体定义见文献[21]。式（9.41）中，等号右边第一项就是绝热项，第二项为非绝热项。

9.4.2 自旋轨道转矩效应及动力学方程

自旋-轨道转矩（SOT）效应，就是指利用材料的自旋-轨道耦合作用，在"铁磁（FM）/非磁（NM）"异质结构中通入面内电流产生自旋流或者界面自旋积累，注入相邻铁磁层，最终利用自旋流或自旋积累所诱导的转矩在铁磁层实现其磁化状态改变的一种方法。

由于由自旋-轨道效应产生自旋流不需要借助磁性材料的帮助,因此相对于 STT 效应,SOT 效应为我们提供了更多材料上的选择。目前发现,FM/NM 异质结产生 SOT 的机理主要有两种,分别是自旋霍尔效应和 Rashba 效应,如图 9.20 所示[22]。

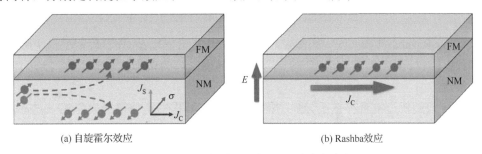

(a) 自旋霍尔效应   (b) Rashba效应

图 9.20 铁磁/非铁磁界面的 SOT 效应产生机理

研究表明,不管 FM/NM 界面的自旋积累来自何种效应,SOT 作用在铁磁层的磁矩 $\boldsymbol{m}$ 的转矩可分为两个分量,一个分量是类阻尼项 $T_{\mathrm{IP}} \sim \boldsymbol{m} \times (\boldsymbol{\sigma} \times \boldsymbol{m})$,使得 $\boldsymbol{m}$ 有倾向 $\boldsymbol{\sigma}$ 排布,这主要来自 SHE 效应;另一个分量是类场项 $T_{\mathrm{OPP}} \sim (\boldsymbol{\sigma} \times \boldsymbol{m})$,使得 $\boldsymbol{m}$ 围绕 $\boldsymbol{\sigma}$ 进动。由自旋霍尔效应产生的 SOT 转矩项为[19]

$$\boldsymbol{T}_{\mathrm{SOT}} = \frac{1}{t}\frac{g\mu_B}{e}\theta_{\mathrm{SH}}\eta J_c \boldsymbol{m} \times (\boldsymbol{\sigma} \times \boldsymbol{m}) + \frac{1}{t}\frac{g\mu_B}{e}\theta_{\mathrm{SH}}\eta' J_c \boldsymbol{\sigma} \times \boldsymbol{m} \tag{9.42}$$

式中,J_c 为流过重金属层的面内电流密度;$\boldsymbol{\sigma}$ 为自旋流的极化方向。η 和 η' 为效率因子(它们都小于 1),由重金属中的自旋输运过程以及界面的混合电导决定,大多数情形下 $\eta' \ll \eta$,即由自旋霍尔效应产生的自旋转矩主要贡献类阻尼转矩(或面内转矩)。

由 Rashaba 效应产生的 SOT 转矩项为[23]

$$\boldsymbol{T}_{\mathrm{SOT}} = \frac{J_c}{eD}\frac{P}{1+\varsigma^2}[(\eta\Gamma - 2\beta C)\boldsymbol{m} \times (\boldsymbol{\sigma} \times \boldsymbol{m}) + (2\eta C + \beta\Gamma)\boldsymbol{\sigma} \times \boldsymbol{m}] \tag{9.43}$$

式中,J_c 为流过重金属层的面内电流密度;P 为自旋极化率;$\boldsymbol{\sigma}$ 为自旋流的极化方向。式 (9.43) 中,其他符号的定义为

$$\varsigma = \tau_\Delta \left(\frac{1}{\tau_{sf}} + \frac{1}{T_{xc}}\right) \tag{9.44a}$$

$$\eta = 1 + \frac{\varsigma \tau_\Delta}{T_{xc}} \tag{9.44b}$$

$$\frac{1}{T_{xc}} = \frac{\Delta_{xc}^2 \tau}{4\xi^2 + 1} \tag{9.44c}$$

$$\beta = \frac{\tau_\Delta}{\tau_{sf}} \tag{9.44d}$$

$$C = \frac{\alpha_R k_{\mathrm{F}} v_{\mathrm{F}} \tau}{(4\xi^2 + 1)^2} \tag{9.44e}$$

$$\Gamma = \frac{\alpha_R \Delta_{xc} v_{\mathrm{F}} k_{\mathrm{F}} \tau^2}{2(4\xi^2 + 1)^2} \tag{9.44f}$$

$$\xi^2 = \left(\frac{\Delta_{xc}^2}{4} + \alpha_R^2 k_F^2 \right) \tau^2 \tag{9.44g}$$

$$D = \frac{\tau v_F^2}{2} \tag{9.44h}$$

式中，α_R 为 Rashba 常数；Δ_{xc} 为铁磁交换劈裂常数；$\tau_\Delta = 1 / \Delta_{xc}$ 为自旋密度围绕磁矩进动的时间尺度；$1 / \tau$ 为角动量弛豫速率；v_F 为费米速度；k_F 为费米波长的倒数；τ_{sf} 为自旋反转弛豫常数。

Rashba 自旋轨道耦合存在于异质结构的界面处，其作用是使得沿面内某一方向运动的电子，在面内垂直于其运动方向上产生自旋极化。在稳态电流下，界面电子的自旋极化相当于形成了一磁性层，该磁性层通过交换作用对铁磁体的磁化强度发生作用，其效果相当于施加一有效磁场，因此 Rashba 自旋轨道耦合效应产生的 SOT 主要贡献类场转矩。忽略了类阻尼转矩，可给出由电流所诱导的 Rashba 等效场的解析表达式为[24]

$$H_R = 2 \frac{\alpha_R m}{\hbar e \mu_0 M_s} P J_c \boldsymbol{\sigma} \tag{9.45}$$

式中，α_R 为 Rashba 常数；m 为电子有效质量；e 为电荷；M_s 为饱和磁化强度；P 为自旋极化率；J_c 为流经重金属层的电流密度，这样包含有 Rashba 效应的 LLG 方程可简化为

$$\frac{d\boldsymbol{m}}{dt} = -\gamma_0 [\boldsymbol{m} \times (\boldsymbol{H}_{\text{eff}} + \boldsymbol{H}_R)] + \alpha \left(\boldsymbol{m} \times \frac{d\boldsymbol{m}}{dt} \right) \tag{9.46}$$

需要说明的是，尽管一般认为类阻尼项主要来自块体的 SOC 效应，如 SHE 产生的自旋流，而类场项主要来自非磁/铁磁界面处的界面 SOC 效应，如 Rashba 效应产生的自旋流在界面处的交换作用。然而，最近的实验纷纷证实了无论是块体的 SOC 效应还是界面的 SOC 效应都会对两种转矩产生贡献。因此，不同材料体系构成 FM/NM 异质结的 SOT 各转矩分量的实际贡献需要非常细致的实验分析才能得到。

9.4.3　自旋转移转矩效应与自旋轨道转矩效应的比较

1.　自旋转矩的效率

自旋极化电流产生的自旋转矩的强度受到单个电荷载体携带的角动量的限制，使得效率因子通常小于 1，所以在效率上存在上限[25]。而自旋霍尔效应产生的自旋转矩的总效率是单位电流下被磁层吸收角动量的总速率，因此自旋霍尔异质结构的转矩效率为

$$\frac{T_{\text{SOT}} A}{J_c a} = \eta \theta_{\text{SH}} \frac{A}{a} \frac{g \mu_B}{e} \tag{9.47}$$

式中，A 是从自旋流流过异质结构顶的面积，$A = LW$，L、W 分别为异质结横向的长度与宽度；a 是电流 J_c 流过的小横截面积，$a = tW$，t 是重金属层的厚度，如图 9.21 所示。对微纳结构，A/a 的比值很容易达到 30 以上，这就使自旋霍尔效应产生的 SOT 转矩比单位电荷的量子化自旋产生的转矩效率高出一个数量级以上，远高于 STT 转矩。再从微观上讲，电流只在高电阻率的重金属层流动，当电子偏向铁磁层时，由于自旋轨道耦合作用而被极化。

在异质结的界面上，电流中的电子通过与 STT 效应相同的机制将角动量转移到磁性层的磁矩；然而，由于没有净电子流进入铁磁层，它们最终扩散回重金属，由于重金属层的扩散长度短到 1～2nm，所以这个过程重复多次，从而多次转移转矩，使得 SOT 转矩比 STT 转矩大，如图 9.21(b) 所示。

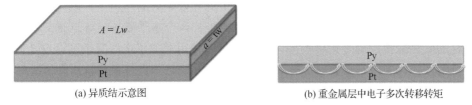

(a) 异质结示意图　　　　　　　　(b) 重金属层中电子多次转移转矩

图 9.21　重金属(Pt)/铁磁(Py)异质结中的自旋霍尔效应

2. 器件结构

以磁随机存储器[25](magnetic random access memory, MRAM) 为例讨论，如图 9.22 所示。

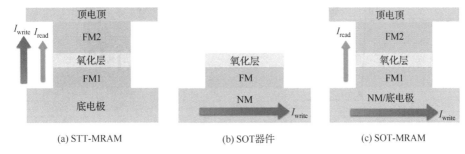

(a) STT-MRAM　　　　　　(b) SOT器件　　　　　(c) SOT-MRAM

图 9.22　自旋转矩在 MRAM 中的应用

利用 STT 效应已经成为 MRAM 中用电流实现磁矩翻转的有力手段，然而难以克服速度和势垒可靠性的瓶颈。MRAM 的基本结构是磁隧道结，自旋转移转矩的大小与磁隧道结的自由层和参考层的磁化向量积呈正相关。写入之前，两个铁磁层的磁化方向几乎共线(平行或反平行)，主要靠热扰动引发两者之间出现很小的夹角，所以在写入的初始阶段，自旋转移转矩相对微弱，随着磁化翻转过程的进行，两个磁化向量夹角才逐渐增大，自旋转移转矩得以增强。上述写入过程的仿真结果如图 9.23 所示，由图 9.23 可见，初始时，微弱的自旋转移转矩导致了一个初始延迟(incubation delay)，限制了写入速度。通过增大写入电流可以减小初始延迟，但同时也增加了势垒击穿的概率。初始延迟的存在使 STT-MRAM 目前还难以满足高速缓存的性能需求。另外还有，MRAM 的读和写共用相同的通道，可能导致串扰而发生错误信息。

因此人们提出了 SOT 效应代替 STT 效应来应用于 MRAM，如图 9.22(c) 所示。SOT-MRAM 核心是一个三端器件(图 9.22(b))，写电流流过底层的重金属线，重金属产生的自旋轨道转矩诱导自由层发生翻转，使得读写操作通过不同的路径，几乎避免了势垒击穿。另外，高密度的 MRAM 都是由垂直磁各向异性磁隧道结构成的，对这种 MRAM 来说，自旋轨道转矩写入速度更快。因为，在写入的初始时刻，由类场项和类阻尼项产生的等效磁场均沿平面方向，与自由层磁化方向垂直，所以，初始的自旋轨道转矩比传统的自旋转移转矩更强，消除了初始延迟。

虽然自旋轨道转矩有望解决自旋转移转矩所面临的速度和势垒可靠性瓶颈，但它仍旧有一个亟待解决的问题：对于垂直磁各向异性的磁隧道结来说，单独的自旋轨道转矩无法实现确定性的磁化翻转，在类场项和类阻尼项产生的等效磁场的作用下，磁化在垂直向上和垂直向下两种状态下是等效的，必须沿电流方向外加一个水平磁场破坏这种对称性才能实现确定性的磁化翻转，如图 9.24 所示。外加磁场的使用增加了电路复杂度，也降低了铁磁层的热稳定性，成为限制自旋轨道转矩应用的最大障碍。如何使自旋轨道转矩能够在无须磁场的条件下完成确定性的磁化翻转，成为近期学术界研究的热点。人们提出了各种方案来实现无外场辅助的 SOT，例如，利用楔形膜工艺、层间交换耦合、界面交换偏置和铁电剩余极化等手段实现了无外场辅助的 SOT 翻转磁矩。

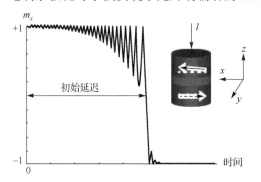

图 9.23　STT 驱动磁化翻转的仿真结果

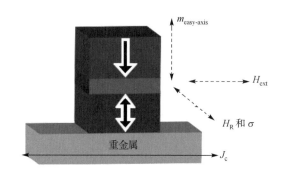

图 9.24　垂直磁各向异性磁隧道结的 MRAM 在外磁场辅助下的 SOT 写入

9.4.4　自旋转矩对磁化过程的影响与应用

下面介绍自旋转矩对磁化过程的影响。以 STT 效应为例，如图 9.25 所示[26]，在自旋极化流的作用下，根据自旋极化流的大小和方向不同，铁磁体的磁化强度会表现出三种响应模式。在极化流比较小或者面内自旋转矩方向与 Gilbert 阻尼项方向相一致时，磁化强度将会表现出阻尼行为，向有效场方向靠近(图 9.25(a))；在自旋极化流大小合适，面内自旋转矩方向与阻尼项方向相反时，磁化强度将会围绕有效场稳定进动(图 9.25(b))；最后，当面内自旋转矩大于阻尼项的贡献时，可以造成磁化强度的翻转(图 9.25(c))。

由于自旋转矩可导致磁体的多种磁化行为，这些不同的磁化行为可应用在不同的方向，如图 9.26 所示[27]。首先是确定性翻转行为，对 GMR 或磁性隧道结这类自旋阀结构，则有如图 9.26(a)所示的平行态和反平行态之间的切换。由于这两种状态的电阻值不同，所以可以被用来作为二进制的存储单元(图 9.26(d1))。若在自由层中引入一个磁畴壁，那么通过施加脉冲电流产生的自旋转矩调节磁畴壁的位置，可以调控自旋阀中平行态和反平行态的比例，从而实现多个电阻状态，实现忆阻器的功能(图 9.26(d6))。忆阻器在神经元计算领域扮演重要的角色。

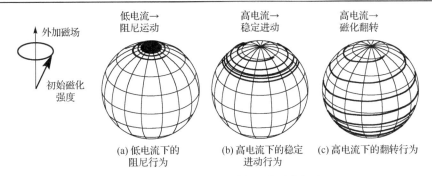

图 9.25　不同电流下的磁化强度响应行为

在确定性翻转的基础上,通过施加合适的外加磁场可以将平行态和反平行态两者之一变为亚稳态,这样在热扰动或者量子不确定性的影响下,体系将在两个态之间随机的跳变。这就是自旋转矩导致的第二种磁化行为——随机翻转(图 9.26(b))。利用这种随机性翻转过程,结合平行态和反平行态下的电阻差异可以制作类似于随机信号发生器的随机器件(图 9.26(d2))。这种随机器件的随机性来源于真实的物理过程,而不是数学公式产生的长周期的假随机数。

自旋转矩相关的第三种主要的磁化行为是磁化强度的进动。如图 9.26(c)所示,施加一足够大的磁场使得系统可以稳定到某一磁化取向,当注入的自旋转矩可以抵消系统的阻尼作用时便产生磁化强度的稳定进动。由于铁磁性系统中振动的频率在微波频段,所以基于自旋转矩可以通过施加一个直流而产生微波(图 9.26(d3))。当电流注入端由面接触改为纳米点接触时,则可以在接触点附近局域地激发自旋波(图 9.26(d4))。另外,外界的微波信号产生的交变电流将引起磁性层的进动,在磁性隧道结中这会引起电阻变化。在共振的频率下,以相同频率变化的电流和电阻将会输出一个直流电压,通过探测这个直流电压即可得到微波的信息,从而可以作为微波探测器(图 9.26(d5))。

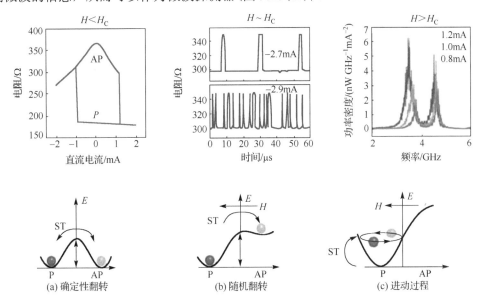

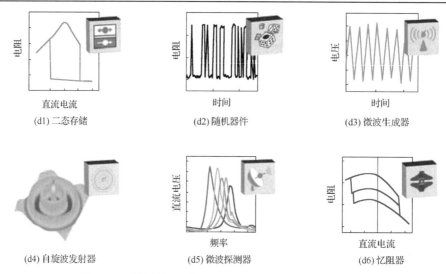

(d1) 二态存储 (d2) 随机器件 (d3) 微波生成器

(d4) 自旋波发射器 (d5) 微波探测器 (d6) 忆阻器

图 9.26　自旋转矩导致的三种典型的磁化行为及典型应用

9.5　自旋转矩纳米振荡器

利用自旋转矩效应可以制成一种新型微波振荡器——自旋转矩纳米振荡器（spin-torque nano-oscillator, STNO）。自旋转矩纳米振荡器是基于磁电阻效应和自旋转矩效应的一种新型纳米微波器件。它具有结构简单、尺寸小、频率调制范围宽、工作温度范围宽以及工作电压低且易于集成等特点，在无线通信、微波源和微波检测等领域具有广阔的应用前景[28]。

9.5.1　工作原理

STNO 通常由"铁磁/非磁/铁磁（FM1/NM/FM2）"三明治结构组成，其中，铁磁性材料层（FM1）的磁化方向相对固定，称为固定层或极化层，另一铁磁性材料层（FM2）的磁化相对自由，可以利用外加磁场或电流进行调控，称为自由层，如图 9.27(a) 所示。电流垂直通过这种纳米尺度的磁性多层膜结构时会产生 STT 效应，当 STT 效应与自由层的阻尼相等时将引起自由层的磁矩发生稳定进动，进而激发微波发射，将直流输入信号转换为微波输出信号，如图 9.27(b) 所示。

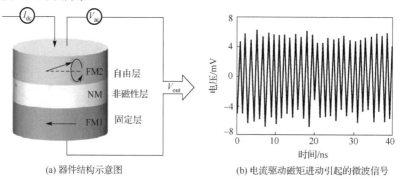

(a) 器件结构示意图 (b) 电流驱动磁矩进动引起的微波信号

图 9.27　自旋纳米振荡器的工作原理

STNO 要产生稳定的交变信号输出，首要的是保证自由层中磁矩稳定的进动，其条件是①两磁性层的间隔层要薄(小于 50nm)，以保证极化电流从极化层到自由层不发生退极化过程；②器件要足够小(小于 100nm)，以保证极化电流能转移足够大的自旋角动量，一般所需的临界电流密度在 10^7 安每平方米量级；③在器件设计上要保证器件有足够的非线性，以使进动能在稳定轨道进行。

对于这种三明治多层膜结构，选取不同的中间隔离层 NM，对应不同种类的结构，进而显著地影响器件性能。若中间隔离层 NM 为非磁性导电材料(如 Cu)时，称为自旋阀结构。这种结构允许较大电流密度通过而产生微波振荡，但由于自旋阀的 GMR 效应较小(∼ 10%)，一般输出功率较低，单个自旋阀 STO 的输出功率多在皮瓦(pW)量级。若中间隔离层 NM 为绝缘势垒层(如 MgO)，称为磁性隧道结。近年来发展的以 MgO 单晶作为势垒层材料的磁性隧道结，具有高磁电阻效应(>100%的磁电阻变化)，可以产生较高的微波输出功率，因而成为近年来人们研究的热点。

除了三明治结构中的自旋滤波效应产生自旋极化电流，前面还提到自旋霍尔效应也能产生自旋流，故可利用自旋霍尔效应构筑自旋转矩纳米振荡器。业界有时把自旋霍尔效应构筑的振荡器称为自旋霍尔纳米振荡器(spin-hall nano-Oscillator, SHNO)。

9.5.2　自旋转矩振荡器的器件结构

纳米制造技术的不断发展使得制备出具有纳米尺寸的磁性器件成为可能，从而使得 STT 效应诱导磁动力学所需的电流降低到毫安范围[29]。图 9.28 给出了纳米振荡器的各种结构示意图。

1. STNO 的结构

早先在实验中采用的是机械点接触(point contact)方式，即用针尖面积为∼100nm² 的金属探针接触磁性多层薄膜系统(图 9.28(a))。随后，采用电子束光刻技术制备了纳米尺度的接触区，称为纳米接触(nano-contact)(图 9.28(b))。点接触和纳米接触器件中，只有注入电流的位置被限制在纳米范围，而在纳米柱(nano-pillar)结构中所有层均为图形化截面为圆形或椭圆的纳米丝(图 9.28(c))。纳米柱结构一般可通过电子束曝光和离子束刻蚀实现，也有人尝试用基于模板法采用电镀工艺实现。纳米柱结构能保证所有的电流通过多层叠层，这样激励的电流密度低($<10^7 A/cm^2$)，而纳米接触结构的电流密度高达 $10^8 \sim 10^9 A/cm^2$。由于纳米柱结构参与激励的体积小，纳米柱结构对热扰动更敏感，所以线宽比纳米接触结构大。还有在纳米柱结构中由于所有磁性层均为图形化，所以在分析时要注意考虑杂散场的影响。在科学研究中，常用混合(hybrid)结构(图 9.28(d))，即将纳米柱制备在延展薄膜的顶部，这特别适合利用光学手段研究延展薄膜的情形。

STNO 的核心结构是铁磁/非磁性/铁磁三层结构，其中一层铁磁层作为自由层，其磁矩排布易受 STT 的影响，所以要相对较薄且有低的 Gilbert 阻尼系数，坡莫合金是典型的自由层磁性材料。另一磁性层的磁化强度方向固定(可通过临近的反铁磁层钉扎，或者通过大的各向异性或增加厚度实现)，固定层的首要作用是极化电流。间隔层是金属或绝缘物。根据平衡态时两铁磁层磁化强度的相对取向方向，STNO 又可分为以下几种模式。

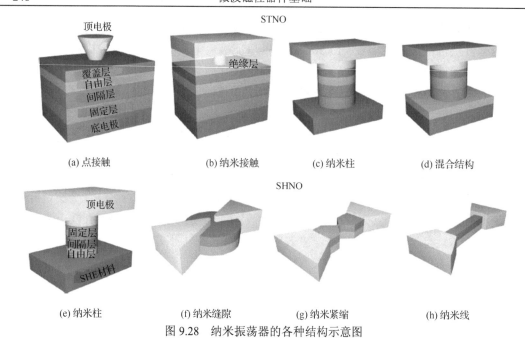

图 9.28　纳米振荡器的各种结构示意图

（1）全面内（all in-plane）模式：在没有外加磁场影响下，两层磁性层的磁化强度矢量的易磁化平面均位于薄膜面内。这种模式的缺点是需要大外加磁场（高达 1T）来克服退磁场，才能将自由层的磁化强度矢量拉向面外激励自旋波。

（2）全垂直（all perpendicular）模式：采用具有垂直各向异性的材料可以提高热稳定性、可缩放性，这种模式的纳米振荡器有可能在低场甚至零场下工作。

（3）正交（orthogonal）模式：在平衡态固定层与自由层的磁化强度矢量互相垂直，这可以采用具有垂直各向异性的固定层和具有面内各向异性的自由层实现，也可以采用面内固定层和具有垂直各向异性的自由层实现。

（4）倾斜（tiled）模式：指的固定层或者自由层中的磁化强度矢量相对于膜面倾斜，即磁化矢量既有面内分量又有面外分量。相比较全面内和全面外的情形，能优化微波信号幅度，增强自旋矩效率，使得在低场甚至零场维持高输出功率成为可能。

2. SHNO 的结构

在微米大小的坡莫合金圆盘上，初步显示了由自旋霍尔效应诱导的自旋积累产生的自旋电流对邻近磁层铁磁共振的影响。虽然可以将线宽减小两倍，但由于均匀施加自旋转移转矩不利于任何自振模式，因此在这些微米尺寸的单元中无法实现完全的阻尼补偿，不能实现自振。因此，可通过对双层的不同部分进行纳米图案化来实现非均匀的 STT，从而构筑 SHNO。对 SHNO 也有四种结构。图 9.28（e）三端纳米柱结构，纳米磁自由层被放置在产生 SHE 效应的非磁金属薄膜上，通过 MTJ 电读出。图 9.28（f）是在高导电电极之间开纳米缝隙，通过注入高电流密度的电流到双层薄膜的由纳米缝隙限定的纳米尺寸区域。改进的方法是图 9.28（g）将双层薄膜的电极间的中间部分图形化为的纳米紧缩（nano-constriction）结构，更为激进的是图 9.28（h）将电极之间的部分全部制作为纳米线。与具有类似结构的 STNO 相比,这两种方式更容易制备(只需沉积两层薄膜和少量的刻蚀步骤就可实现),但是由于其输出依赖的是各向异性磁电阻效应,所以输出功率低。由自旋霍尔效应诱导产生的纯自旋流需要具有大的自旋-轨道耦合材料,目前采用 Pt 和 Ta 实现了 SHNO。

9.6　自旋转矩微波探测器

9.6.1　工作原理

自旋转矩微波探测器是建立在自旋整流效应(也称自旋二极管效应)基础上的。自旋整流效应就是交变电流与磁化强度进动引起的交变磁电阻效应之间的非线性耦合,引起微波的整流并产生可被探测的直流电压信号,并且在动态磁化强度进动幅度最大时(即发生铁磁共振)直流电压信号最大。

设磁体中电阻和电流随时间变化形式分别为

$$
\begin{cases}
R(t) = R\cos(\omega t + \varphi_1) \\
I(t) = I\cos(\omega t + \varphi_2)
\end{cases}
\tag{9.48}
$$

式中,φ_1 和 φ_2 分别是电阻和电流的相位。由欧姆定律有

$$
V(t) = I(t)R(t) = \frac{IR\cos(2\omega t + \varphi_1 + \varphi_2)}{2} + \frac{IR\cos(\varphi_1 - \varphi_2)}{2}
\tag{9.49}
$$

由式(9.49)可见,当相差 $|\varphi_1 - \varphi_2|$ 不为 90° 或 270° 时,就得到一项与时间无关的常量,这种将交变信号转换成为直流信号的过程称为整流。

自旋整流效应与磁电阻效应是息息相关的。单层铁磁金属薄膜中存在三种磁电阻机制即各向异性磁电阻(AMR)、平面霍尔磁电阻(PHE)、反常霍尔磁电阻(AHE),然而这三种磁电阻的变化值都很小,不适合做微波探测器。而在磁性多层膜结构中,存在巨磁电阻(GMR)和隧穿磁电阻(TMR)效应,它们远大于单层薄膜中磁电阻的变化,常被用来作为自旋转矩微波探测器(spin-torque microwave detector, STMD)的基本结构。图 9.29 是 STMD 的工作原理示意图。

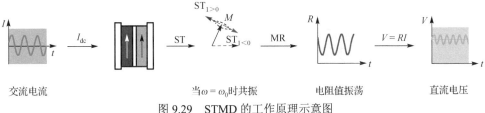

图 9.29　STMD 的工作原理示意图

9.6.2　自旋转矩微波探测器的工作模式及特点

高灵敏度的自旋转矩微波探测器是基于磁隧道结的 TMR 效应和 STT 效应的共同作用

而设计的。隧道结的简化结构可以用图 9.30 表示，其基本组成是三层结构，即两层磁性层中间夹一层超薄绝缘势垒层。通过外加磁场可以使两磁性层的磁矩平行排列或者反平行排列。如两磁性层的磁矩平行排列，自旋极化电子的隧穿过程容易发生，此时整个隧道结呈现低电阻态 R_P；而两磁性层的磁矩反平行排列，自旋极化电子的隧穿过程就较难发生了，整个隧道结呈高电阻态 R_{AP}。这种磁隧道结电阻随两磁性层中磁矩相对取向而变化的特性被定义为隧穿磁电阻（tunneling magneto-resistance, TMR）效应。TMR 比值一般定为

$$TMR = \frac{R_{AP} - R_P}{R_P} \times 100\% \tag{9.50}$$

在实际应用的隧道结中，两磁性层的磁特性一般相差很大，一层磁性层的磁化强度能自由运动，这层称为自由层（free layer），而另一层磁性层的磁化强度相对固定，称为固定层（fixed layer）或钉扎层（pinned layer）。若两磁性层中的磁化强度之间的夹角为任意 θ，则隧道结的电阻可以表示为

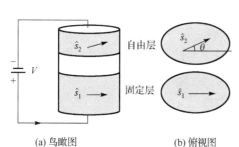

(a) 鸟瞰图　　　(b) 俯视图

图 9.30　隧道结的结构示意图

$$\frac{1}{R(\theta)} = \frac{1}{2}\left(\frac{1}{R_P} + \frac{1}{R_{AP}}\right) + \frac{1}{2}\left(\frac{1}{R_P} - \frac{1}{R_{AP}}\right)\cos\theta \tag{9.51}$$

由 STT 效应引起磁隧道结中自由层与固定层的磁矩夹角变化，从而引起磁电阻变化 $R(\theta(t))$，这样，就可在隧道结的两端得到由自旋整流效应产生的直流电压

$$V_{DC} = \langle I_{RF}(t) \cdot R(\theta(t)) \rangle \tag{9.52}$$

式中，$\langle \cdots \rangle$ 表示振荡周期内的平均值。

STMD 有两种工作模式[30]。如图 9.31 所示，一是面内（in-plane, IP）模式，工作在此模式的探测器是谐振式探测器，二是面外（out-of-plane, OOP）模式，此种模式下的探测器又称阈值式探测器。下面分述它们的特点。

1. 面内模式的特点

面内模式工作时，在平行于自由层的外加偏置场 B_0 的作用下，STT 激励自由层磁化强度面内（自由层的厚度方向）做小角度进动，进动轨迹为椭圆（见图 9.31 中的面内虚线）。在宏自旋模型（macro spin model）近似下，可以解析得到这种模式的直流电压为[31]

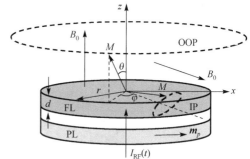

图 9.31　STMD 器件模型

$$V_{DC} = \varepsilon_{res} P_{RF} \frac{\Gamma^2}{\Gamma^2 + (\omega - \omega_0)^2} \tag{9.53}$$

式中，$P_{RF} = I_{RF}^2 R_0$（R_0 为隧道结的平衡态电阻）为输入功率；Γ 为频率铁磁共振线宽；ω 和 ω_0 分别为交流电流频率与隧道结自由层的铁磁共振频率；ε_{res} 为谐振时（即 $\omega = \omega_0$）STMD 的探测灵敏度，其表达式为

$$\varepsilon_{\text{res}} = \frac{\gamma\hbar}{4e}\frac{P^3}{M_s V \Gamma}\frac{\sin^2(\theta_0)}{(1+P^2\cos\theta_0)^2} \tag{9.54}$$

式中，$V=\pi r^2 d$ 为自由层的体积；γ 为旋磁比；$\hbar$ 为约化普朗克常数；e 为电子电荷；P 为电流的自旋极化率，M_s 为自由层的饱和磁化强度，θ_0 为 MTJ 中钉扎层与自由层在平衡态时磁化强度矢量间的夹角。

面内模式工作的探测器具有下列特性。

①探测器的工作频率 ω 要接近于自由层的铁磁共振的频率 $\omega_0 = 2\pi f_0$，属于频率选择型微波探测器。

②探测器的工作带宽与铁磁共振的频率带宽 Γ 相当。

③探测器的直流输出电压与输入微波功率成正比，属谐振式二次微波探测器。

④谐振灵敏度 ε_{res} 与夹角 θ_0 密切相关。

2. 面外工作模式特点

面外工作模式需要加垂直于自由层表面的外加磁场 $\boldsymbol{B}_0 = B_0 \boldsymbol{z}$，该外加磁场要小于自由层的饱和磁化强度，即 $B_0 < \mu_0 M_s$。当输入的微波电流 $I_{\text{RF}}(t)$ 大于阈值时，自由层的磁化强度将被激励出大角度的面外磁矩进动（见图 9.31 中的粗虚线），进而通过自旋整流产生直流输出电压。

Prokopenko 等[32]采用宏自旋模型近似，在球坐标系统下得到微波电流的阈值为

$$I_{\text{th}}(\omega) = 2\frac{\alpha}{v}\frac{\omega_M}{\sigma_\perp}\frac{\omega}{\omega_H - \omega} \tag{9.55}$$

式中，$\omega_H = \gamma_0 H_0 = \dfrac{\gamma_0}{\mu_0}B_0$；$\omega_M = \gamma_0 M_s$；Slonczewski 转矩项相关的因子 $\sigma_\perp = \dfrac{\gamma\hbar}{2e}\dfrac{P}{M_s V}$；$\alpha$ 为阻尼因子；v 为与电流极化率 P 有关的项，具体表达式见文献[32]。

进一步分析得到面外模式稳定工作的条件是

$$0 < \cos\theta_s < \frac{\omega_H}{\omega_M}, \quad \omega < \omega_H \tag{9.56}$$

式中，θ_s 为自由层磁矩的进动角。由于 $\omega_H \ll \omega_M$，所以 $\cos\theta_s \ll 1$，这意味着进动角必须足够大。另外要满足 $\omega < \omega_H$，说明面外模式的微波探测只能存在于低频段。

利用式(9.52)可得面外模式微波探测器的直流电压为

$$V_{\text{DC}} \approx 2\alpha\frac{w}{v}\frac{\omega_M}{\sigma_\perp}R_\perp\frac{\omega}{\omega_H - \omega} \tag{9.57}$$

式中，w 为与电流极化率 P 有关的项；$R_\perp$ 为自由层磁矩与钉扎层磁矩呈 $\pi/2$ 的隧道结电阻值，即 $R_\perp = \dfrac{2R_P R_{\text{AP}}}{R_P + R_{\text{AP}}}$。

结合式(9.55)和式(9.57)可以进一步写为

$$V_{\text{DC}} \approx w I_{\text{th}}(\omega_s)R_\perp \tag{9.58}$$

由此可见，当微波输入功率超过一定阈值后，直流输出电压与输入微波功率几乎无关。

图 9.32 给出了两种工作模式的 STMD 直流输出电压与工作频率和微波输入电流的关

系，图 9.32 中的结果是分别采用数值计算法(点)和解析计算法(虚线与实线)计算出来的。计算参数为自由层的半径 r=50nm、厚度 d=1nm，电流的自旋极化率 P=0.7，$R_\perp$=1kΩ，吉尔伯特阻尼系数 α=0.01，自由层的饱和磁化强度 $\mu_0 M_s$=800mT，在面内模式工作时的外加磁场 B_0=14.1mT，而面外模式工作时加的外磁场 B_0=200mT。

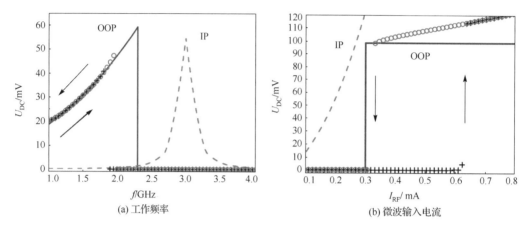

图 9.32　两种工作模式的 STMD 的直流输出电压与工作频率和微波输入电流的关系

由图 9.32 中可见，面外工作模式微波探测器是宽带、低频的非谐振式探测器，而且当微波电流的幅值小于阈值时，几乎没有直流输出，只有大于阈值电流后，才有明显的直流输出，且直流输出与微波电流无关，所以面外模式的微波探测器又称为阈值式微波探测器。面外模式微波探测器的特性适合用于制作新型的微波能量收集器件。

参 考 文 献

[1] KAJIWARA Y, HARII K, TAKAHASHI S, et al. Transmission of electrical signals by spin-wave interconversion in a magnetic insulator. Nature, 2010, 464: 262.

[2] 沈顺清. 自旋电子学和自旋流. 物理, 2008, 37(1): 16-23.

[3] MAEKAWA S, VALENZUELA S O, SAITOH E, et al. Spin Current. Oxford: Oxford University Press, 2012: 10.

[4] 周恒安. YIG/金属异质结构中自旋泵浦效应的研究. 兰州: 兰州大学, 2017.

[5] 翟宏如. 自旋电子学. 北京: 科学出版社, 2013.

[6] TERUYA S. Nanomagnetism and spintronics. 2nd ed. Amsterdam: Elsevier, 2014: 108-117.

[7] MANCHON A, KOO H C, NITTA J, et al. New perspectives for Rashba spin-orbit coupling. Nature Materials, 2015, 14: 871-882.

[8] 张跃林, 张金星. 自旋轨道耦合与自旋霍尔效应. 北京师范大学学报(自然科学版), 2016, 52(6): 781-789.

[9] KROEMER H. The Thomas precession factor in spin-orbit interaction. American Journal of Physics, 2004, 72: 51.

[10] 王鹏. YIG 薄膜的自旋泵浦效应与界面性质. 南京: 南京大学, 2018.

[11] HOFFMANN A. Spin hall effects in metals. IEEE Transactions on Magnetics, 2013, 49(10): 5172-5193.

[12] 康韵. YIG/金属薄膜中自旋泵浦与自旋霍尔效应研究. 济南: 山东大学, 2017.

[13] 龚士静, 段纯刚. 金属表面 Rashba 自旋轨道耦合作用研究进展. 物理学报, 2015, 64(8): 187103.

[14] MOSENDZ O, VLAMINCK V, PEARSON J E, et al. Detection and quantification of inverse spin hall effect from spin pumping in permalloy/normal metal bilayers. Physical Review B, 2010, 82: 214403.

[15] BAUER G E W, SAITOH E, VAN WEES B J. Spin caloritronics. Nature Materials, 2012, 11: 391-399.

[16] SLONCZEWSKI J C. Current-driven excitation of magnetic multilayers. Journal of Magnetism and Magnetic Materials, 1996, 159: L1-L7.

[17] BERGER L. Emission of spin waves by a magnetic multilayer traversed by a current. Physical Review B, 1996, 54: 9353-9358.

[18] 韩秀峰. 自旋电子学导论(上卷). 北京: 科学出版社, 2014.

[19] HELLMAN F, HOFFMANN A, TSERKOVNYAK Y, et al. Interface-induced phenomena in magnetism. Review of Modern Physics, 2017, 89: 025006-1-79.

[20] XIAO J, ZANGWILL A, STILES M D. Boltzmann test of Slonczewski's theory of spin transfer torque. Physical Review B, 2004, 70: 172405.

[21] ZHANG S, LI Z. Roles of nonequilibrium conduction electrons on the magnetization dynamics of ferromagnets. Physical Review Letters, 2004, 93: 127204.

[22] RAMASWAMY R, LEE J M, CAI K M, et al. Recent advances in spin-orbit torques: Moving towards device applications. Applied Physics Review, 2018, 5: 031107.

[23] WANG X, MANCHON A. Diffusive spin dynamics in ferromagnetic thin films with a Rashba interaction. Physical Review Letters, 2012, 108: 117201.

[24] MANCHON A, ZHANG S. Theory of nonequilibrium intrinsic spin torque in a single nanomagnet. Physical Review B, 2008, 78: 212405.

[25] 赵巍胜, 王昭昊, 彭守仲, 等. STT-MRAM 存储器的研究进展. 中国科学: 物理学、力学、天文学, 2016, 46: 107306.

[26] RALPH D C, STILES M D. Spin transfer torques. Journal of Magnetics and Magnetic Materials, 2008, 320: 1190-1216.

[27] 张轩. 垂直磁异质结构中自旋力矩相关的磁电输运性质研究. 北京: 中国科学院大学, 2017.

[28] 方彬, 曾中明. 自旋纳米振荡器. 科学通报, 2014, 59(19): 1804-1811.

[29] CHENG T, EKLUND A, HOUSHANG A, et al. Spin-torque and spin-hall nano-oscillators. Proceedings of the IEEE, 2016, 104(10): 1919-1945.

[30] PROKOPENKO O V, SLAVIN A N. Microwave detectors based on spin-torque diode effect. Low Temperature Physics, 2015, 41(5): 353-360.

[31] SUZUKI Y, KUBOTA H. Spin-torque effect and its application. Journal of thc Physical Society of Japan, 2008, 77(3): 031002.

[32] PROKOPENKO O V, KRIVOROTOV I N, MEITZLER T J, et al. Spin-Torque Microwave Detectors. Berlin: Springer, 2013.